工业和信息化精品系列教材

工业互联网

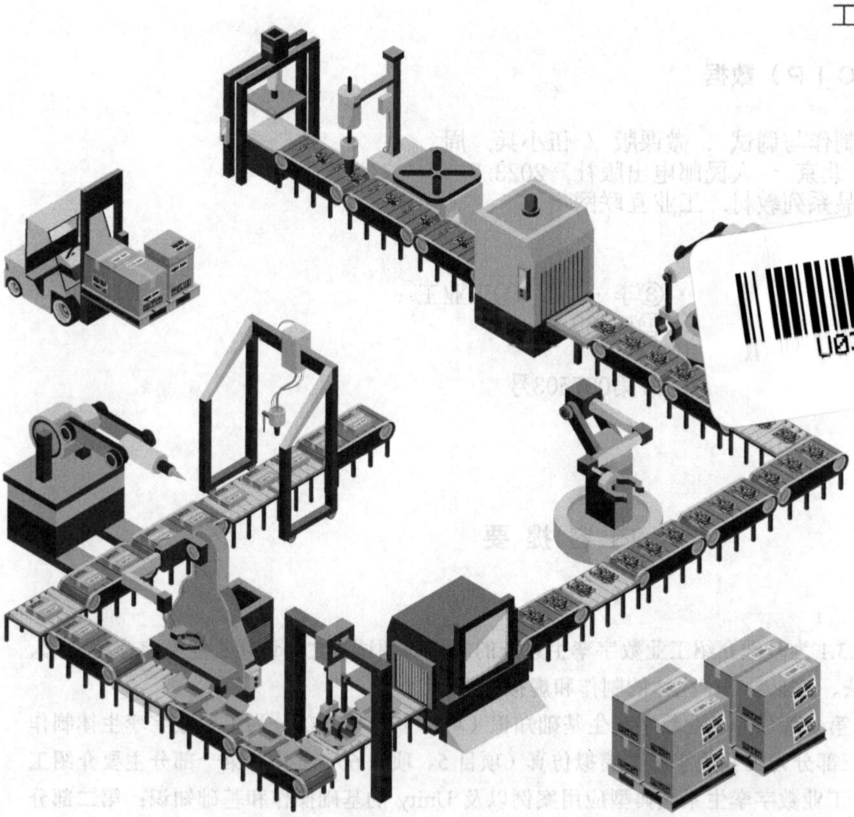

工业数字孪生的制作与调试

微课版

北京新大陆时代科技有限公司◎组编

伍小兵 周桐 李世钊◎主编

刘宇 万杰 王力◎副主编

人民邮电出版社

北京

图书在版编目（CIP）数据

工业数字孪生的制作与调试 ：微课版 / 伍小兵，周桐，李世钊主编. -- 北京 ：人民邮电出版社，2023.7
工业和信息化精品系列教材. 工业互联网
ISBN 978-7-115-61641-8

Ⅰ. ①工… Ⅱ. ①伍… ②周… ③李… Ⅲ. ①工业工程－数字技术－高等学校－教材 Ⅳ. ①TB-39

中国国家版本馆CIP数据核字(2023)第067503号

内容提要

本书以 Unity 2021.3.1 为基础介绍工业数字孪生系统的制作和调试，主要讲述工业数字孪生概念、Unity 2021.3.1 使用方法、工业数字孪生体的制作和虚拟仿真。

本书分为 3 部分，第一部分为工业数字孪生基础知识（项目 1），第二部分为工业数字孪生体制作（项目 2～项目 4），第三部分为工业数字孪生虚拟仿真（项目 5、项目 6）。其中，第一部分主要介绍工业数字孪生基本概念、工业数字孪生系统典型应用案例以及 Unity 的基础操作和基础知识；第二部分介绍 3 类工业数字孪生体制作，分别是运动类数字孪生体制作、电气类数字孪生体制作和流程建模类数字孪生体制作；第三部分则介绍 Unity 和 PLC 进行通信的基础操作和一些基础案例。本书提供了大量应用实例配套资源，读者可通过 PLC3D 网站进行下载并使用。

本书可以作为高职、高专电气相关专业和自动化相关专业的教材，也适合广大 Unity 爱好者自学使用。

◆ 主　　编　伍小兵　周　桐　李世钊
副 主 编　刘　宇　万　杰　王　力
责任编辑　刘晓东
责任印制　王　郁　焦志炜
◆ 人民邮电出版社出版发行　　北京市丰台区成寿寺路 11 号
邮编　100164　　电子邮件　315@ptpress.com.cn
网址　https://www.ptpress.com.cn
固安县铭成印刷有限公司印刷
◆ 开本：787×1092　1/16
印张：13.75　　2023 年 7 月第 1 版
字数：349 千字　　2025 年 1 月河北第 2 次印刷

定价：59.80 元

读者服务热线：(010)81055256　印装质量热线：(010)81055316
反盗版热线：(010)81055315
广告经营许可证：京东市监广登字 20170147 号

前 言

党的二十大报告提出："推进新型工业化，加快建设制造强国"和"推动制造业高端化、智能化、绿色化发展"。数字孪生是近几年兴起的非常前沿的新技术，是现实世界（系统）的数字化。在物联网的背景下，数字孪生体与真实世界的物体系统相联，并提供有关物品状态的信息，响应变化、改善操作并增加价值。数字孪生可以在众多领域应用，在产品设计、产品制造、医学分析、工程建设等领域应用较多。

如今，市面流行的游戏开发引擎主要有 Unity、虚幻、Cry Engine 3、Hero Engine 等，其中，Unity 和虚幻是目前市场上较热门的游戏开发引擎，且各自拥有众多的开发者。Unity 相比虚幻来说，更简单、易学，不论是对初学者还是对开发团队来说都是非常好的选择。基于 Unity 开发的工业数字孪生平台，有着强大的物理引擎、丰富的模型库和更易懂、易学的指令集，降低了学习数字孪生的门槛。

本书的第一部分首先介绍工业数字孪生的基础知识和典型应用案例，让读者了解什么是工业数字孪生和为什么选择 Unity 作为基础开发软件。接着介绍 Unity 的基础知识和使用方法，使用工业数字孪生平台的前提是需要学会使用 Unity。本书的第二部分和第三部分着重介绍工业数字孪生体制作和工业数字孪生虚拟仿真。对工业数字孪生体制作分为三大类进行介绍，分别是运动类、电气类和流程建模类。运动类主要是让对象能运动起来的一些指令，电气类主要用于一些电气按钮和电气传感器，流程建模类则主要运用在物料方面。对于工业数字孪生虚拟仿真，主要介绍如何通过 PLC 程序对 Unity 场景进行虚拟仿真。通过学习本书，读者能在 Unity 的基础上熟悉并掌握工业数字孪生平台的使用方法。

本书在文字的编排和目录组织上都十分讲究，以争取让读者能够快速掌握软件的使用方法。本书在内容上条理清晰，从基础知识到高级特性、从简单指令到完整的教程案例，循序渐进地将工业数字孪生平台的内容完整地呈现在广大读者面前。本书非常适合作为数字孪生技术、Unity 开发技术及自动化相关专业的入门参考书。

由于近年来数字孪生技术发展迅速，Unity 版本又更新得快，同时受编者自身水平所限，本书难免存在不足和疏漏之处，恳请读者批评指正。

编 者

2023 年 3 月

目 录

第一部分 工业数字孪生基础知识

第二部分 工业数字孪生体制作

第三部分 工业数字孪生虚拟仿真

第一部分

工业数字孪生基础知识

项目1

工业数字孪生系统基础

案例引入

数字孪生发展与特性

近年来，数字孪生技术受到国内外产业界与学术界的高度重视。中国工程院发布的《全球工程前沿 2020》报告将数字孪生驱动的智能制造列为机械与运载工程领域研究前沿之首。全球 IT 研究与顾问咨询公司 Gartner 连续 3 年（2017—2019 年）将数字孪生列为十大战略科技发展趋势之一。数字孪生契合我国以 IT 为产业转型升级赋能的战略需求，已成为应对当前百年未有之大变局的关键使能技术之一。

具体而言，数字孪生的实质是建立现实世界物理系统的虚拟数字镜像，贯穿于物理系统的全生命周期，并随着物理系统动态演化。建立数字孪生的基本思路是，在对物理系统进行数字化精确建模和状态信息实时传感的基础上，建立传感数据与数字化模型的连接映射，使得数字化模型能够实时、真实地反映物理系统在现实世界的行为，并通过人工智能算法实现对系统当前状态的精确分析和对未来状态的科学预测。

任务 1.1 认识工业数字孪生系统

职业能力目标

（1）能根据工业数字孪生系统的定义与特点，阐述数字孪生的本质和特性。

（2）能根据工业数字孪生系统的发展态势，了解发展数字孪生技术的意义。

（3）能根据 Unity 软件下载、安装任务，进行软件的下载、安装以及汉化。

任务描述与要求

1. 任务描述

根据本次认识工业数字孪生系统任务，掌握工业数字孪生系统的定义与特点；通过对比其应用发展模型与使用数字孪生的应用案例，深刻了解我国发展数字孪生技术的意义；学习关于工业数字孪生开发技术选型与基于3D内容创作引擎进行的数字孪生系统开发。

2. 任务要求

（1）归纳工业数字孪生系统的发展态势。

（2）归纳发展数字孪生的意义。

（3）归纳各行业使用数字孪生的应用案例。

（4）完成Unity软件的下载、安装。

任务分析与实施

1. 任务分析

本任务通过对工业数字孪生系统基础知识的介绍，让读者对工业数字孪生系统有大致的认识和了解，通过各个行业使用数字孪生的应用案例来让读者熟悉数字孪生的基本概念，明白发展工业数字孪生的重要性以及发展态势。

2. 任务实施

根据认识工业数字孪生系统的相关要求，制订本任务的实施计划。任务实施计划的具体内容包括认识工业数字孪生系统的准备工作、学习工业数字孪生系统相关概念和填写本任务实施计划。任务实施计划的具体内容见表1-1。

表1-1　任务实施计划

项目名称	工业数字孪生系统基础
任务名称	认识工业数字孪生系统
任务描述	网上查阅与课本学习相结合
任务要求	熟悉工业数字孪生系统概念
任务实施计划	具体内容
	1. 对认识工业数字孪生系统进行准备
	2. 通过各行业使用数字孪生的应用案例来熟悉工业数字孪生系统的概念
	3. 通过各个国家对工业数字的发展来了解数字孪生的意义
	4. 完成仿真软件Unity的下载、安装

知识储备

1. 工业数字孪生系统的定义与特点

数字孪生是“充分利用物理模型、传感器更新、运行历史等数据，集成多学科、多物理量、多尺度、多概念的仿真过程，在虚拟空间中完成映射，从而反映相对应的实体装备的全生命周期过程”。工业数字孪生即数字孪生在工业领域的创新应用，基于在虚拟世界构建精准的物理模型，再利用实时数据驱动模型运作，进而通过数据与模型融合，推动工业流程闭环优化。

工业数字孪生系统有以下几个显著特点。

（1）数字孪生可以贯穿整个产品生命周期。

（2）可在本体与孪生体之间建立全面的实时或准实时连接。

（3）本体与孪生体之间的数据流可以是双向的。

工业数字孪生的发展经历了 3 个阶段，如图 1-1 所示，其背后是数字化技术在工业领域的演变。

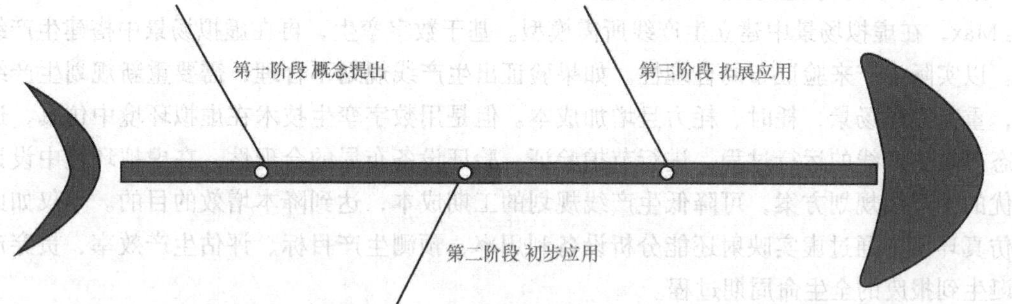

图 1-1 工业数字孪生的发展阶段

第一阶段，概念提出。最早，数字孪生思想源于美国密歇根大学 Michael Grieves 教授于 2003 年提出的“信息镜像模型”（Information Mirroring Model），后演变成“数字孪生”术语。该概念提出的基础是当时工业软件已经比较成熟，其为在虚拟空间构建数字孪生体提供了基础支撑。

第二阶段，初步应用。最初数字孪生技术应用于航空航天行业。2012 年美国空军研究室将数字孪生应用于战斗机维护。美国航空航天局（NASA）给出了数字孪生的概念描述：数字孪生是指充分利用物理模型、传感器、运行历史等数据，集成多学科、多尺度的仿真过程，它作为虚拟空间中对实体产品的镜像，反映了相对应物理实体产品的全生命周期过程。

第三阶段，拓展应用。这是数字孪生向各行各业拓展的应用阶段，我国目前处于这一阶段。近些年，数字孪生应用已经向工业各领域全面拓展，西门子、GE 等工业“巨头”看到了数字孪生技术的发展前景，纷纷打造数字孪生解决方案，实现智能制造数字化转型。

2. 典型的应用案例

近年来，数字孪生成为热议话题，风头强劲，发展前景巨大，各行各业也已经在尝试使用。不仅在工业领域应用，教育等领域也都有涉及。下面介绍几个比较典型的应用案例。

案例一：基于数字孪生的岗前培训，如针对运维人员或者操作工（现有条件无法提供实操训练环境）。其原因有二：第一，在受训人员操作经验少的情况下容易发生事故，存在安全隐患，还可能造成设备损坏；第二，生产线设备由于要保证生产连续不能停机，也就无法提供实操训练环境。基于数字孪生的岗前培训的意义如图 1-2 所示。通过数字孪生技术可快速构建操作设备，搭建实训场景，根据真实相关控制过程，设置设备的模拟运行、故障等过程，让操作人员在实训过程中发现、排除故障，积攒更多的实操经验，在熟练掌握了操作技能后，再运用到实际的设备操作中，从而消除安全隐患，保证不会损坏设备，降低培训成本。

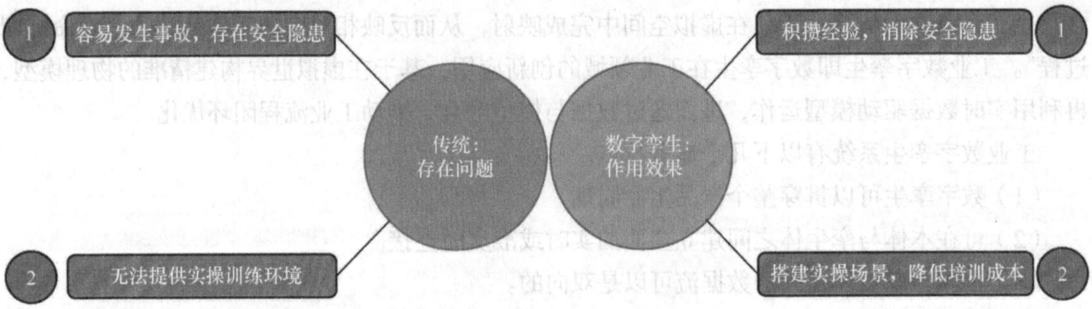

图 1-2　基于数字孪生的岗前培训的意义

案例二：数字孪生的生产线规划应用，如图 1-3 所示。在设计生产线方案时，先需要基于 3ds Max，在虚拟场景中建立生产线所需模型。基于数字孪生，再在虚拟场景中搭建生产线布局。以实际生产来验证布局合理性。如果验证出生产线规划不合理，需要重新规划生产线布局，重新搭建场景，耗时、耗力且增加成本。但是用数字孪生技术在虚拟环境中仿真，通过动态模拟生产线的运行过程，进行节拍验证。验证设备布局的合理性，在虚拟环境中设计出最优的生产线规划方案，可降低生产线规划的工期成本，达到降本增效的目的。不仅如此，在仿真环境中通过虚实映射还能分析设备利用率、预测生产目标、评估生产效率，贯穿产品从诞生到报废的全生命周期过程。

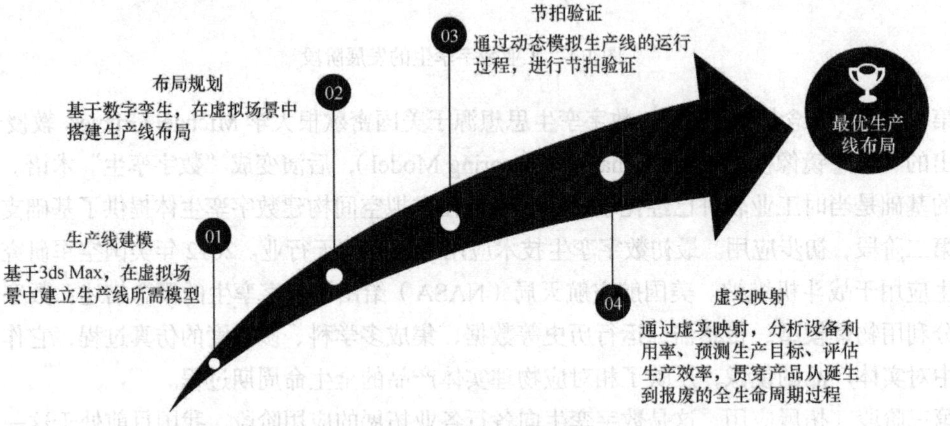

图 1-3　数字孪生的生产线规划应用

案例三：数字孪生的智慧物流应用，其意义如图 1-4 所示。通过将智慧物流系统的每台设备、每个运行细节构建与之对应的数字孪生模型，实现智慧物流实体系统的虚拟数字化，借助历史数据、实时数据虚拟仿真车辆、装卸货物、操作人员的位置信息等，通过 3D 仿真技术对各种场景的物流系统运作进行快速调校和持续升级，从而实现实时监控。掌握这些实时信息，可以帮助管理者更快、更全面地掌握仓库当前的运营情况。基于这些数据，可以制定出最优的物流系统运行状态。

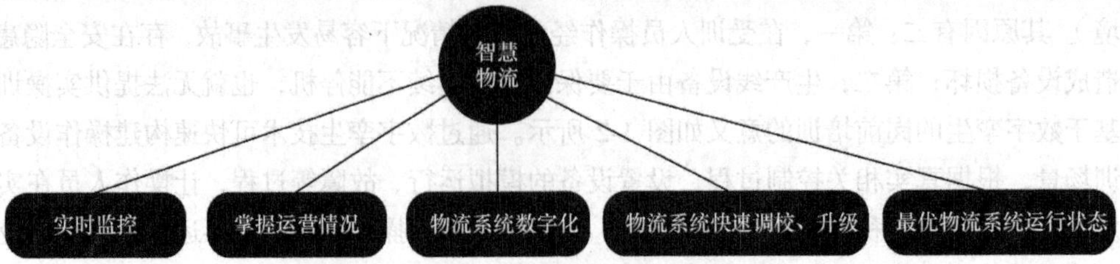

图 1-4　数字孪生的智慧物流应用意义

3. 发展数字孪生的意义

数字孪生近年来引起了多个国家的重视，国内外数字孪生发展态势如图 1-5 所示。

美国首先将数字孪生上升为国家战略。自 2003 年 Michael Grieves 提出该概念后，美国航空航天局在 2010 年将数字孪生列为重要技术。同时，各龙头企业也把数字孪生作为企业发展方向，探索形成了成熟的数字孪生应用路径，并完善了仿真系统，丰富了数据与模型。

德国立足标准制定基础模型，持续提升物理实体在虚拟环境中映射的精准度。德国的工业自动化巨头西门子公司近几年间收购了几乎全类工业软件公司，在此基础上，西门子基于平台构建全工厂数字孪生，不但能够实现虚实映射，还能基于工业自动化优势完成闭环控制。

中国虽然有多类主体参与数字孪生市场实践，但是创新空间仍然较大。1978 年，钱学森提出系统工程理论，由此开创国内学术界研究系统工程的先河。2004 年，继美国提出“数字孪生”概念，中国科学院王飞跃聚焦解决复杂系统方法论，首次提出“平行系统”概念，将系统工程与新一代信息技术相结合。2021 年，我国各部委和地方政府开始出台数字孪生相关政策。我国的数字孪生市场整体上还需要从应用深度、广度做进一步拓展，挖掘更多工业应用场景。

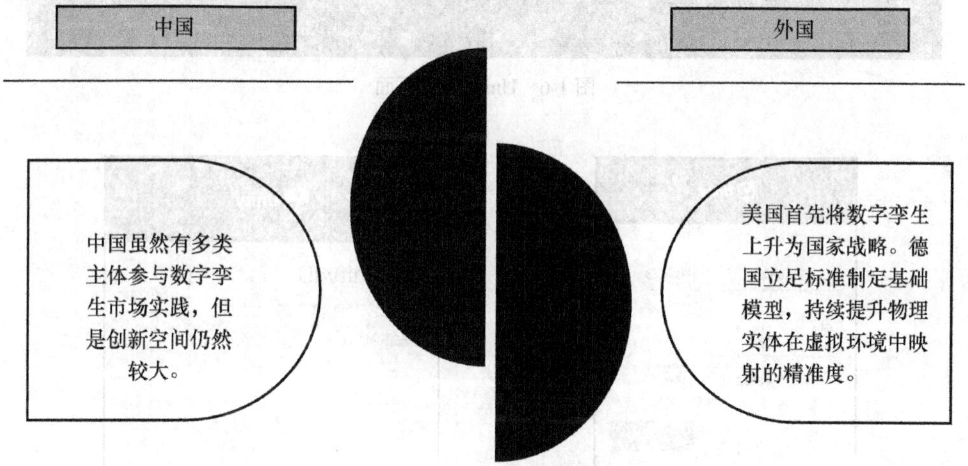

图 1-5 国内外数字孪生发展态势

任务实施

Unity 的下载与安装。

Unity 的下载与安装

（1）下载 Unity。

① 在搜索引擎上搜索 Unity 官网，打开 Unity 下载页面，如图 1-6 所示。在 Unity 官网上可以免费下载各个版本的 Unity。

② 单击图 1-6 所示页面右上角的“下载 Unity”按钮进入下载界面，但在下载之前需要登录 Unity 账号。可通过手机登录或是电子邮件登录，如图 1-7 和图 1-8 所示。登录完成后即可进行下载。

③ 若没有 Unity 账号，则需要先注册一个 Unity 账号。注册时需要用到个人的电子邮件地址、密码、用户名和姓名，设置密码时，注意要求是至少包含 8 位，且至少有 1 个大写字母、

1 个小写字母和 1 个数字。填写完毕后，勾选必选的选项，单击“创建 Unity ID”按钮即可，如图 1-9 所示。

图 1-6　Unity 下载页面

图 1-7 手机登录界面

图 1-8　电子邮件登录界面

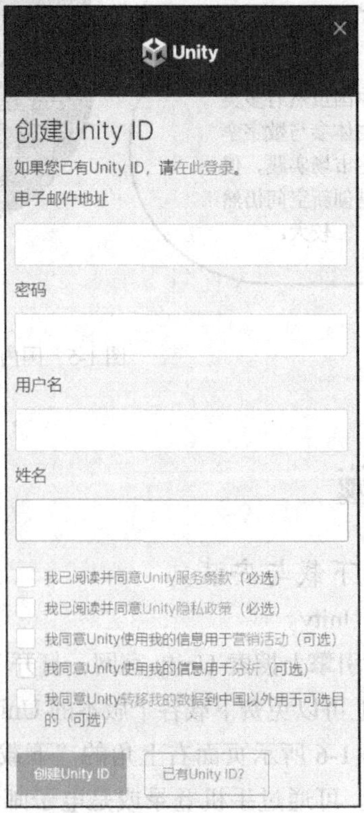

图 1-9　创建 Unity ID 界面

④ 填写完信息并单击“创建 Unity ID”按钮后会弹出 Unity 激活邮件的界面，只有在邮箱中点击激活邮件之后才能单击“继续”按钮，如图 1-10 所示。

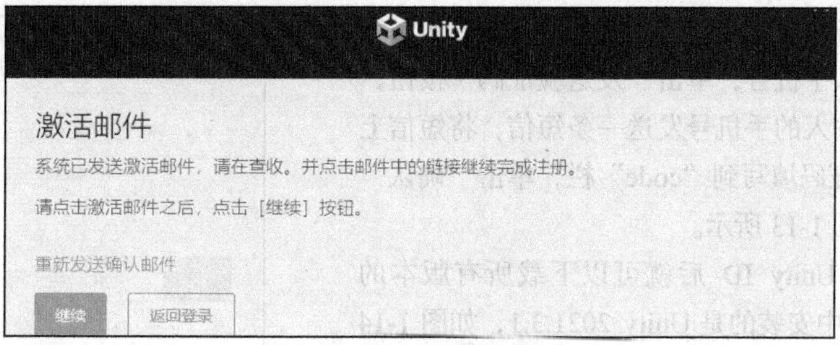

图 1-10　Unity 激活邮件界面

⑤在邮箱找到由 accounts@Unity.com 发件人发来的邮件，需要单击“Link to confirm email”超链接，激活个人的账号，如图 1-11 所示。

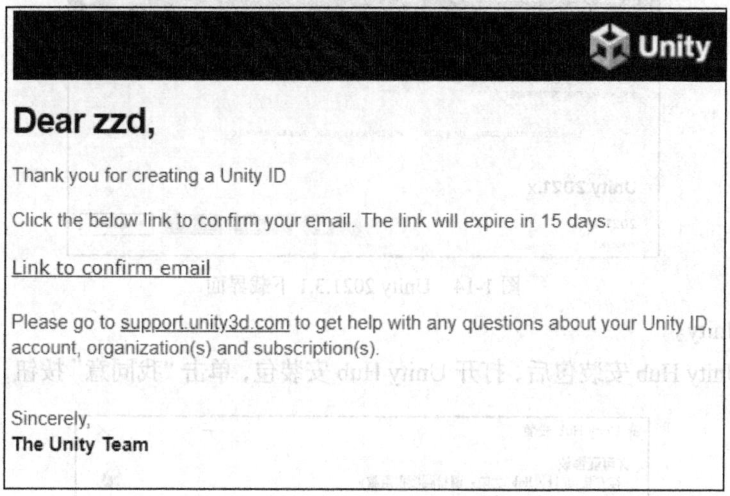

图 1-11　Unity ID 注册超链接激活邮件界面

⑥之后系统会提示填写个人业务信息，需要对职业、公司名称和行业进行填写，填写完成后单击“保存”按钮即可，如图 1-12 所示。

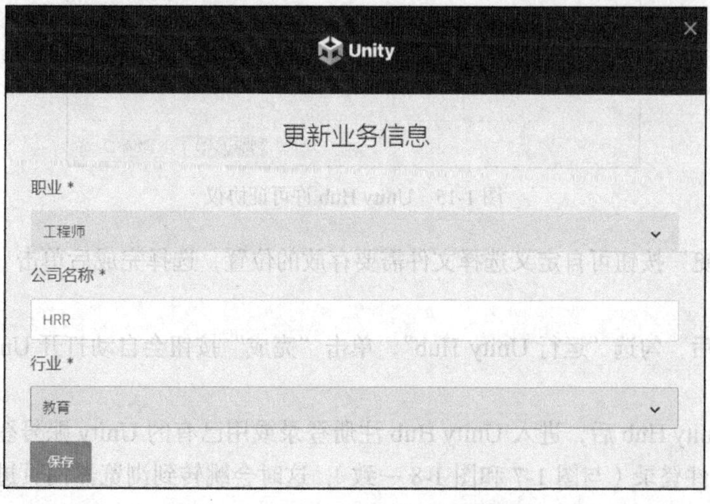

图 1-12　Unity ID 业务信息填写界面

⑦保存业务信息后会跳转到绑定手机的界面，在手机号码栏输入手机号，单击“发送验证码”按钮，此时系统会给输入的手机号发送一条短信，将短信上的 6 位数字验证码填写到“code”栏，单击“确认”按钮即可，如图 1-13 所示。

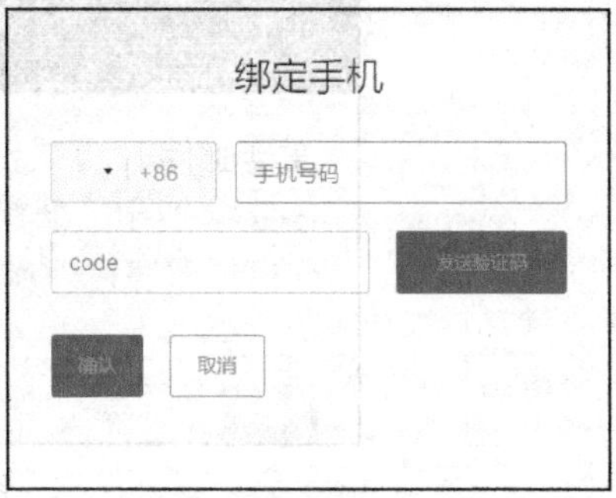

图 1-13　Unity ID 注册手机验证界面

⑧注册好 Unity ID 后就可以下载所有版本的 Unity 了，本书中安装的是 Unity 2021.3.1，如图 1-14 所示。 因为新版的 Unity 需要在 Unity Hub 平台上使用，所以首先要下载 Unity Hub，这里只需单击“从 Hub 下载”按钮即可。Unity Hub 平台不仅可以管理多个 Unity，还能添加各种版本的项目文件。

图 1-14　Unity 2021.3.1 下载界面

（2）安装 Unity。

①下载好 Unity Hub 安装包后，打开 Unity Hub 安装包，单击“我同意”按钮，如图 1-15 所示。

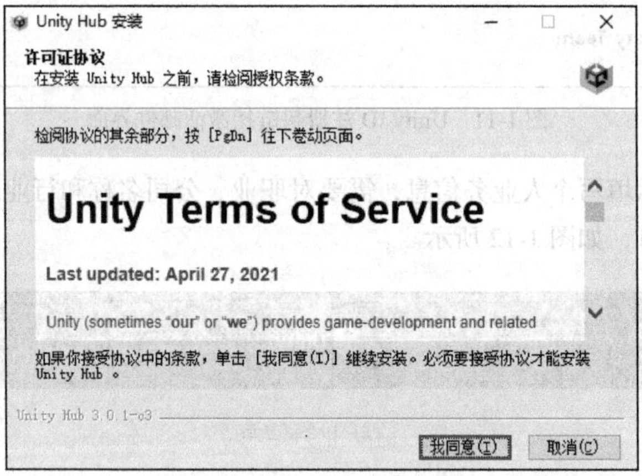

图 1-15　Unity Hub 许可证协议

②单击“浏览”按钮可自定义选择文件需要存放的位置，选择完成后单击“安装”按钮，如图 1-16 所示。

③安装完毕后，勾选“运行 Unity Hub”，单击“完成”按钮会自动打开 Unity Hub 平台，如图 1-17 所示。

④安装好 Unity Hub 后，进入 Unity Hub 注册登录或用已有的 Unity 账号登录，可以选择手机登录或电子邮件登录（与图 1-7 和图 1-8 一致），这时会跳转到浏览器网页进行人机验证，如图 1-18 所示。找到所有符合要求的图片，然后单击“验证”按钮即可。

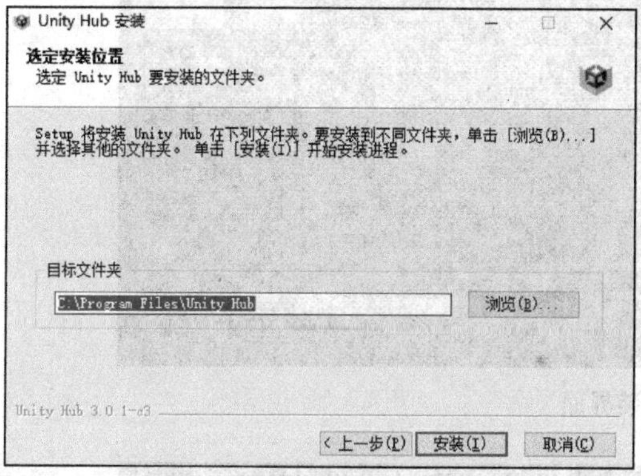

图 1-16　选择 Unity Hub 安装位置

图 1-17　Unity Hub 安装完成

图 1-18　人机验证界面

⑤完成人机验证之后，系统会向注册登录的手机号或是邮箱发送验证码，如图 1-19 所示。填写好验证码后，单击“登录”按钮，浏览器页面会跳转到“要打开 Unity Hub 吗？”对话框，如图 1-20 所示，此时单击“打开 Unity Hub”按钮即可跳转回 Unity Hub 成功登录账号。

图 1-19　完成人机验证

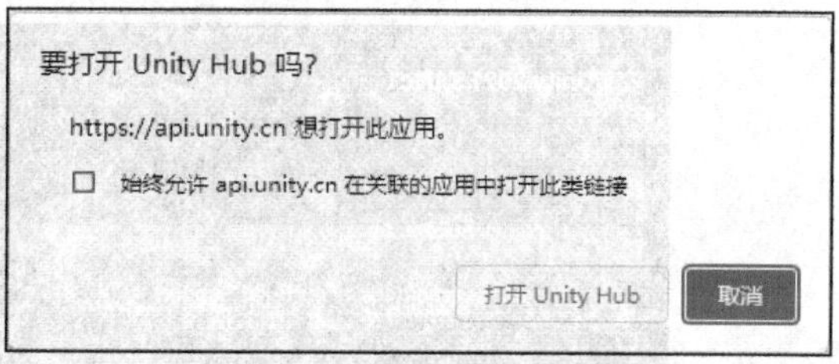

图 1-20　账号跳转界面

⑥接下来开始安装 Unity 2021.3.1。打开 Unity Hub，在左侧菜单栏上单击“安装”选项，进入安装界面，接着单击右上角的“安装编辑器”按钮，如图 1-21 所示。

⑦在安装 Unity 编辑器界面，找到 Unity 2021.3.1 版本，单击版本右侧的“安装”按钮，如图 1-22 所示。若找不到需要安装的版本，回到图 1-14 上的版本下载界面单击安装版本上的“从 Hub 下载”按钮即可。

⑧安装的第一步是添加一些模块，选择需要的模块进行安装，其中的开发工具“Microsoft Visual Studio Community 2019”是必须要安装的，最下方的语言包也需要进行选择，如图 1-23 所示。

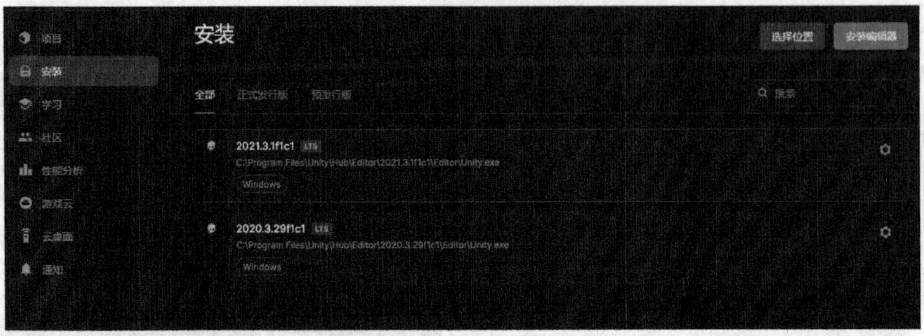

图 1-21　安装界面

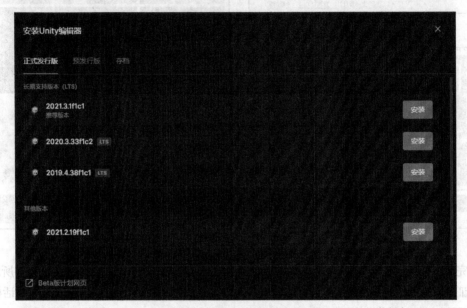

图 1-22　安装 Unity 编辑器界面

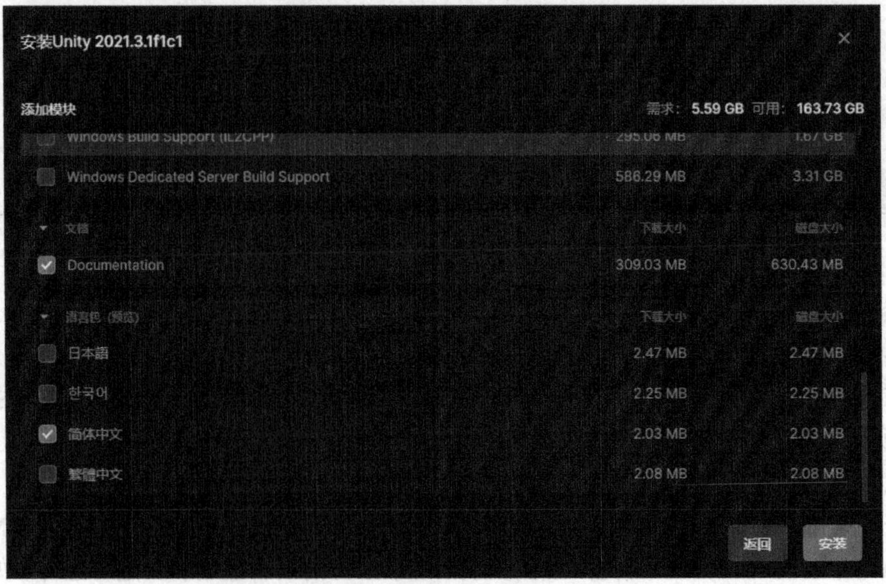

图 1-23　模块添加界面

⑨单击“安装”按钮后，会跳转到下载界面，等待模块的下载和安装，此步均为自动操作，如图 1-24 所示。

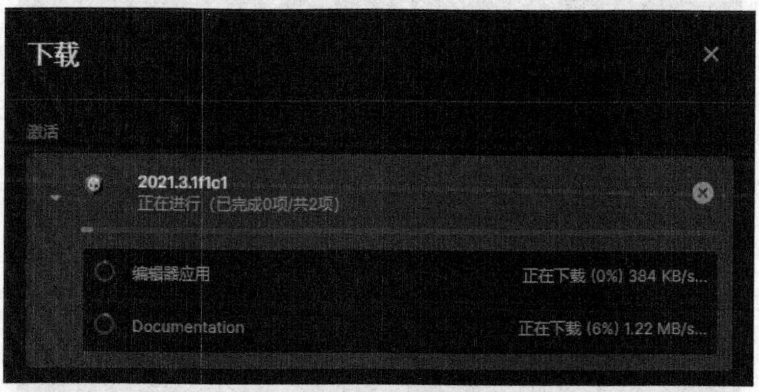

图 1-24　下载界面

⑩安装完毕后，安装栏中就会将安装好的 Unity 版本显示在“全部”列表当中，如图 1-25 所示。

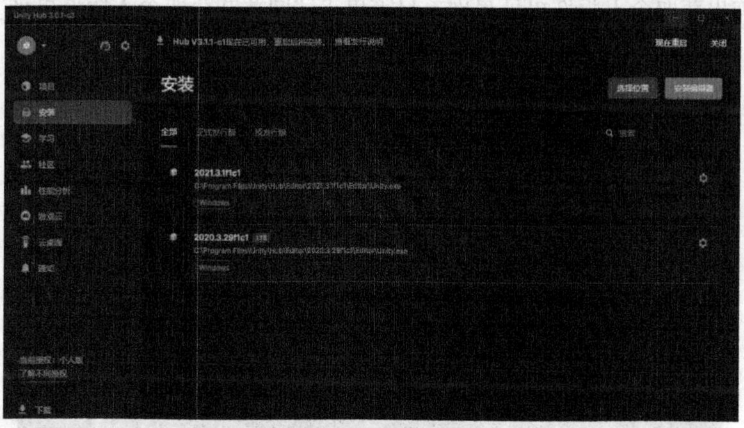

图 1-25　安装完成界面

⑪完成了账号的登录和 Unity 的安装后，接下来就需要添加许可证。单击左上角的“偏好设置”按钮，单击“许可证”选项，单击“添加”按钮添加一个许可证，如图 1-26 所示。

图 1-26　添加许可证界面

⑫进入下一步，单击添加新许可证界面的“获取免费的个人版许可证”选项即可申请个人版

许可证，如图 1-27 所示。

图 1-27　添加新许可证界面

⑬接着会弹出获取个人版许可证界面，只需单击“同意并获取个人版许可证”按钮即可，如图 1-28 所示。

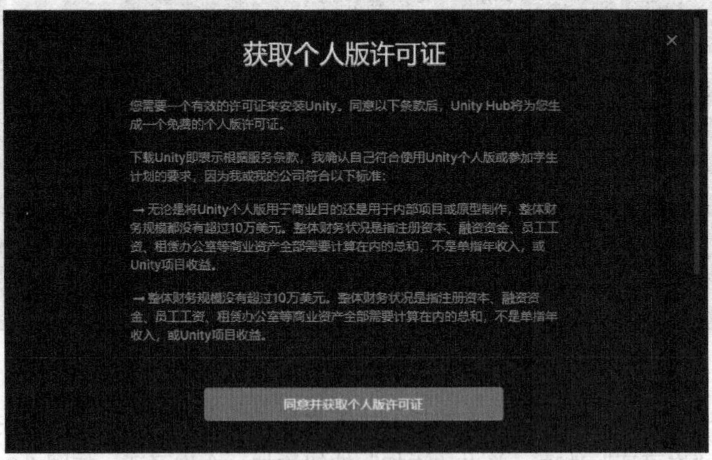

图 1-28　获取个人版许可证界面

⑭完成后，会出现当前的许可证信息，如图 1-29 所示。个人版的许可证是有时间限制的，但是时间到了之后还能继续获取，只需重复步骤⑪～步骤⑬即可。至此就完成了 Unity 的安装。

图 1-29　个人版许可证信息

（3）登录 Unity。

①安装好 Unity 后，由于 Unity 2019 之后的版本需要通过 Unity Hub 创建 Unity 项目，所以需要打开 Unity Hub 项目栏创建项目，如图 1-30 所示。单击界面右上角的“新项目”按钮即可创建一个新的项目。

图 1-30　Unity Hub 项目栏

②进入创建新项目的界面，需要设置编辑器的版本、3D 核心模板、项目名称和文件存放的位置，如图 1-31 所示。设置完成后，单击“创建项目”按钮即可完成项目的创建。回到项目栏中单击创建好的项目，进入 Unity，如图 1-32 所示。

图 1-31　创建 Unity 项目

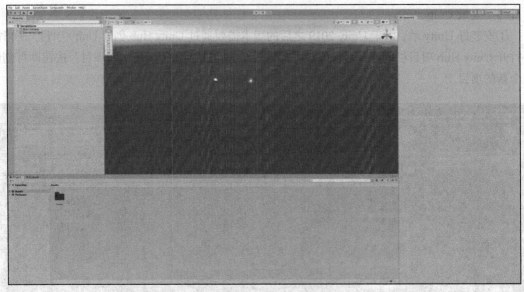

图 1-32　进入 Unity

（4）Unity 汉化。

下载了简体中文汉化包之后，即可着手选择使用汉化包汉化 Unity。选择菜单栏上的“Edit”—“Preferences”选项，如图 1-33 所示。

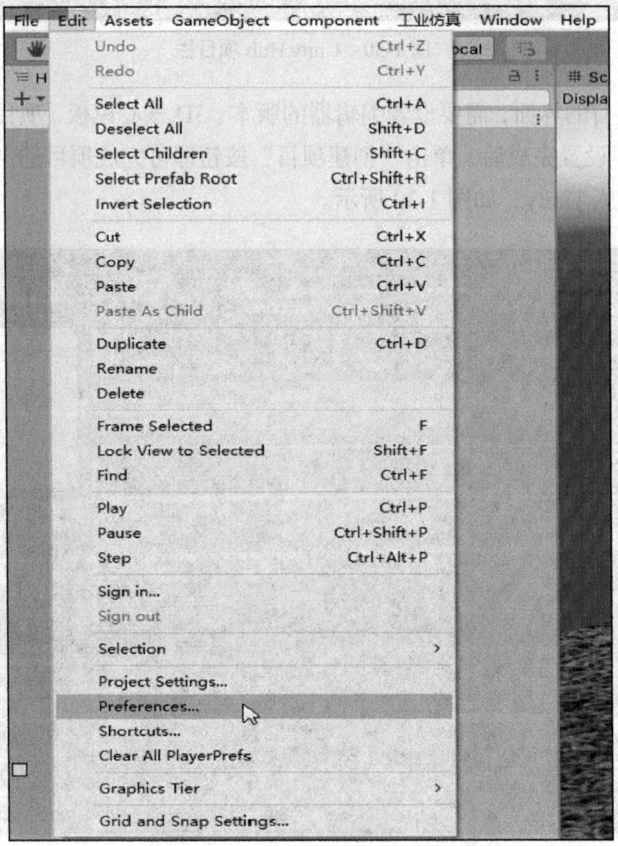

图 1-33　选择“Preferences”选项

在“Preferences”选项窗口左侧的菜单栏中能找到“Languages”选项，在“Editor language”的右侧下拉列表中选择“简体中文”选项，如图 1-34 所示。选择完之后需要重新启动 Unity 才能完成汉化。

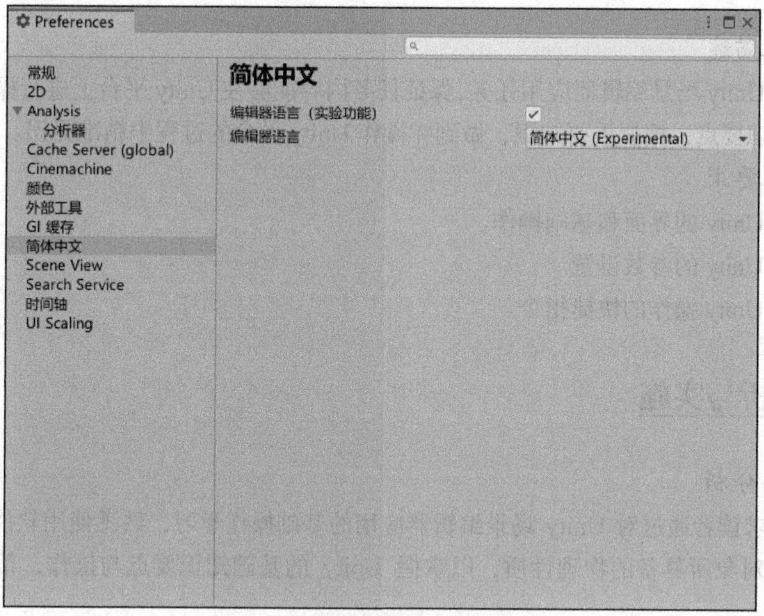

图 1-34　选择“简体中文”选项

任务小结

通过学习工业数字孪生系统的基础知识及数字孪生概念的应用案例，读者可了解到数字孪生的概念和发展意义，使学习后续内容的效果事半功倍。

同时，读者可了解到数字孪生是充分利用物理模型、传感器更新、运行历史等数据，集成多学科、多物理量、多尺度、多概念的仿真过程，在虚拟空间中完成映射，从而反映相对应的实体装备的全生命周期过程。数字孪生与传统的数值仿真相比，内涵和功能更加丰富，支撑技术更全面和先进。

“数字孪生”概念已提出多年，直到近几年才引起广泛重视，这是因为数字孪生的支撑技术如传感技术、云计算技术、大数据技术、人工智能技术的快速发展为数字孪生的落地应用奠定了基础。当然，它也是各行各业的智能化、数字化发展目标与数字孪生相契合的结果。

任务 1.2　Unity 场景编辑器应用

职业能力目标

（1）能根据 Unity 界面介绍和基础操作知识要点的学习，形成对 Unity 的基础认识，并能正确完成 Unity 的基础操作。

（2）根据任务实施内容，结合 Unity 软件完成相对应的操作设置任务。

任务描述与要求

1. 任务描述

根据本次 Unity 场景编辑器应用任务，保证任务内容能够在 Unity 平台上进行操作。学习 Unity 的各项基础知识要点，把握重要知识，做到在操作 Unity 平台的过程中精准无误。

2. 任务要求

（1）熟悉 Unity 的界面和基础操作。

（2）熟悉 Unity 的参数设置。

（3）熟悉 Unity 操作的快捷指令。

任务分析与实施

1. 任务分析

本任务要求读者通过对 Unity 场景编辑器应用的基础操作学习，熟悉使用软件时的基础操作和搭建场景时对象所具备的物理性质，以掌握 Unity 的基础知识要点与操作，帮助后续项目的完成。

2. 任务实施

根据 Unity 场景编辑器应用的相关要求，制订本任务的实施计划。任务实施计划的具体内容见表 1-2。

表 1-2　任务实施计划

项目名称	工业数字孪生系统基础
任务名称	Unity 场景编辑器应用
任务描述	在 Unity 平台上实现
任务要求	熟悉 Unity 的界面和基础操作
任务实施计划	具体内容
	1. 熟读 Unity 的界面介绍和基础操作内容，完成对 Unity 平台的基础认知
	2. 通过 Unity 的界面介绍和基础操作内容，熟练掌握基础操作

知识储备

认识 Unity 界面。

Unity 主界面可以简单分为 5 个模块，如图 1-35 所示。第一个模块是菜单栏和工具栏，第二个模块是 Hierarchy（层级）窗口，第三个模块是 Scene（场景）窗口和 Game（游戏）窗口，第四个模块是 Project（项目）窗口，第五个模块是 Inspector（检查器）窗口。

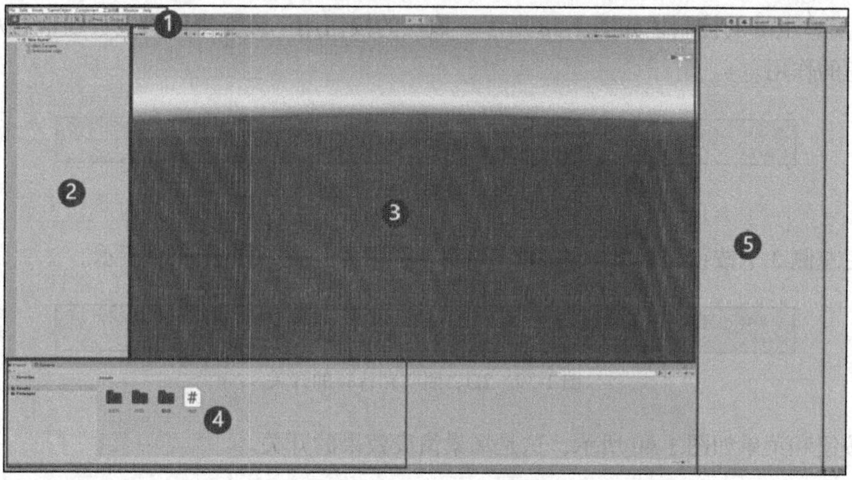

图 1-35　Unity 主界面

（1）Hierarchy（层级）窗口。

Hierarchy 窗口包含当前场景的所有对象，如图 1-36 所示。在 Hierarchy 窗口中可以生成对象，也可以选择对象。当场景中增加或删除对象时，Hierarchy 窗口中对应的对象会出现或消失。

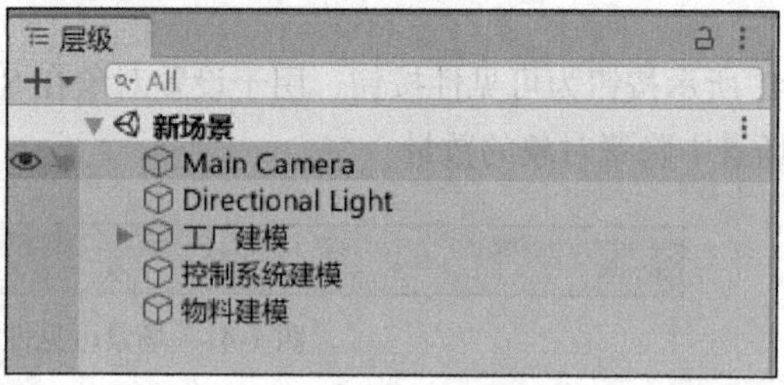

图 1-36　Hierarchy 窗口

（2）Scene（场景）窗口。

Scene 窗口以 3D 的方式显示出一个场景里的对象，如图 1-37 所示。通过 Scene 窗口可以观察对象在场景中的样子并对其进行设计，它和 Hierarchy 窗口相对应，只不过在 Hierarchy 窗口中对象是以列表的形式出现的。

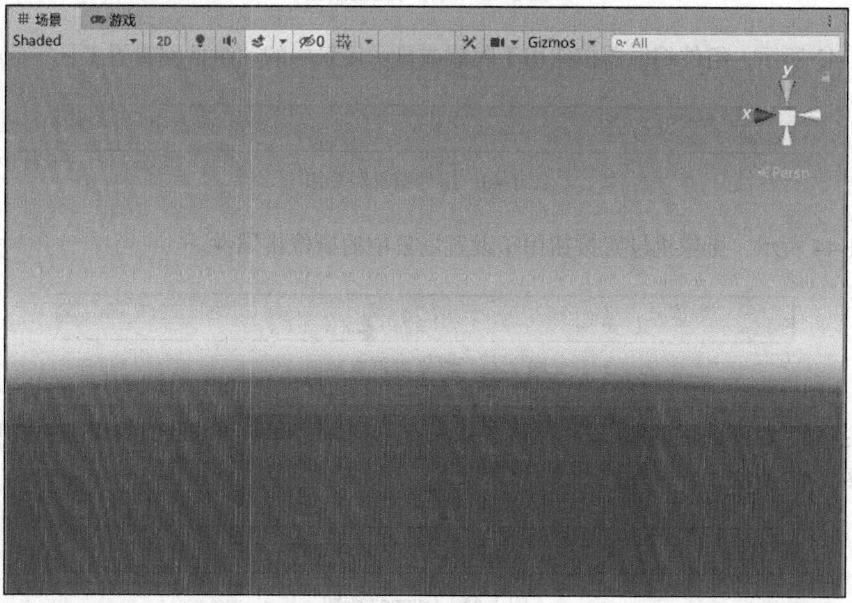

图 1-37　Scene 窗口

Scene 窗口上端的控制栏如图 1-38 所示，该栏的按钮用于改变摄像机查看场景的方式。下面介绍各按钮的作用。

图 1-38　Scene 窗口控制栏

控制栏左侧 3 个按钮是场景中的 2D、照明和音频的开关，如图 1-39 所示。

图 1-39　2D、照明和音频的开关

效果按钮和菜单如图 1-40 所示，这是场景渲染效果的开关。

图 1-40　效果按钮和菜单

图 1-41 所示按钮为可见性按钮，用于设置对象在 Scene 场景中的可见性。另外，此按钮还可用于显示场景中隐藏对象的数量。

图 1-41　场景可见性按钮

图 1-42 所示按钮为网格可见性按钮，用于开启和关闭场景中的 x、y、z 这 3 个网络轴，也可以选择开启其中一个轴。

图 1-42　网格可见性按钮

如图 1-43 所示，组件编辑器按钮用于隐藏或显示场景中的“组件编辑器工具”面板。

图 1-43　组件编辑器按钮

如图 1-44 所示，摄像机设置按钮用于设置场景中的摄像机属性。

图 1-44　摄像机设置按钮

控制栏中的 Gizmos 按钮用于切换场景中所有小工具的可见性，例如摄像机的模型和灯光的模型，如图 1-45 所示。

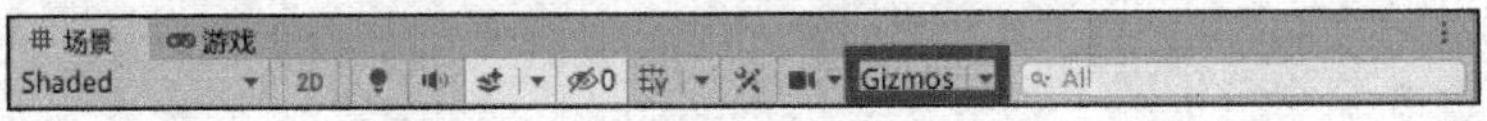

图 1-45　Gizmos 按钮

控制栏的最右边是一个搜索框，可根据名称或者类型搜索场景中的项目，如图 1-46 所示。

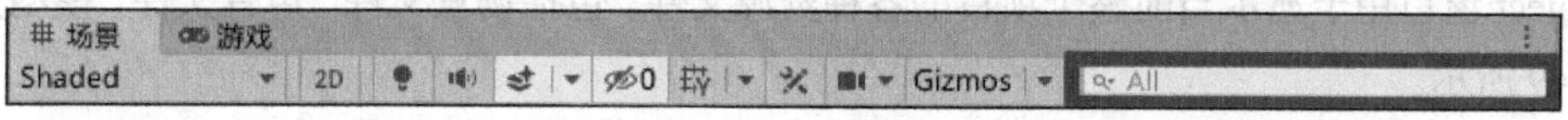

图 1-46　搜索框

（3）Game（游戏）窗口。

Unity 中的 Game 窗口可用于测试 Scene 窗口中设计好的场景动画，显示的画面是摄像机设置的画面，如图 1-47 所示。虽然 Game 窗口可以进行测试，但是在该窗口下不能进行任何编辑。

图 1-47　Game 窗口

Game 窗口上端的控制栏用于控制 Game 窗口的属性，如图 1-48 所示。从左到右分别是 Display、Free Aspect、缩放、播放时最大化、音频静音、状态和 Gizmos，具体介绍见表 1-3。

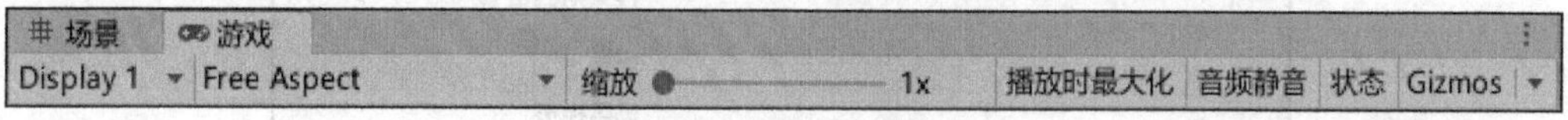

图 1-48　Game 窗口控制栏

表 1-3　Game 窗口控制栏相关设置

名称	功能详解
Display	可将当前摄像机视角切换到另一视角
Free Aspect	调整屏幕的显示比例
缩放	将摄像机拉近，但是对应的图像会变模糊
播放时最大化	单击此按钮后切换游戏运行时会最大化显示
音频静音	单击此按钮后切换游戏运行时会静音
状态	单击此按钮可显示运行状态的具体数值
Gizmos	切换场景中所有小工具的可见性

（4）Project（项目）窗口。

Project 窗口用于显示当前整个项目的各种资源文件，包括场景文件、声音文件、模型文件等，如图 1-49 所示。

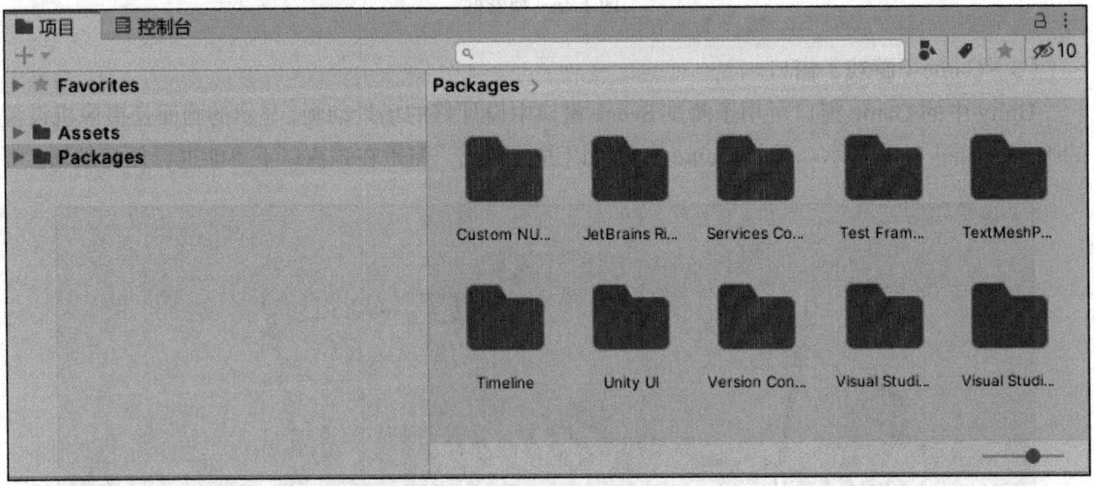

图 1-49　Project 窗口

在 Project 窗口右击，或是通过菜单栏上的“Assets”（资源）选项，可以添加各种资源并进行操作，如图 1-50 所示。

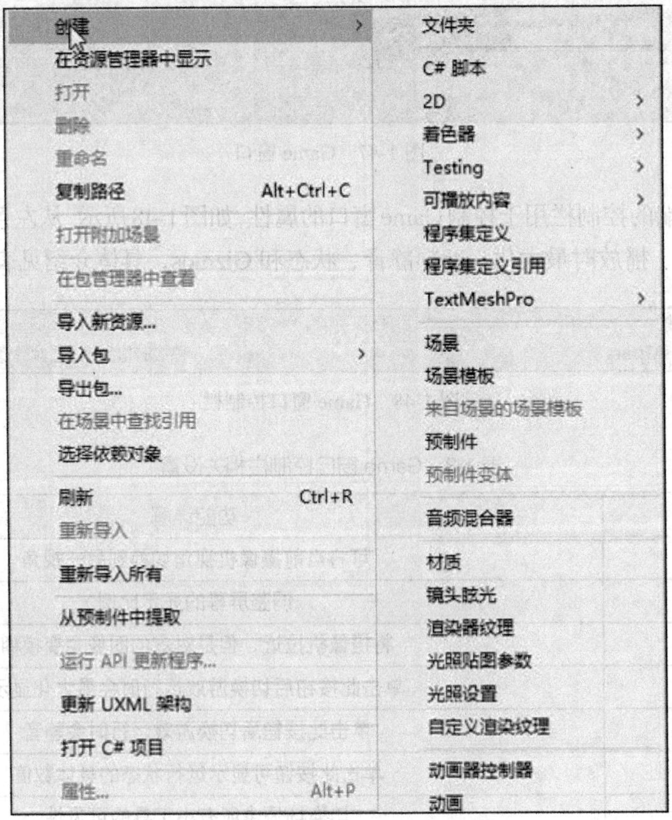

图 1-50　在 Project 窗口创建资源

（5）Inspector（检查器）窗口。

Inspector 窗口显示当前选择对象的属性，包括位置坐标、大小、颜色等，如图 1-51 所示。在 Unity 中，一个完整的项目由一个个场景组成，场景由一个个对象组成，而对象由一个个组件组成。Inspector 窗口显示的就是一个对象的组件，相当于查看这个对象的属性。Inspector 窗口不仅可以查看 Hierarchy 窗口中对象的属性，还可以查看 Project 窗口中没有在场景中用到的对象的属性。

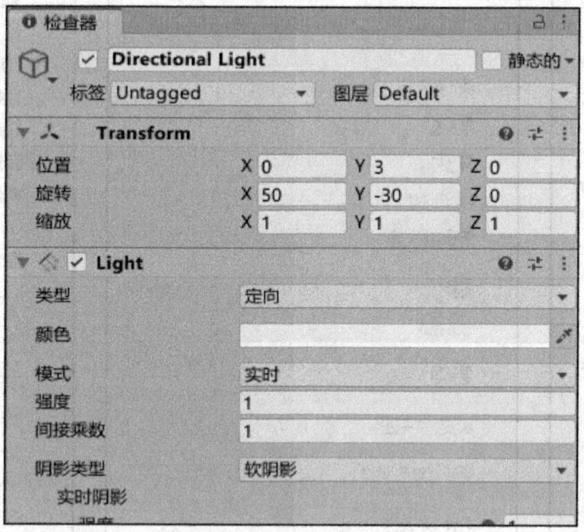

图 1-51　Inspector 窗口

（6）菜单栏。

菜单栏是 Unity 操作界面最重要的组成部分，其主要作用是集合大部分的功能和板块，让使用者可以快速查找到相应的功能内容。Unity 的菜单栏包含 File（文件）、Edit（编辑）、Assets（资源）、GameObject（游戏对象）、Component（组件）、Window（窗口）和 Help（帮助），如图 1-52 所示。

图 1-52　Unity 菜单栏

① File 菜单主要用于新建场景、打开场景、打开最近的场景、新建项目和保存项目等，如图 1-53 所示。

②Edit 菜单用于对场景对象的基本操作，例如复制、粘贴和撤销等，还有一些项目的相关设置，如图 1-54 所示。

③Assets 菜单主要用于资源的创建、导入、导出和同步等，如图 1-55 所示。

④GameObject 菜单主要用于创建、显示游戏对象，如图 1-56 所示。

⑤Component 菜单主要用于仿真场景组件的添加，如图 1-57 所示。

⑥Window 菜单主要用于在项目制作过程中显示布局和视图等，如图 1-58 所示。

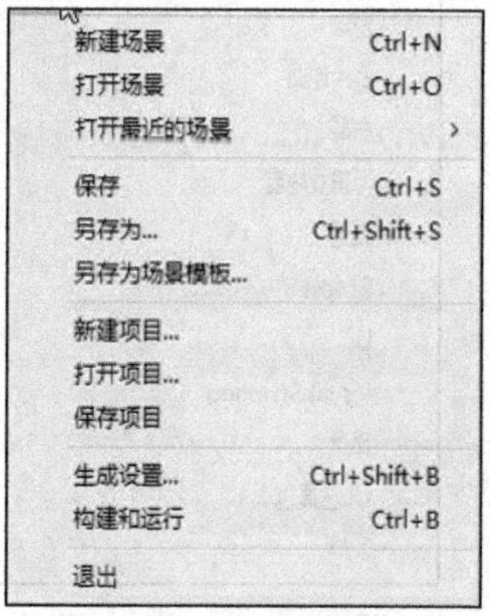

图 1-53　File 菜单

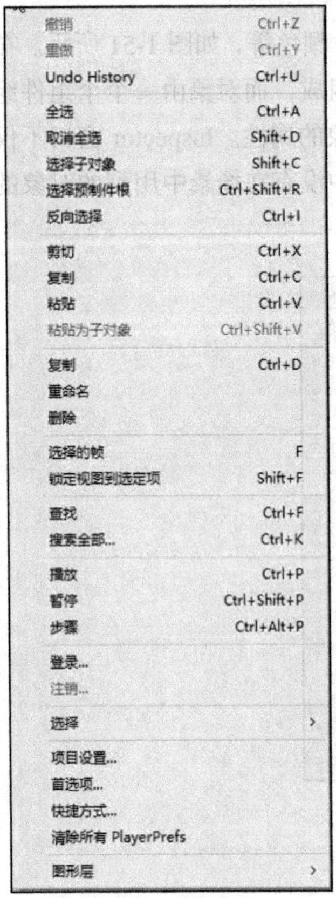

图 1-54　Edit 菜单

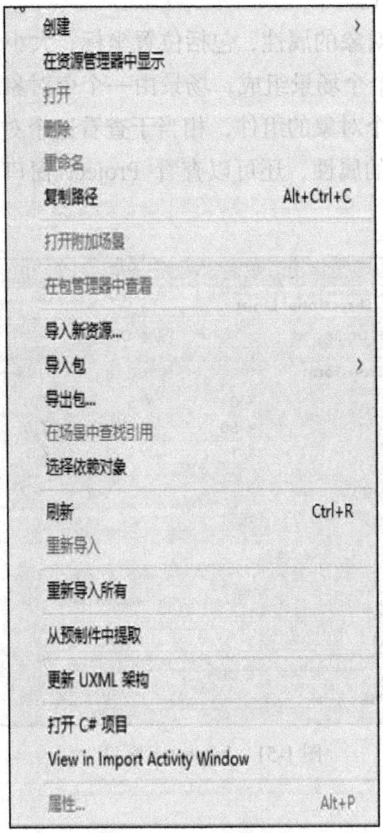

图 1-55　Assets 菜单

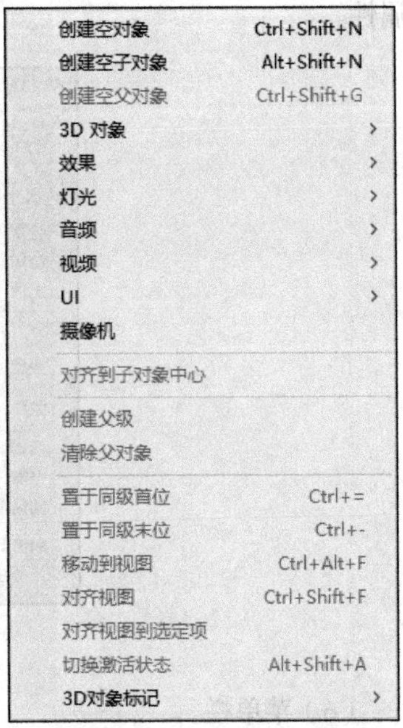

图 1-56　GameObject 菜单

⑦Help 菜单主要帮助使用者快速学习和掌握 Unity，如图 1-59 所示。

图 1-57　Component 菜单

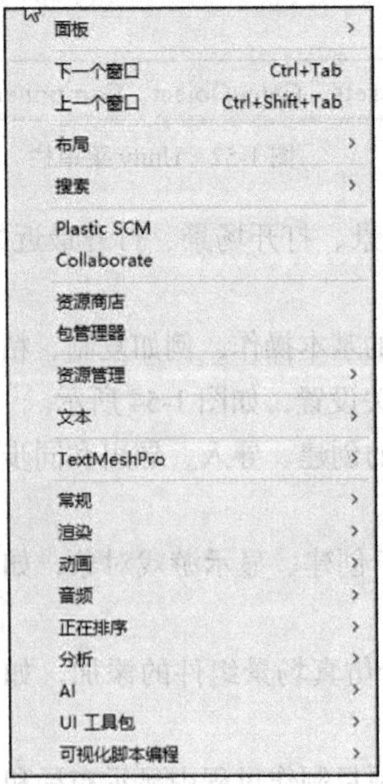

图 1-58　Window 菜单

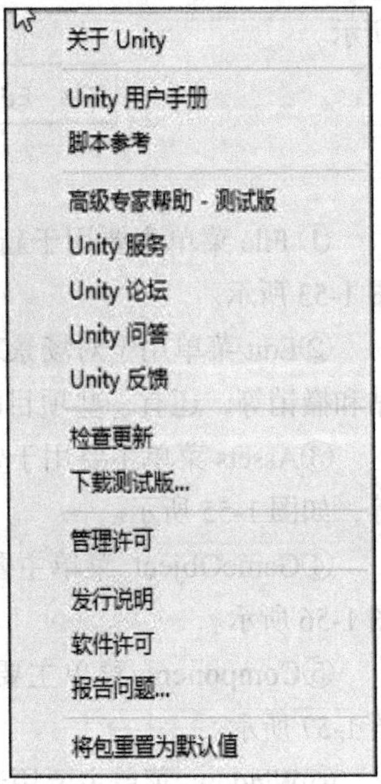

图 1-59　Help 菜单

（7）工具栏。

工具栏的变换工具组从左到右分别为手形工具、位移工具、旋转工具、缩放工具、矩形工具、移动旋转或缩放选定工具、编辑器工具，如图 1-60 所示。手形工具主要用于平移场景视图画面，可用快捷键鼠标中键操作；位移工具可以针对单个轴向或两个轴向做位移，可用快捷键 W 操作；旋转工具可以针对单个轴向或两个轴向做旋转，可用快捷键 E 操作；缩放工具可以针对单个轴向或整个对象做缩放，可用快捷键 R 操作；矩形工具可设定矩形选框，可用快捷键 T 操作；缩放选定工具可移动、旋转或缩放选定对象；编辑器工具可选择和使用自定义工具。

图 1-61 所示为变化工具相关功能，两个都是变化轴向，一个是控制对象的轴向，另一个是控制世界坐标的轴向。

图 1-60　Unity 变换工具组

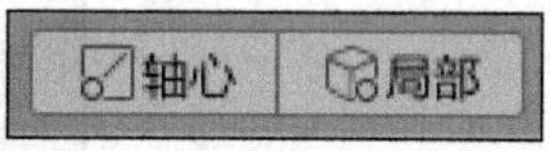

图 1-61　变化工具相关功能

图 1-62 所示为开始运行/暂停/单步运行按钮，可用于控制工程的运行。

图 1-63 所示左侧云朵按钮用于打开 Unity Services 窗口，右侧 3 个下拉菜单分别用于访问 Unity 账号、设定图层、选择或自定义 Unity 的页面布局方式。

图 1-62　控制工程的运行

图 1-63　工具栏下拉菜单

任务实施

Unity 基础操作

Unity 基础操作。

（1）模型放置。

模型是建立场景的基础，学会放置模型是搭建场景的基础步骤。如图 1-64 所示，进入模型库选择模型，按住鼠标左键，将模型拖入场景，调整模型的位置、旋转和缩放达到所需。

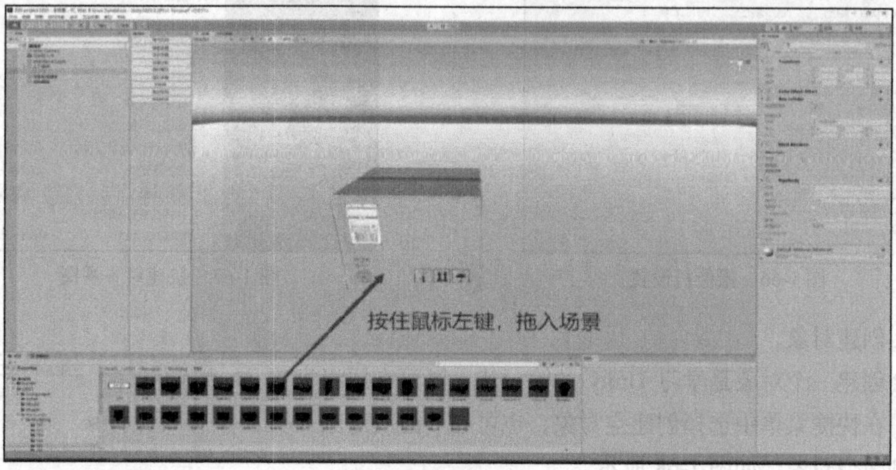

图 1-64　模型放置

（2）灯光设置。

灯光奠定了一个场景的基调。场景的建立离不开灯光的设置，只需在层级窗口右击，在快捷菜单中选择“灯光”，弹出灯光设置界面，选择灯光中的定向光，具体设置如图 1-65 所示。可在选项中设置灯光的颜色及强度，还能选择阴影类型，若需要黄昏模式将渲染模式改成“非自动”即可。

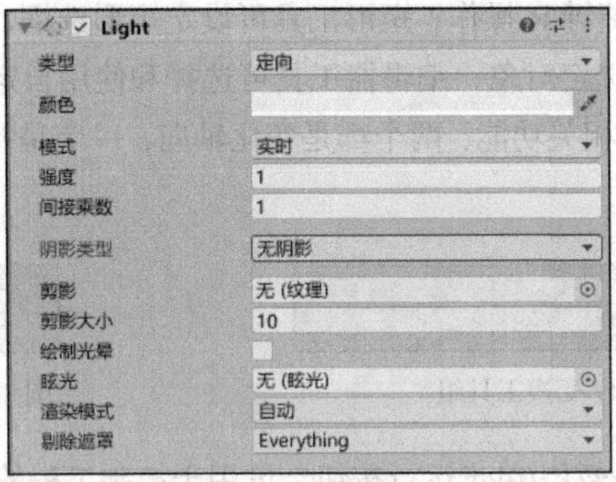

图 1-65　灯光设置

（3）摄像机设置。

在层级窗口右击，在快捷菜单中选择“摄像机”，弹出摄像机设置窗口，如图 1-66 所示，可设置多个摄像机。在“目标显示”下拉列表还可设置不同的机位，在 Camera 窗口中可切换不同机位更换视角。

右击层级窗口的“Main Camera”对象，在弹出的快捷菜单中选择“对齐视图”（见图 1-67），或是选择“Main Camera”对象时使用快捷键 Ctrl+Shift+F 均可以快速对齐视图。

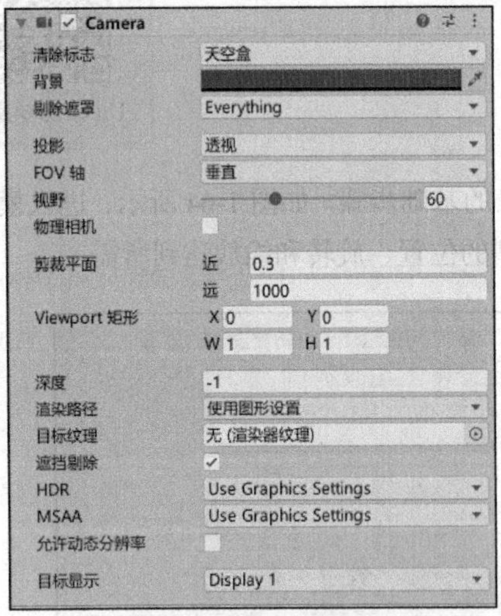

图 1-66　摄像机设置

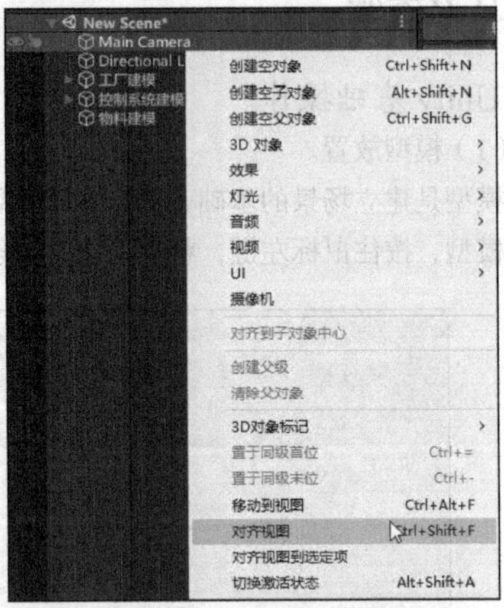

图 1-67　快速对齐视图

（4）创建对象。

学会创建一个对象是学习 Unity 的第一步。既可在层级窗口处右击，在快捷菜单中选择创建空对象，也可在“游戏对象”栏里单击创建空对象，如图 1-68 所示。

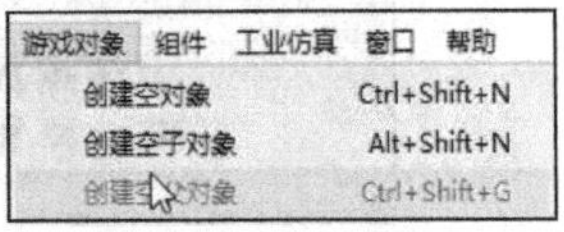

图 1-68　创建对象

（5）基础快捷键。

在项目中可使用的一些基础快捷键见表 1-4。

表 1-4　基础快捷键

命令	功能	快捷键
New Scene（新建场景）	创建一个新的场景	Ctrl+N
Open Scene（打开场景）	打开一个已经创建的场景	Ctrl+O
Save Scene（保存场景）	保存当前场景	Ctrl+S
Save Scene As（另存场景）	将当前场景另存为一个新场景	Ctrl + Shift + S
Undo（撤销）	撤销上一步操作	Ctrl+ Z
Redo（重做）	重做上一步操作	Ctrl+ Y
Cut（剪切）	将对象剪切到剪贴板	Ctrl+ X
Copy（复制）	将对象复制到剪贴板	Ctrl + C
Paste（粘贴）	将剪贴板中的对象粘贴到当前位置	Ctrl + V
Duplicate（复制）	复制并粘贴对象	Ctrl + D
Delete（删除）	删除对象	Shift + Del
Frame Selected（缩放窗口）	平移缩放窗口至选择的对象	F
Find（搜索）	切换搜索框，通过名称搜索对象	Ctrl + F
Play（播放）	执行游戏场景	Ctrl + P
Pause（暂停）	暂停游戏	Ctrl + Shift + P

（6）添加组件。

在对象的检查器窗口中选择添加组件，即可给对象添加需要的组件，如刚体、碰撞体（还有相关指令）等，如图 1-69 所示。

（7）导入包和导出包。

Unity 包是共享和复用 Unity 项目和资源集合的一种简便方法。包就是 Unity 项目或项目元素的文件和数据集合，它们被压缩、存储在一个文件中，类似 ZIP 文件。它可以通过单击菜单栏“资源”→“导入包”来导入，如图 1-70 所示。然后可在窗口中选择准备好的标准资源包，如图 1-71 所示。

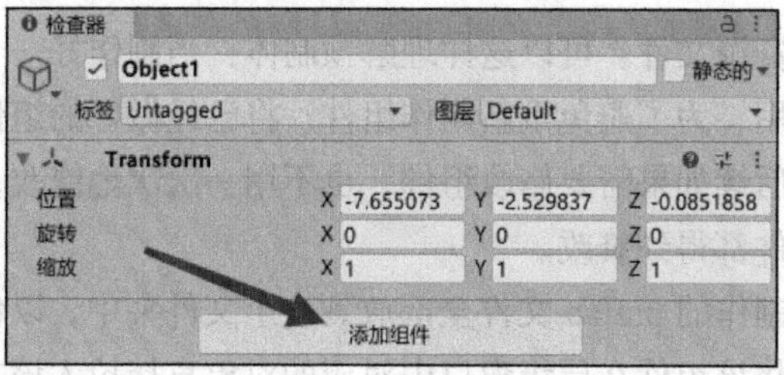

图 1-69　添加组件

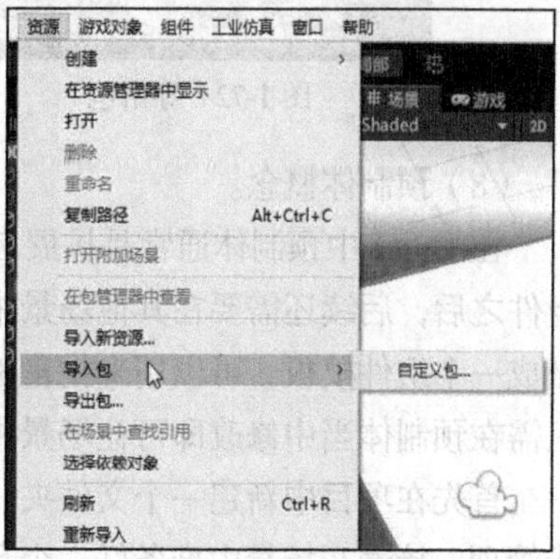

图 1-70　导入包

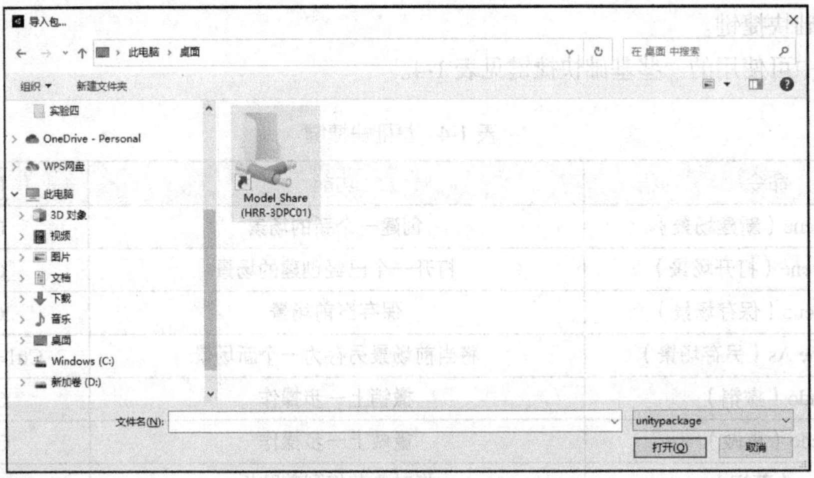

图 1-71　选择导入包

当需要导出资源包的时候，右键单击需要导出的项目，选择“导出包”，如图 1-72 所示。弹出“Exporting package”界面后单击“导出”按钮即可，如图 1-73 所示。

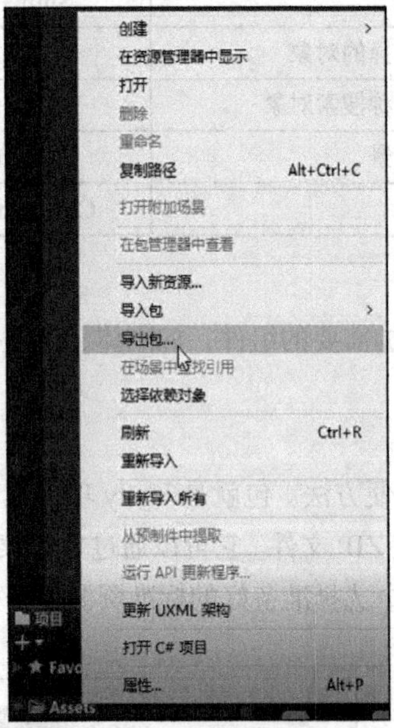

图 1-72　导出包

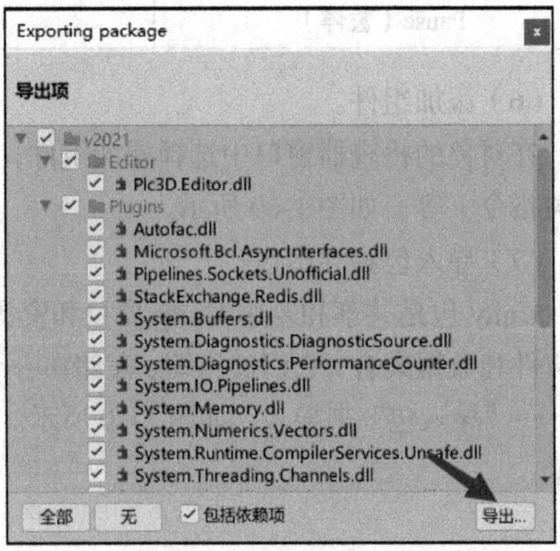

图 1-73　Exporting package

（8）预制体概念。

在 Unity 中预制体通常是扩展名为.prefab 的资源文件。可以这样理解预制体：当制作好一个组件之后，后续还需要在其他场景中进行重复使用，为了避免重新制作组件，将已经做好的组件做成一个组件模板，可以用来批量地套用工作。后续如果需要修改组件，也不用一次次地修改，只需在预制体当中修改即可让场景中所有的该组件都得到修改。

首先在项目中新建一个文件夹，可以将自己制作的.prefab 文件全部放到这个文件夹中，以便于管理。接着在场景中准备好一个预制体组件，将该组件在层级窗口中对应的对象直接拉入该文件夹即可。

双击已经放入文件的预制体，在检查器中修改组件。需要注意的是修改完组件后，场景中所有的该组件都被修改了。预制体界面如图 1-74 所示。

图 1-74　预制体界面

（9）场景辅助线框。

场景辅助线框位于场景窗口的右上角。它显示了当前查看场景的视角方向，可单击 6 个面上的柄快速改变视角。3 种颜色的柄分别表示 x 轴、y 轴、z 轴，和平时使用的坐标轴不太一样，Unity 中的 y 轴表示竖轴，x 轴和 z 轴表示横轴和纵轴，如图 1-75 所示。也可以切换透视摄像机 Iso 和正交摄像机 Persp，只需单击下方的文字即可。

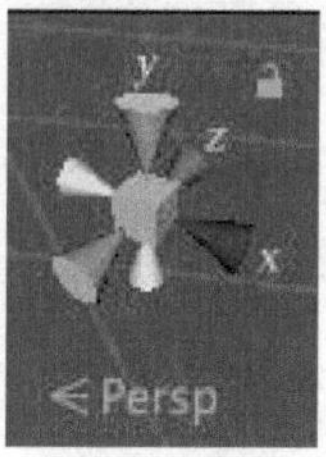

图 1-75　场景辅助线框

（10）对象的位置、旋转和缩放。

①修改物体的位置。可通过修改 Transform 里位置栏中的 X、Y、Z 来改变物体的位置，如图 1-76 所示。也可通过拖动场景中物体的 3 个箭头来修改物体在 x 轴、y 轴、z 轴上的位置，还可拖动 3 个箭头两两之间的小平面来让物体在场景中移动。

②物体旋转。可通过修改 Transform 里旋转栏中的 X、Y、Z，让物体随着轴进行旋转，如图 1-77 所示。也可通过工具栏中的旋转工具，对物体进行旋转。

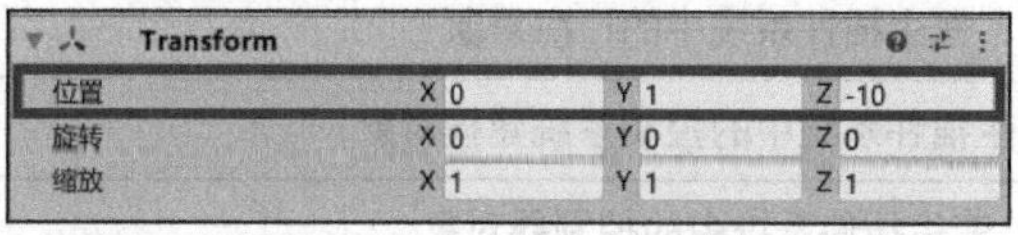

图 1-76　Transform 的位置

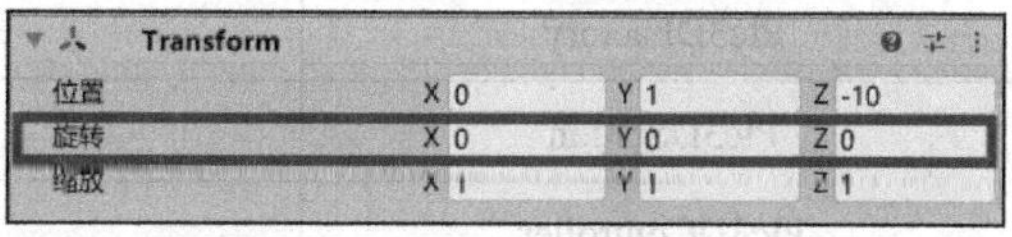

图 1-77　Transform 的旋转

③物体缩放。可通过修改 Transform 里缩放栏中的 X、Y、Z，让物体随着轴方向进行缩放，如图 1-78 所示。也可以使用工具栏中的缩放工具来改变物体的比例，可以同时 3 个轴一起缩放，也可以只缩放一个方向。

（11）物体的复制、粘贴。

在层级窗口选择需要复制的对象，在“编辑”栏中选择“复制”后，再在编辑菜单中选择“粘贴”，如图 1-79 所示。也可使用复制快捷键 Ctrl+C 和粘贴快捷键 Ctrl+V 进行操作。

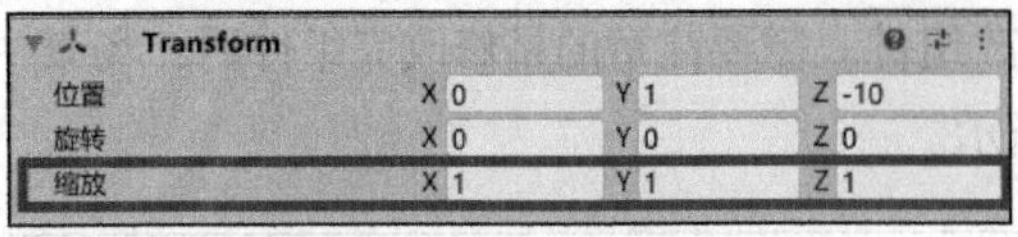

图 1-78　Transform 的缩放

图 1-79　物体的复制、粘贴

（12）物体的标签设置。

给物体添加标签也就是给物体分类，以后可以设置只要是这一类的物体都能触发特定的指令。在检查器窗口的上方单击标签，选择对象需要的标签即可，如图 1-80 所示。表 1-5 所示是常用标签设置功能注释。

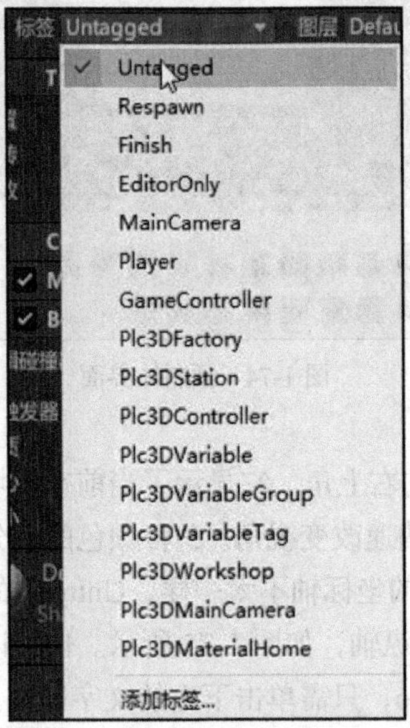

图 1-80　标签设置

表 1-5　常用标签设置功能注释

标签	功能注释
Untagged	没有加标签的对象
MainCamera	主摄像机
Plc3DFactory	孪生插件系统中的厂房对象
Plc3DStation	孪生插件系统中的控制系统建模对象
Plc3DController	孪生插件系统中的控制器对象
Plc3DVariable	孪生插件系统中的变量对象
Plc3DVariableGroup	孪生插件系统中的变量组对象
Plc3DVariableTag	孪生插件系统中的变量标签对象
Plc3DWorkshop	孪生插件系统中的车间对象
Plc3DMainCamera	孪生插件系统中的主摄像机对象
Plc3DMaterialHome	孪生插件系统中的物料建模对象

（13）物体的图层设置。

有时需要一些对象只能被某些摄像机看到或者只会被某些灯光照亮，有时又需要只让某些类型的对象之间发生碰撞，在 Unity 中可以用图层设置处理这些问题。

图层将一组行为类似的对象放在一起，按照某种方式处理，添加图层能够在不需要做很多工作的情况下实现复杂行为。和标签设置一样，在检查器窗口上方单击图层即可对其设置，如图 1-81 所示。表 1-6 所示是常用图层设置功能注释。

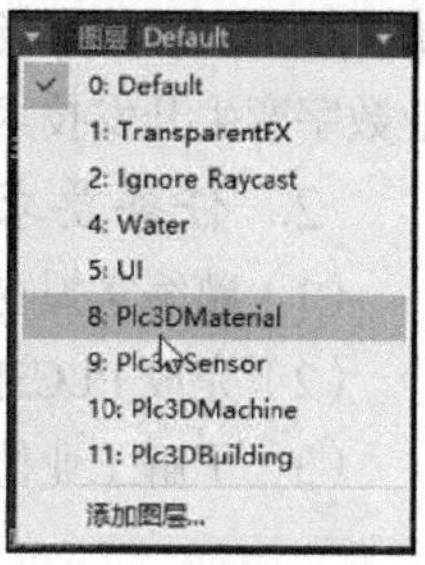

图 1-81　图层设置

表 1-6　常用图层设置功能注释

图层	功能注释
Default	默认的图层
UI	UI 系统的图层
Plc3DMaterial	孪生插件系统中的物料图层
Plc3DSensor	孪生插件系统中的传感器图层
Plc3DMachine	孪生插件系统中的机器图层
Plc3DBuilding	孪生插件系统中的建筑图层

任务小结

通过本任务的学习，读者可对后续各类数字孪生体制作平台有大致的了解，先学会这类基础操作才能方便后续项目的进行。在不同的孪生体制作中，修改或添加所需的参数可使场景更加生动、有活力。

任务 1.3　Unity 物理系统

职业能力目标

（1）充分了解 Unity 物理系统，能够准确分析场景中各对象的异常原因，完成故障排除，完善场景物理系统。

（2）了解基于 Unity 工业数字孪生插件系统即 PLC3D 工业仿真平台的作用。

（3）了解场景的搭建和 PLC CPU 的正确添加与变量地址的填写、变量的绑定。

任务描述与要求

1. 任务描述

根据 Unity 物理系统任务，掌握物理系统概念的定义与特点。通过对物理属性的学习，进一步了解 Unity 仿真场景贴近真实的物理效果。深刻了解我国发展数字孪生的意义，学习关于在工业数字孪生开发技术选型与基于 3D 内容创作引擎上进行的数字孪生系统开发。

2. 任务要求

（1）熟练掌握物理属性知识点。

（2）完成 PLC3D 软件的下载、安装。

（3）了解工业仿真菜单栏内容和变量的添加与绑定。

任务分析与实施

1. 任务分析

读者在本任务中通过对 Unity 物理属性系统的基础知识学习，可对物理属性系统有大致的认识和了解；通过 Unity 工业数字孪生插件系统即 PLC3D 工业仿真平台安装使用，能更高效地运用 Unity 软件搭建更真实的场景。

2. 任务实施

根据 Unity 物理系统的相关知识与 PLC3D 工业仿真平台安装要求，制订本任务的实施计划。任务实施计划的具体内容见表 1-7。

表 1-7 任务实施计划

项目名称	工业数字孪生系统基础
任务名称	Unity 物理系统
任务描述	结合实际操作
任务要求	熟悉 Unity 物理系统概念
任务实施计划	具体内容
	1. 理解 Unity 物理属性基本概念
	2. 完成工业仿真软件 PLC3D 的下载、安装
	3. 了解场景部件变量的添加与绑定

知识储备

物理属性基本概念。

（1）刚体。

Unity 中的 Rigidbody（刚体）可以为对象赋予物理属性，使对象在物理系统的控制下接受推力与扭力，从而实现现实世界中的运动效果。在场景的建立过程中只有为游戏对象添加了刚体组件，才能使其受到重力影响。刚体在各种物理状态影响下运动，刚体的属性包含 Mass（质量）、Drag（阻力）、Angular Drag（角阻力）、Use Gravity（使用重力）、Is Kinematic（受物理影响）、Collision Detection（碰撞检测）等。图 1-82 所示为刚体的属性界面。刚体的具体属性见表 1-8。

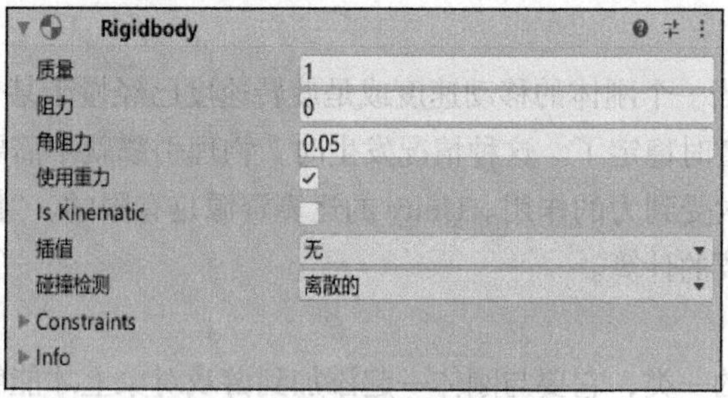

图 1-82　刚体的属性界面

表 1-8　刚体的具体属性

属性	功能
质量（Mass）	物体的质量（默认单位为千克），默认值为 1
阻力（Drag）	平移阻力，初始值为 0，用来表示物体因受阻力而速度衰减的状态
角阻力（Angular Drag）	旋转阻力，初始值为 0.05，用于模拟物体因旋转而受到各方面影响的现象
使用重力（Use Gravity）	表示物体是否受到重力影响
Is Kinematic	表示物体是否不再受物理引擎驱动

勾选“使用重力”时，物体受重力影响，自由落体，如图 1-83 所示。勾选“Is Kinematic”时，物体不再受其他力影响，但是会作为一个“阻体”阻挡其他刚体，如图 1-84 所示。

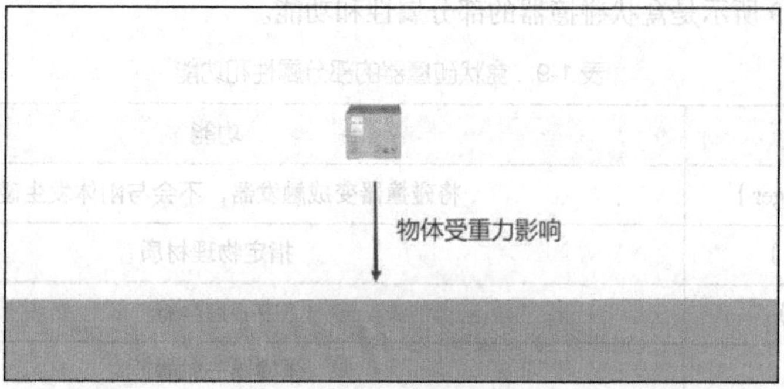

图 1-83　物体受重力影响

图 1-84　物体不受其他力影响

（2）休眠。

“休眠”状态指的是当一个刚体的移动速度或是旋转速度已经慢于某个现实定义的阈值，Unity物理引擎就可以假定它暂时稳定了。这种情况发生时，物理引擎就不需要再反复计算这个刚体的运动，直到这个刚体再次受到力的作用。Unity的运算资源是有限的，“休眠”状态是一种优化性能的方案，可减少不必要的计算。

（3）碰撞器。

碰撞器是物理组件的一类，它要与刚体一起添加到游戏对象上才能触发碰撞。如果两个刚体相互撞在一起，除非两个对象有碰撞器时物理引擎才会计算碰撞，在物理模拟中，没有碰撞器的刚体会彼此相互穿过。碰撞器是一个简单的形状，本身也是隐形的，不一定要和物体的外形一致，而且实际搭建场景过程中，更多地会使用近似的物理形状而不是物体的精确形状，以减少运算，提高运行效率。

①盒状碰撞器。Box Collider（盒状碰撞器）是一种立方体形状的基本碰撞器，具体属性如图1-85所示。

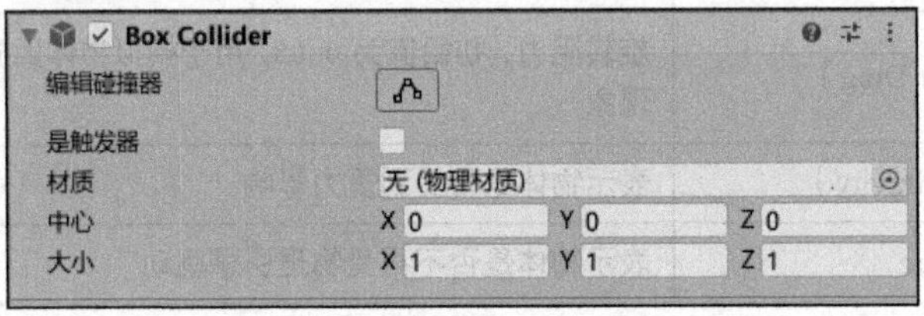

图1-85　盒状碰撞器属性

盒状碰撞器也是最为常用的，很多物体都可以粗略地表示为立方体。盒状碰撞器也常使用于组合碰撞器。表1-9所示是盒状碰撞器的部分属性和功能。

表1-9　盒状碰撞器的部分属性和功能

属性	功能
是触发器（Is Trigger）	将碰撞器变成触发器，不会与刚体发生碰撞
材质（Material）	指定物理材质
中心（Center）	中心点坐标
大小（Size）	碰撞器三轴数据

②胶囊碰撞器。Capsule Collider（胶囊碰撞器）也是一个基本碰撞器，它的形状和胶囊一样，由两个半球夹着一个圆柱组成，具体属性如图1-86所示。

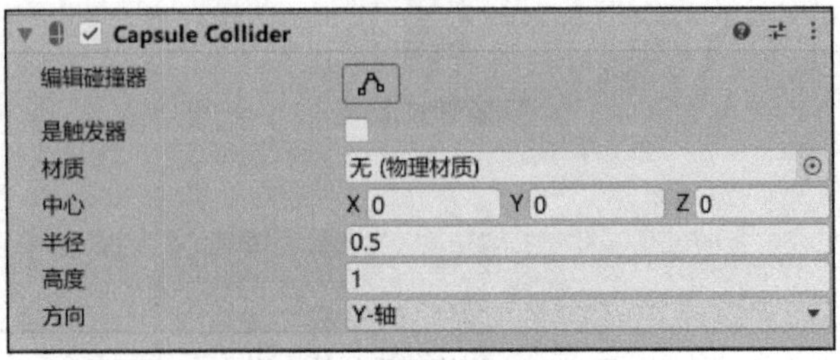

图1-86　胶囊碰撞器属性图

胶囊碰撞器常作为人体模型或是长杆的碰撞器，原因是胶囊碰撞器可以随意修改胶囊体的长短和粗细。表 1-10 所示是胶囊碰撞器的部分属性和功能。

表 1-10 胶囊碰撞器的部分属性和功能

属性	功能
是触发器（Is Trigger）	将碰撞器变成触发器，不会与刚体发生碰撞
材质（Material）	指定物理材质
中心（Center）	中心点坐标
半径（Radius）	胶囊体的半径，半球体和圆柱体的半径
高度（Height）	胶囊体的高度
方向（Direction）	胶囊体的方向，默认是 y 轴

③网格碰撞器。Mesh Collider（网格碰撞器）是一种基于模型网格创建自身的碰撞器，所以用它创建的碰撞器比用其他碰撞器去组合还要精细得多，但是这种好处的代价就是检测碰撞时需要更多的计算开销。网格碰撞器具体属性如图 1-87 所示。

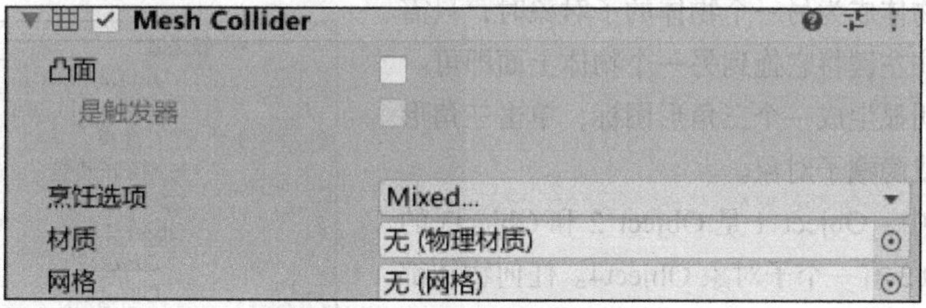

图 1-87 网格碰撞器属性图

网格碰撞器较其他碰撞器多了一些限制条件，没有标记凸的网格碰撞器只能用于没有装载刚体组件的物件。也就是说，只有标记凸的网格碰撞器才能装载在刚体组件的物件上，才可以和其他网格碰撞器发生碰撞。表 1-11 是网格碰撞器的部分属性和功能。

表 1-11 网格碰撞器的部分属性和功能

属性	功能
凸面（Convex）	将网格碰撞器标记为凸面，只有是凸面网格碰撞器时才能单击是触发器（Is Trigger）选项，才能和其他网格碰撞器发生碰撞
是触发器（Is Trigger）	将碰撞器变成触发器，不会与刚体发生碰撞
材质（Material）	指定物理材质
网格（mesh）	指定模型网格，基于网格来创建网格碰撞器

④组合碰撞器。组合碰撞器由一些基本碰撞器组合而成。在需要实现较为复杂的模型碰撞器时，组合碰撞器就十分好用，因为它既能利用基本形状表现出模型的外形，又不会因为模型复杂而过于消耗性能。可以为复杂模型创建一些子对象，然后分别将碰撞器设置在子对象中，这样就可以方便地移动、旋转或缩放子碰撞器了。

（4）触发器。

在 Unity 中，检测碰撞发生的方式有两种，一是利用碰撞器，二是利用触发器（Trigger）。只需要勾选碰撞器组件的 Is Trigger 参数，即可将碰撞器变为触发器，也就是说碰撞器是触发器的载体，而触发器只是碰撞器的一个属性。触发器不像碰撞器一样具有物理固体的特性，而是允许其他物体随意从中穿过。当绑定了碰撞器的游戏对象进入触发器区域时，触发器就会被触发。

（5）物理材质。

为了模拟出更好的实际物理效果，需模拟出物件的物理材质。物理材质也是碰撞器的一个属性，选择所需的物理材质来调节碰撞物体的摩擦力和弹力效果。要注意的是，添加物理材质，不论是使用反弹还是摩擦特性，需要在两个接触的物体上都添加 Physic Material 组件。要知道，力的作用是相互的。

（6）父子关系。

父子关系是 Unity 中的重要基本概念之一。当一个物体是另一个物体的父物体时，子物体会严格地随父物体一起移动、旋转、缩放。就好比身体和手臂的关系，当身体移动时，手臂也跟着移动，手臂就是身体的子对象。手臂也可以有子对象，比如手掌就是手臂的子对象，手指就是手掌的子对象。

要让一个物体成为另一个物体的子对象时，只需先选中它，按住左键将它拖到另一个物体上面即可。父物体旁边会明显生成一个三角形图标，单击三角形图标即可显示或隐藏子对象。

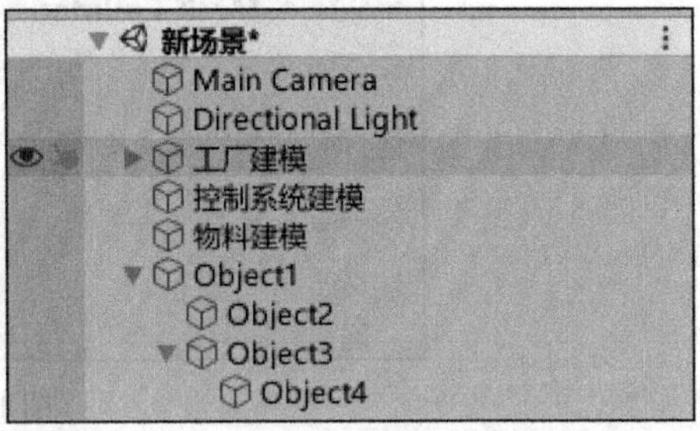

图 1-88　父子关系示例

在图 1-88 中，Object 1 是 Object 2 和 Object3 的父对象，Object 3 有一个子对象 Object4。任何物体都可以拥有多个子对象，但父对象只能有一个。一个物体既可以成为父对象也可以成为子对象，像图 1-88 中的 Object 3 一样。

如果移动父物体，子物体也会跟着移动。但如果子物体处于物理引擎的控制下，那么子物体会因为重力等原因进行独立运动。图 1-89 和图 1-90 是没建立父子关系的载物机器人移动和建立了父子关系的载物机器人移动。

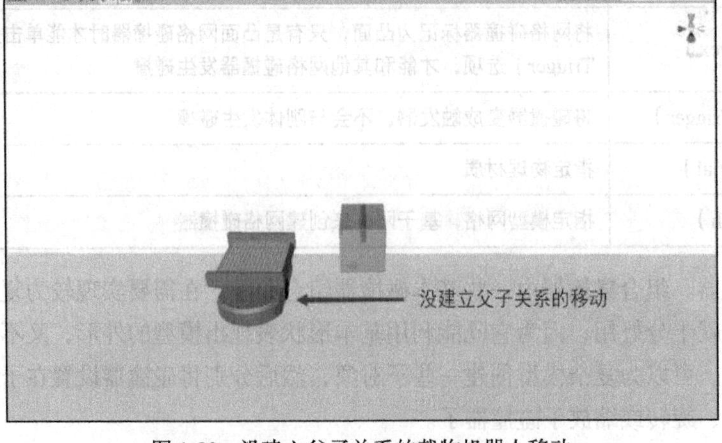

图 1-89　没建立父子关系的载物机器人移动

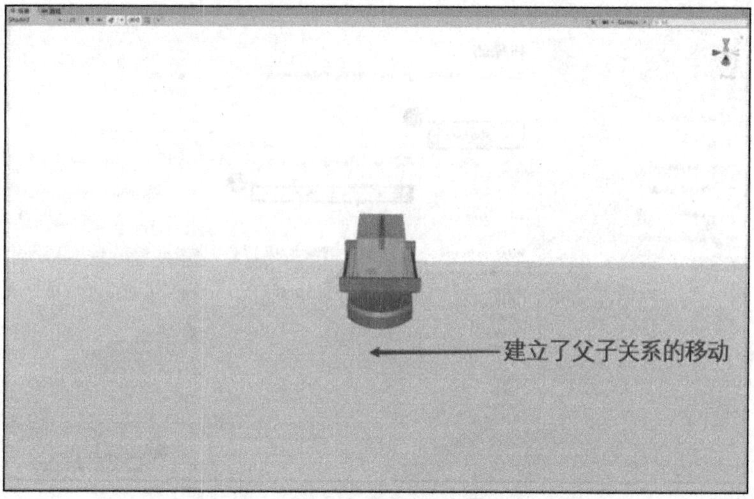

图 1-90　建立了父子关系的载物机器人移动

基于 Unity 的工业数字孪生插件系统

任务实施

基于 Unity 的工业数字孪生插件系统。

（1）工业数字孪生插件系统安装。

进入 PLC3D 官网下载 PLC3D 工业仿真软件压缩包，下载好后解压文件，按图 1-91 所示步骤解压完整个文件。

图 1-91　解压文件夹

打开 Windows 安全中心，在排除项界面中单击“添加排除项”按钮，选择刚刚解压完的文件夹，防止系统误杀软件，如图 1-92 所示。

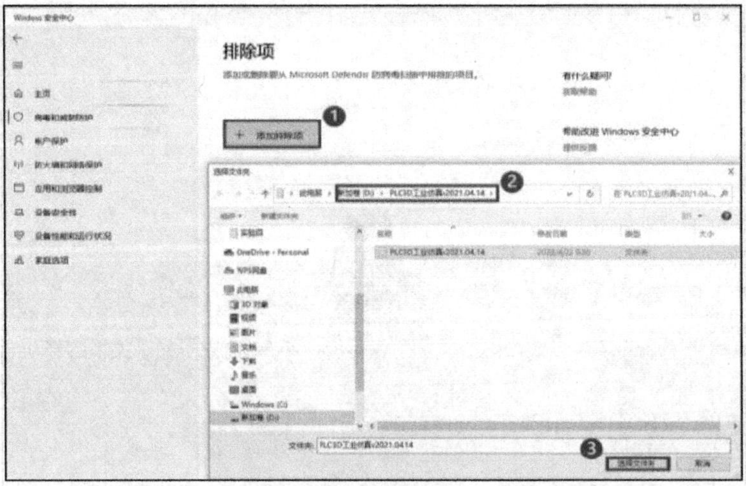

图 1-92　添加排除项

找到文件夹中的 PLC3D 工业仿真，如图 1-93 所示，直接将之添加为桌面快捷方式就能使用。

图 1-93　PLC 3D 工业仿真

（2）编辑器插件导入包。

进入 PLC3D 官网下载编辑器插件，下载的文件是以 Unity package file 文件类型存在的，即 Unity 的导入包，如图 1-94 所示。

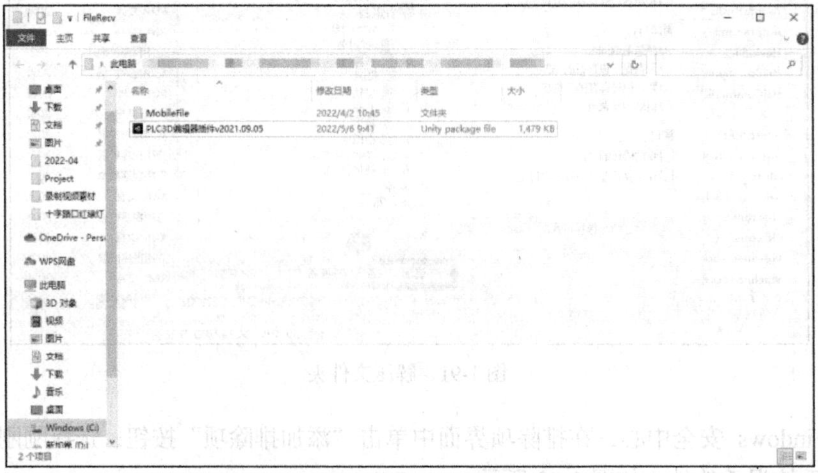

图 1-94　编辑器插件导入包

可在 Unity 程序的“资源”菜单栏中选择“导入包”，找到并打开刚刚下载好的导入包，如图 1-95 所示。或是在运行 Unity 程序时，直接双击打开导入包也可导入。

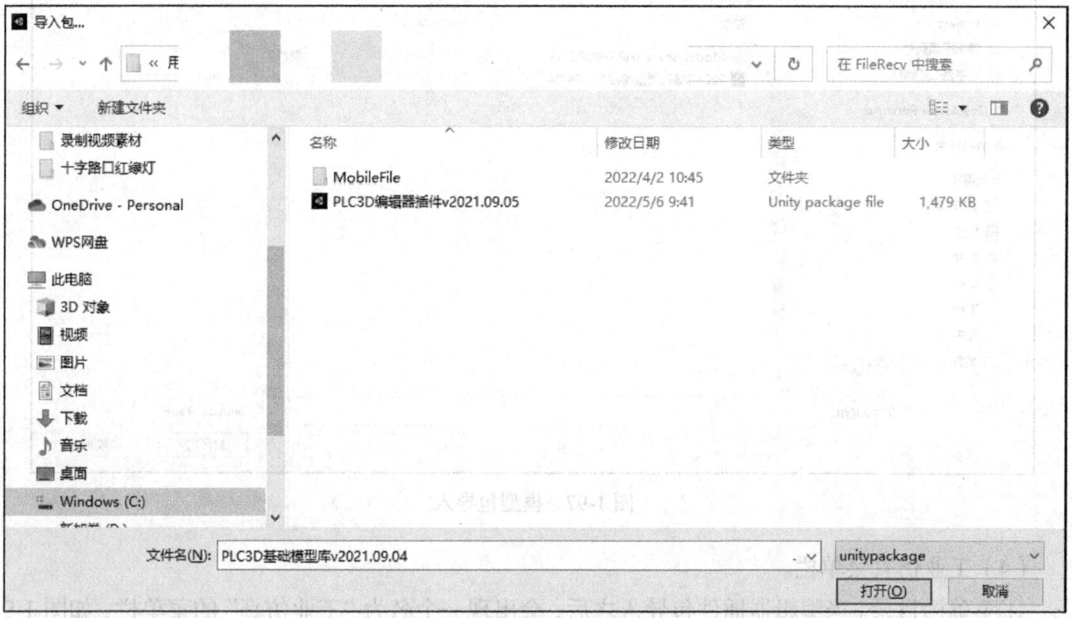

图 1-95　编辑器插件导入包导入

（3）模型包导入。

进入 PLC3D 官网下载模型包，下载的文件是以 Unity package file 文件类型存在的，即 Unity 的导入包，如图 1-96 所示。

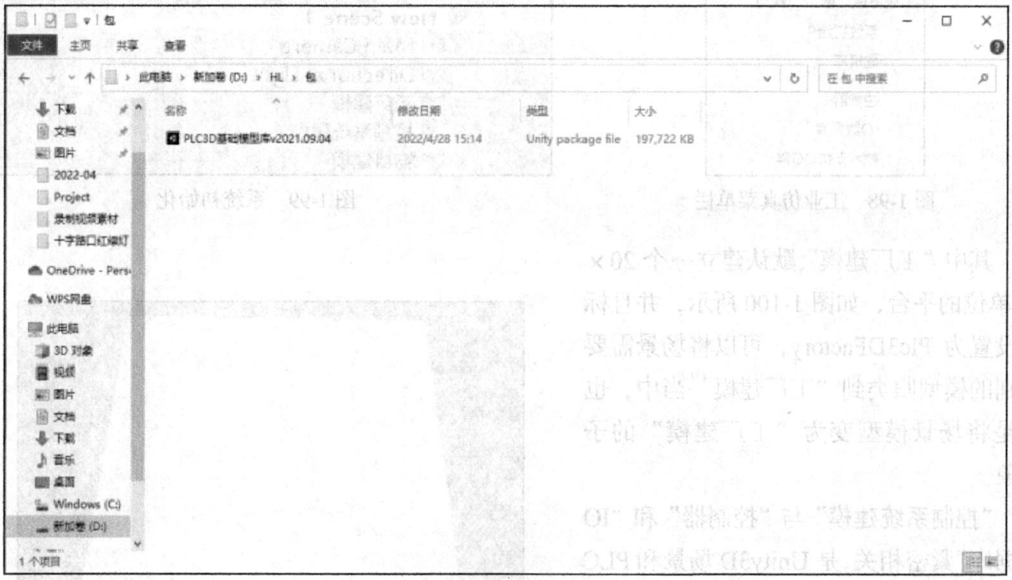

图 1-96　模型包

可在 Unity 程序的“资源”菜单栏中选择“导入包”，找到并打开刚刚下载好的导入包，如图 1-97 所示。或是在运行 Unity 程序时，直接双击打开导入包也可导入。

图 1-97　模型包导入

（4）工业仿真菜单栏。

①菜单栏目录。当编辑器插件包导入之后，会出现一个名为"工业仿真"的菜单栏，如图 1-98 所示。

②系统初始化。系统初始化可以在创建一个新场景的时候使用，方便用户快速搭建场景。创建完新场景后，单击"系统初始化"后会多 3 个对象，分别是"工厂建模""控制系统建模""物料建模"，如图 1-99 所示。

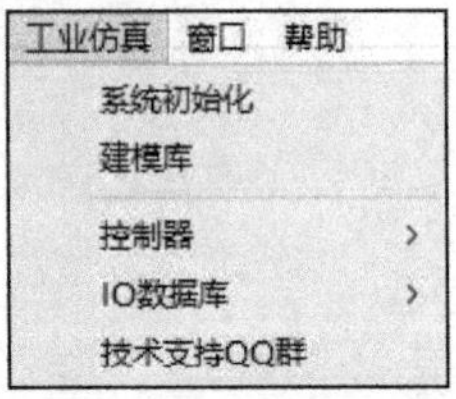

图 1-98　工业仿真菜单栏

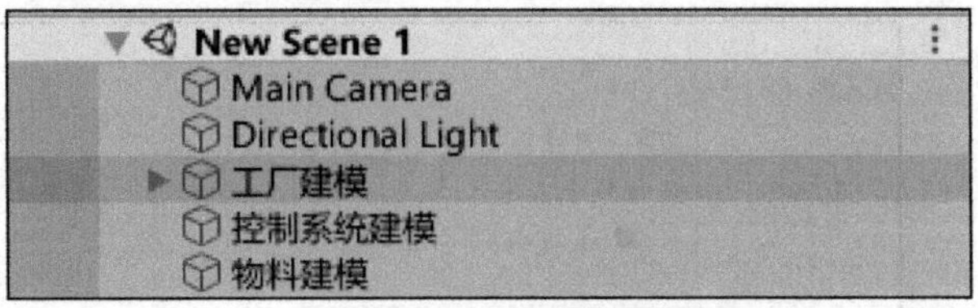

图 1-99　系统初始化

其中"工厂建模"默认建立一个 20×20 单位的平台，如图 1-100 所示，并且标签设置为 Plc3DFactory，可以将场景需要用到的模型归类到"工厂建模"当中，也就是将场景模型变为"工厂建模"的子对象。

"控制系统建模"与"控制器"和"IO 数据库"紧密相关，是 Unity3D 场景和 PLC 进行通信的重要部分。可通过单击右键"控制系统建模"选项选择 PLC 产品，通过"IO 数据库"填写变量，如图 1-101 所示。

图 1-100　工厂建模默认厂房

③建模库。单击“建模库”选项后会出现一个选项卡，将选项卡固定在层级窗口旁边，如图 1-102 所示。导入模型包之后就会出现模型选项，可以根据类型选择需要用到的模型。

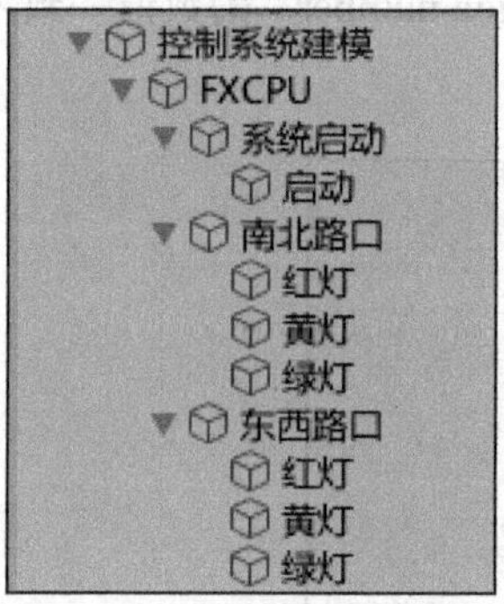

图 1-101　控制系统建模列表

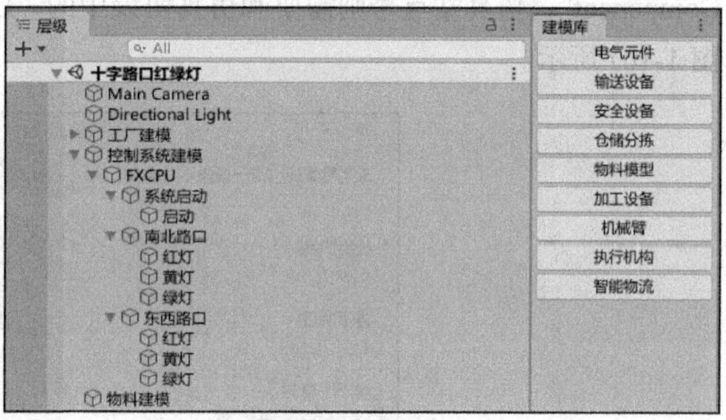

图 1-102　建模库

④控制器。“控制器”中包含各种类型、各种型号的 PLC，使用时选择需要的 PLC 型号即可，如图 1-103 所示。

⑤IO 数据库。“IO 数据库”能在 PLC 选型的对象下方创建生成变量组或变量子对象，如图 1-104 所示。

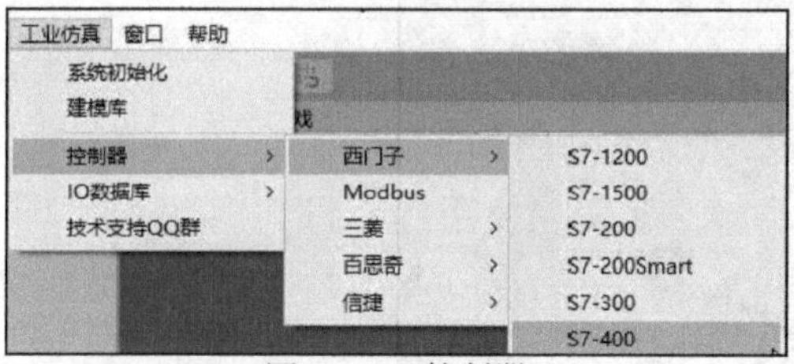

图 1-103　控制器

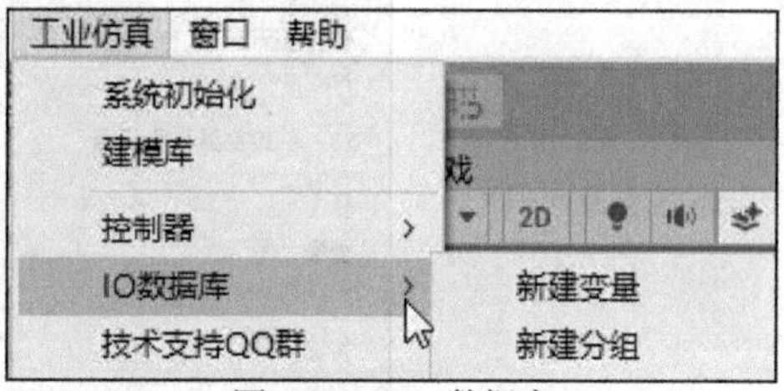

图 1-104　IO 数据库

⑥技术支持 QQ 群。可通过单击“技术支持 QQ 群”选项，进入官网或是 QQ 群中咨询，如图 1-105 所示。

（5）控制系统建模。

①型号选择。在对空场景进行初始化后，层级窗口会出现一个名为“控制系统建模”的空对象，如图 1-106 所示。确认好自己编写 PLC 程序的型号，右击“控制系统建模”，找到并单击该型号。

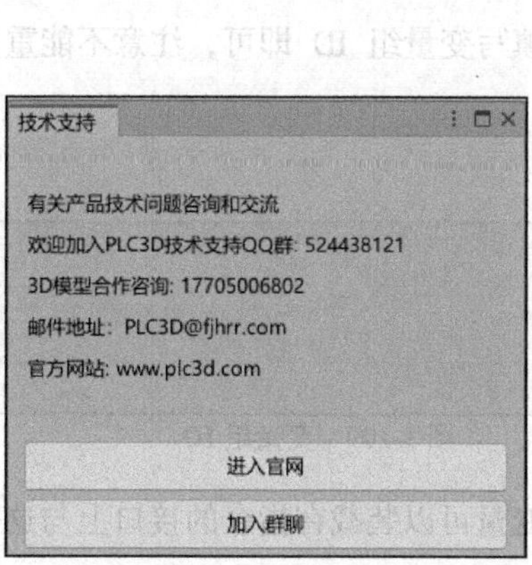

图 1-105　技术支持 QQ 群

图 1-106　控制系统建模

这里选择 GX Work3 的 FXCPU 作为案例进行设置。在控制器界面中先填写控制器编码，不与其他编码重复即可，通信端口则选择“TCP”。在控制器型号-三菱界面中修改协议为“MX Component”，仿真站点号则需要和仿真协议中的“Logical station number”的数值一致才行，如图 1-107 所示。

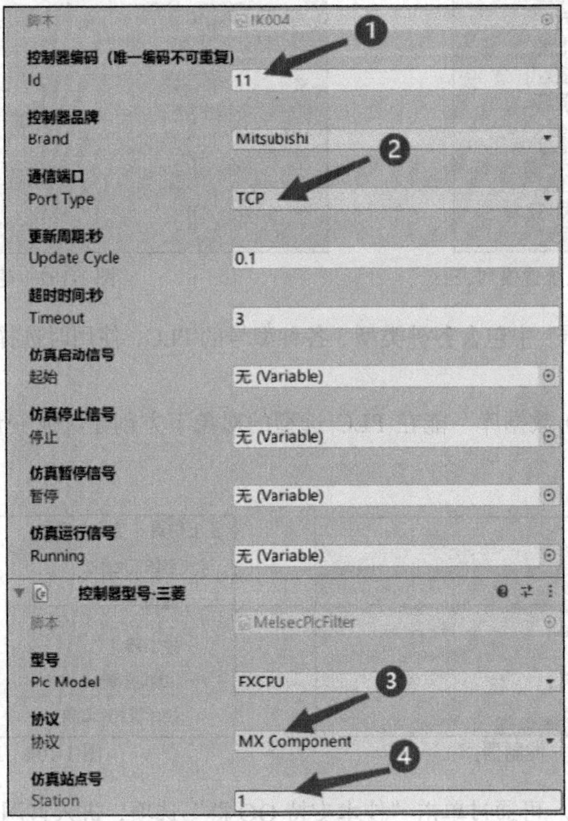

图 1-107　控制器界面

②变量组和变量。选择好型号后就能创建变量组和变量了，右击型号出现两个选项“新建分组”和“新建变量”，单击“新建分组”选项就是创建变量组，单击“新建变量”选项就是创建变量，如图 1-108 所示。

变量组就是将同一种类的变量放在同一组里，只需填写变量组 ID 即可，注意不能重复，如图 1-109 所示。

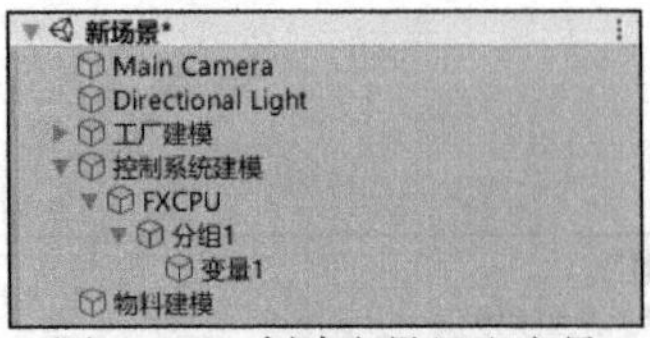

图 1-108　创建变量组和变量

图 1-109　变量组 ID

而变量就是链接 PLC 和 PLC3D 仿真软件的关键。变量可以装载在指令的接口上与这个接口绑定，还能填写 PLC 寄存器地址与 PLC 进行通信。

③变量定义。变量定义可填写变量 ID、单位和描述，其中变量 ID 为必填项，且具有唯一性，

即不能重复，如图 1-110 所示。

④变量地址。变量地址就是填写变量的值类型、寄存器类型和地址，填写的地址能在 PLC 程序编写上使用，如图 1-111 所示。

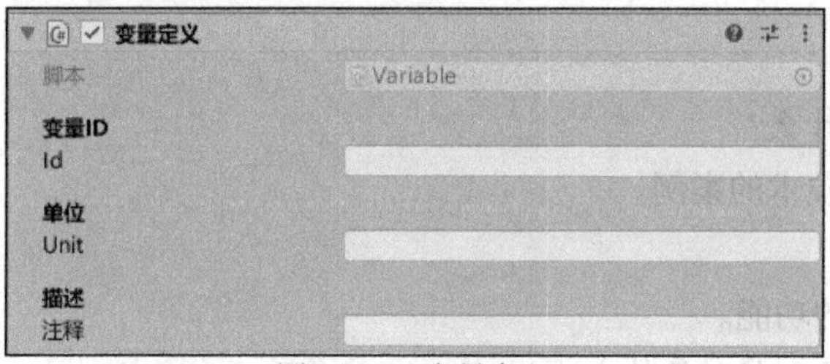

图 1-110　变量定义

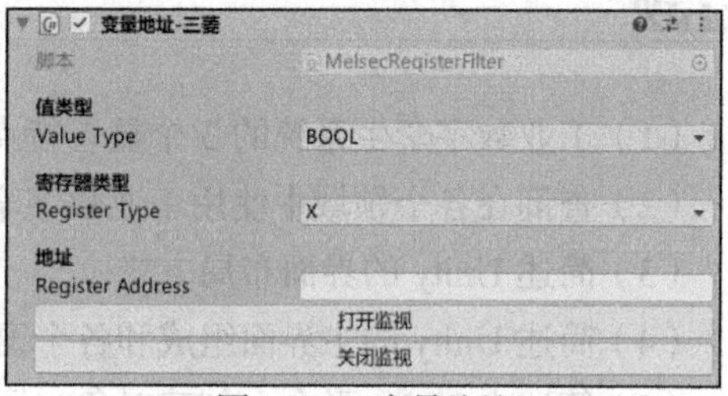

图 1-111　变量地址

这里的值类型就是 PLC 编程中的基本数据类型，常见的有布尔量 BOOL、字节 BYTE、字 WORD、双字 DWORD、16 位整数 INT 等。

寄存器是 CPU 内部用来存放数据的一些小型存储区域，用来暂时存放参与运算的数据和运算结果。例如三菱 PLC 常用的寄存器类型有寄存器 X、寄存器 Y、寄存器 M 和寄存器 D。

寄存器的地址是保存当前 CPU 所访问的内存单元的地址。由于在内存和 CPU 之间存在着操作速度上的差别，所以必须使用地址寄存器来保存地址信息，直到内存的读/写操作完成为止。地址具有唯一性，不可重复。

⑤变量绑定。变量创建完成后，还需要将变量绑定到指令的变量绑定栏。例如在图 1-112 所示的直线传送指令的变量绑定栏中，假如需要用到启动命令、速度命令、方向命令和位置状态等变量，就只需创建好这些变量，将变量绑定在其中即可。

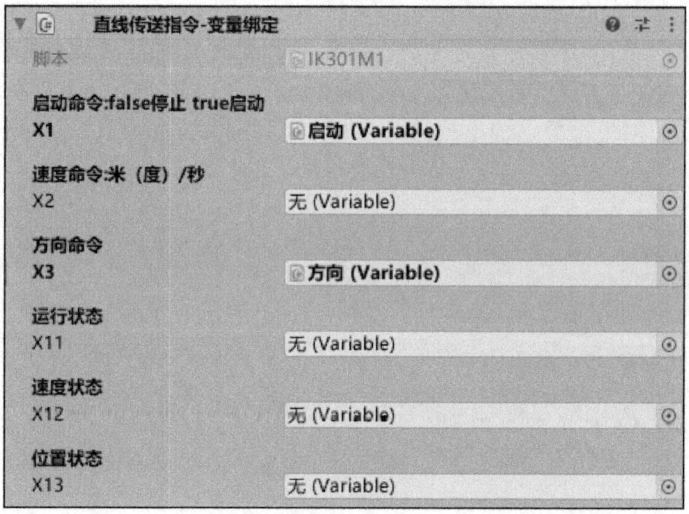

图 1-112　变量绑定

任务小结

读者通过本任务的学习，可对数字孪生体制作平台有更清晰的了解。弄懂这类物理属性知识点，以及 PLC CPU 的添加和变量的设定，可以让仿真场景运作起来，达到让人身临其境的效果。

习题

（1）工业数字孪生系统的 3 个显著特点是什么？

（2）查询在各个领域中使用工业数字孪生技术的案例。

（3）简述 Unity 的界面布局方式。

（4）简述 Unity 的主界面组成和各个窗口的功能。

（5）简述在 Unity 平台上创建对象、子对象和父对象的方法。

第二部分

工业数字孪生体制作

项目2

运动类数字孪生体制作

案例引入

会“动”的孪生体

随着数字孪生概念的成熟和技术的发展，从部件到整机，从产品到产线，从生产到服务，从静态到动态，一个数字孪生世界正在被不断构筑。数字孪生将实体的数据实时转移到虚拟空间，为实现数字化、智能化、网络化的产业模式提供了虚拟的底座，也承载着人类的雄心，为未来提供了一条愈发清晰的探索之路。

数字孪生就是在一个设备或系统“物理实体”的基础上，创造一个数字版的“虚拟模型”。这个“虚拟模型”被创建在信息化平台上提供服务。值得一提的是，与计算机的设计图纸不同，数字孪生体最大的特点在于，它是对实体对象的动态仿真。也就是说，数字孪生体是会“动”的。

同时，数字孪生体“动”的依据，来自实体对象的物理设计模型、传感器反馈的“数据”，以及运行的历史数据。实体对象的实时状态，还有外界环境条件，都会“连接”到“孪生体”上。

任务 2.1 移动类数字孪生体制作

职业能力目标

（1）能根据运动对象的移动方式与需求，装载合适的移动类数字孪生体，并完成指令的参数设置。

（2）能根据运动对象的运动控制命令与状态响应，对应变量的值类型，建立正确的变量，并绑定到指令的变量绑定栏。

任务描述与要求

1. 任务描述

根据本次移动类数字孪生体制作任务，学习 4 类不同的移动类孪生体制作。根据运动对象的移动需求，装载合适的指令，使得对象能够在一条轴上进行直线匀速运动。同时，学会新建变量，并绑定到指令的变量绑定栏，再根据变量编写出 PLC 程序。在移动类数字孪生体制作过程中，要做到移动对象合理布局以及正确设置走线对应轴，使得后续安装实施的逻辑和步骤清晰明了。

2. 任务要求

（1）实现指令的正确安装。

（2）实现指令的合理设置。

（3）实现指令的变量绑定。

（4）实现在 PLC3D 工业仿真平台和场景播放模式下的指令调试。

（5）实现在简单 PLC 程序控制下的指令调试。

任务分析与实施

1. 任务分析

移动到位指令、移动定位指令、移动限位指令和移动指令，这些指令会运用到移动类数字孪生体制作的过程中。本任务会介绍这 4 类孪生体分别在何种场合下使用以及它们的不同之处，判断在某个场景下应如何正确区别、安装合适的指令。

2. 任务实施

根据移动类数字孪生体制作的要求，制订任务实施计划。任务实施计划的具体内容见表 2-1。

表 2-1 任务实施计划

项目名称	运动类数字孪生体制作
任务名称	移动类数字孪生体制作
任务描述	在 Unity 平台上实现制作
任务要求	场景布局合理，指令安装和设置正确，步骤规范
任务实施计划	具体内容
	1. 参照移动类数字孪生体场景图，先将场景中的设备准备就绪
	2. 参照指令设置的相关内容，设置好指令参数
	3. 绑定指令变量，设置好变量参数
	4. 设置完成后开始小组互检，查看是否有设置错误情况
	5. 互检完成后，对场景进行调试，确保任务完成

知识储备

1. 移动到位指令接口介绍

移动到位指令可以让一个物体沿着某一个轴直线运动到设置的位置。使用移动到位指令的时候，绑定需要移动的对象，选择 x 轴、y 轴、z 轴中所需的一轴，在速度命令中设置好速度后，通过改变位置命令上的数值，使对象在这个轴上发生位移。移动到位指令的接口介绍见表 2-2。

表 2-2 移动到位指令的接口介绍

分类	接口	作用	值类型	能否绑定变量
设置	关闭变量绑定	取消该指令上的所有变量绑定	BOOL	否
	控制对象	绑定需要移动的对象	–	否
	坐标轴	设置对象移动的轴	–	否
命令	启动命令	运行移动到位指令	BOOL	能
	速度命令	设置对象移动的速度	REAL	能
	位置命令	设置对象移动的位置	REAL	能
状态	运行状态	指令运行时反馈系统	BOOL	能
	速度状态	将物体移动的速度反馈系统	REAL	能
	位置状态	将物体移动的位置反馈系统	REAL	能
	运行到位状态	对象到达指定位置时反馈系统	BOOL	能

2. 移动定位指令接口介绍

移动定位指令可以让一个物体沿着某一个轴直线运动到设置的位置。移动定位指令与移动到位指令都是先绑定需要移动的对象，选择 x 轴、y 轴、z 轴中所需的一轴，在速度命令中设置好速度；不同的是移动定位指令需要提前将运动的距离（定位点）填写到“定位点设置”接口中。定位点数值为正数时，朝坐标轴正方向移动；定位点数值为负数时，朝坐标轴负方向移动。并用“元素”来对定位点进行编号，编号从 0 开始计数。通过在“位置命令”接口处填写定位点的编号，让对象移动到该处定位点。例如：元素 1 的数值是 2，元素 2 的数值是−1，需要对象沿坐标轴正方向移动 2 米，将位置命令的数值填写为 1 即可。移动定位指令的接口介绍见表 2-3。

表 2-3 移动定位指令的接口介绍

分类	接口	作用	值类型	能否绑定变量
设置	关闭变量绑定	取消该指令上的所有变量绑定	BOOL	否
	控制对象	绑定需要移动的对象	–	否
	坐标轴	设置对象移动的轴	–	否
	定位点设置	设置多个定位点的位置	–	否
命令	启动命令	运行移动定位指令	BOOL	能
	速度命令	设置对象移动的速度	REAL	能
	位置命令	填写定位点上的元素	UINT	能

续表

分类	接口	作用	值类型	能否绑定变量
状态	运行状态	指令运行时反馈系统	BOOL	能
	速度状态	将物体移动的速度反馈系统	REAL	能
	位置状态	将物体移动的位置反馈系统	UINT	能
	运行到位状态	对象到达指定位置时反馈系统	BOOL	能
	定位点到位状态	对象到达各个定位点时反馈系统	BOOL	能

3. 移动限位指令接口介绍

移动限位指令与移动到位指令和移动定位指令不同的地方是移动限位指令限制了对象的位置，对象只能在初始位置和限位点位置这两点上进行往返移动。同样地，绑定需要移动的对象，选择 *x* 轴、*y* 轴、*z* 轴中所需的一轴，在速度命令中设置好速度，并在限位点设置里填入需要的位置即可。当启动移动限位指令时开始位移至限位点位置，当停止移动限位指令时返回初始位置。移动限位指令的接口介绍见表 2-4。

表 2-4　移动限位指令的接口介绍

分类	接口	作用	值类型	能否绑定变量
设置	关闭变量绑定	取消该指令上的所有变量绑定	BOOL	否
	控制对象	绑定需要移动的对象	–	否
	坐标轴	设置对象移动的轴	–	否
	限位点设置	设置对象移动的位置	–	否
	速度设置	设置对象移动的速度	–	否
命令	打开命令	打开移动限位指令	BOOL	能
	关闭命令	关闭移动限位指令	BOOL	能
状态	运行状态	指令运行时反馈系统	BOOL	能
	打开限位状态	打开命令后对象到达限位点时反馈系统	BOOL	能
	关闭限位状态	关闭命令后对象归位时反馈系统	BOOL	能

4. 移动指令接口介绍

移动指令只给运动对象添加速度和位移方向，并没有添加需要到达的位置，所以对象会向着一个方向一直匀速地运动下去。使用移动指令时需要注意的是初始位移方向是负方向，勾选了方向命令时才是正方向。移动指令的接口介绍见表 2-5。

表 2-5　移动指令的接口介绍

分类	接口	作用	值类型	能否绑定变量
设置	关闭变量绑定	取消该指令上的所有变量绑定	BOOL	否
	控制对象	绑定需要移动的对象	–	否
	坐标轴	设置对象移动的轴	–	否
命令	启动命令	运行移动指令	BOOL	能

续表

分类	接口	作用	值类型	能否绑定变量
命令	速度命令	设置对象移动的速度	REAL	能
	方向命令	设置对象移动的方向	BOOL	能
状态	运行状态	指令运行时反馈系统	BOOL	能
	速度状态	将物体移动的速度反馈系统	REAL	能
	位置状态	将物体移动的位置反馈系统	REAL	能

任务实施

移动到位指令

1. 移动到位指令

（1）在空场景中拖入一个模型“包装箱大号”，如图 2-1 所示，并右击生成一个子对象名为“控制”，如图 2-2 所示。

图 2-1　将模型拖入场景（1）

图 2-2　场景层级窗口设置（1）

（2）在“控制”对象的检查器窗口上单击“添加组件”按钮，搜索添加“移动到位指令”，如图 2-3 所示。在脚本栏中修改数值，其中控制对象需要从层级窗口中拖入才行。对绑定的控制对象不要添加“Rigidbody”的重力，会影响到状态响应，若是对象需要重力的话，解决办法是给该对象添加一个空的父对象，指令绑定的控制对象为这个空的父对象即可让状态不受影响。图 2-4 中的参数设置表示对象“包装箱大号”启动后将沿着 x 轴以 1m/s 的速度移动 5m。

图 2-3　添加组件（1）

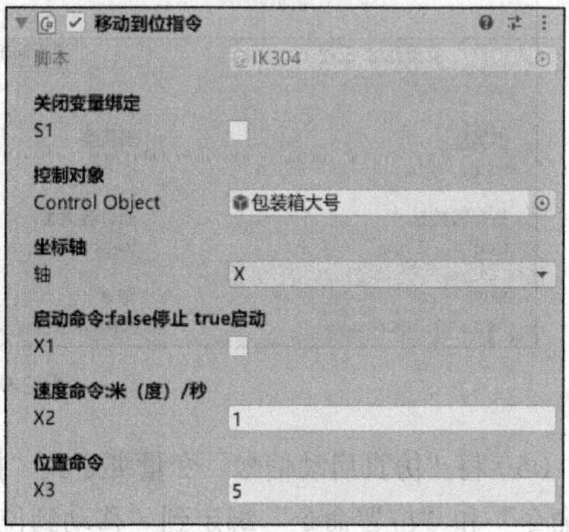

图 2-4　移动到位指令设置

（3）后台启动好 PLC3D 工业仿真软件后，单击图 2-5 上方 3 个按钮中最左侧的播放按钮，进入游戏界面。单击图 2-5 下方 3 个按钮中最左侧的启动按钮。勾选图 2-4 中的“启动命令”选项，运行时的状态栏如图 2-6 所示。运行完毕的状态栏如图 2-7 所示。

图 2-5　播放按钮和启动按钮（1）

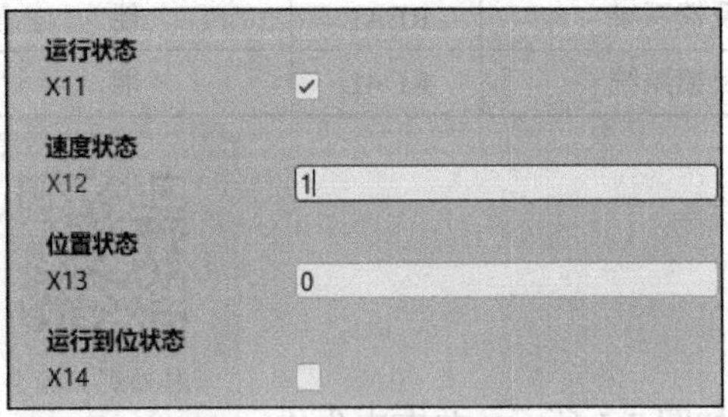

图 2-6　运行时的状态栏（1）

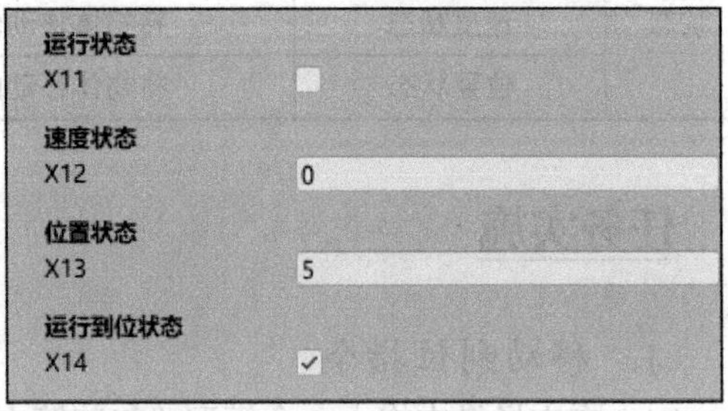

图 2-7　运行完毕的状态栏（1）

（4）移动到位指令调试完成，接下来就是测试指令的变量绑定。添加指令之后会出现“移动到位指令-变量绑定”组件，其作用是绑定 PLC 编写程序的变量。根据表 2-2 所示值类型，新建 3 个变量，如图 2-8 所示。具体变量定义如图 2-9 所示。

图 2-8　新建变量（1）

图 2-9　变量定义（1）

（5）将“仿真启动信号”变量绑定到“控制器”→“仿真启动信号”，如图 2-10 所示。将“启动命令”和“位置命令”绑定到“移动到位指令-变量绑定”，如图 2-11 所示。

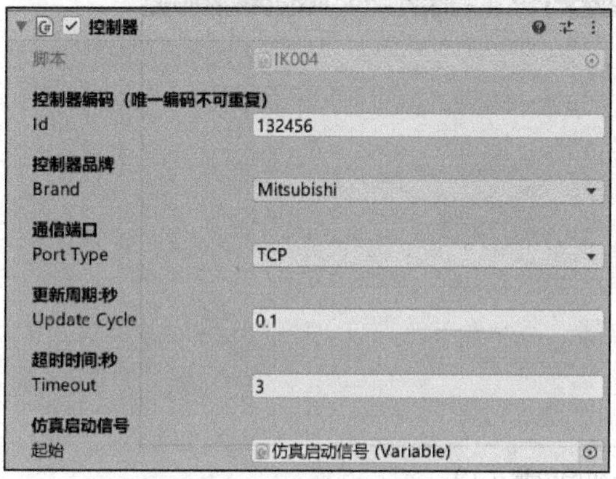

图 2-10　绑定仿真启动信号（1）

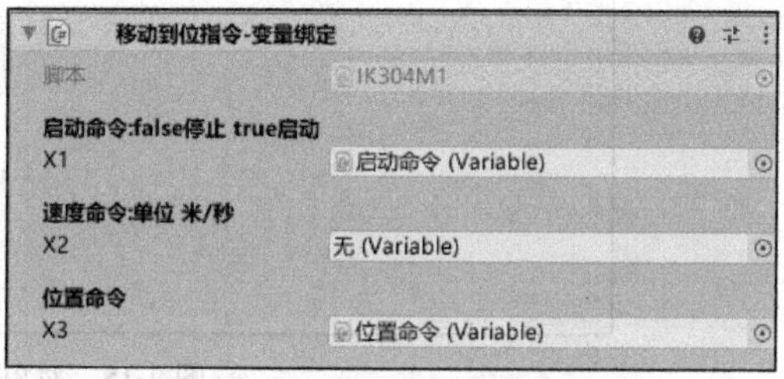

图 2-11　移动到位指令-变量绑定

（6）编写一段简易的 PLC 程序，如图 2-12 所示。仿真启动信号 M0 启动后移动到位指令的启动命令 M1 会启动，通过启动命令 M1 上升沿信号给位置命令 D0 赋予整数值 K5。因为并没有使用到速度命令变量绑定，所以还是由移动到位指令控制，坐标轴设置也是同样的道理，都得先设置好。

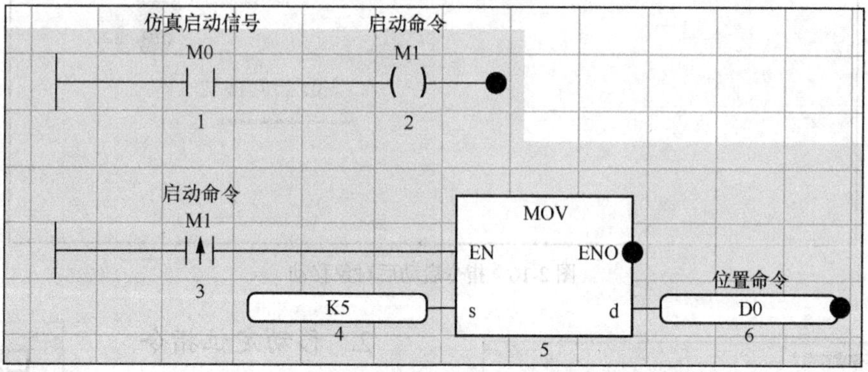

图 2-12　简易 PLC 程序（1）

（7）单击 PLC 程序中的“模拟开始”按钮，如图 2-13 所示。直至出现“GX Simulator3”窗口，当 PWR 和 P.RUN 亮绿灯时才算模拟成功，如图 2-14 所示。

图 2-13　PLC 程序模拟开始（1）

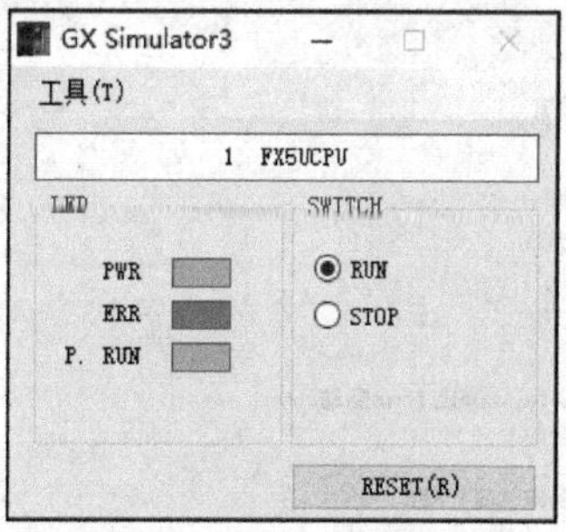

图 2-14　GX Simulator3（1）

（8）回到 Unity 界面，重复图 2-5 所示的操作，指令启动前对象处于初始位置时的场景和指令启动后对象移动的场景如图 2-15 和图 2-16 所示。

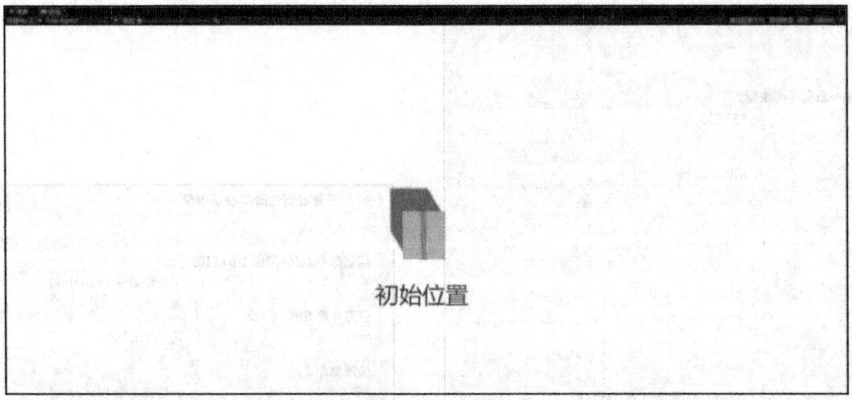

图 2-15　对象处于初始位置（1）

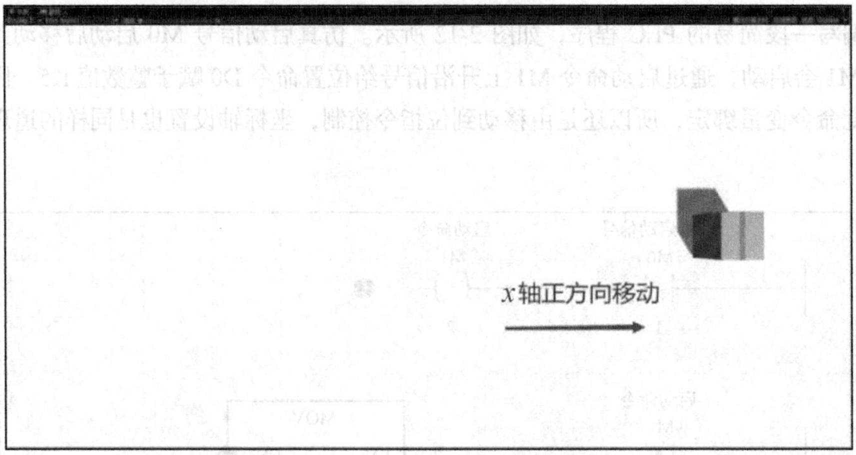

图 2-16　指令启动后对象移动

2. 移动定位指令

移动定位指令

（1）重复图 2-1～图 2-3 的操作，添加“移动定位指令”。设置好控制对象、坐标轴、定位点设置和速度命令，其中控制对象需要从层级窗口中拖入才行，如图 2-17 所示，这里的参数设置表示给对象“包装箱大号”定了 3 个位置，分别是 0、2、−1。指令启动后，修改位置命令，就可让对象移动到定位点上。

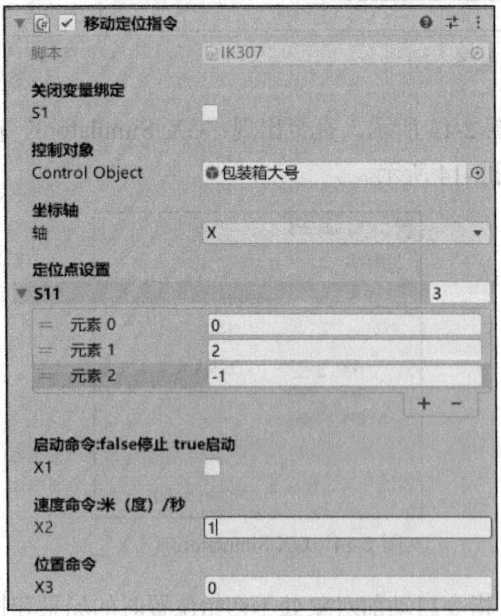

图 2-17　移动定位指令设置

（2）重复图 2-5 的操作，调试移动定位指令，勾选图 2-17 中“启动命令”选项，改变“位置命令”上的数值对应“定位点设置”的元素，例如“位置命令”填写 1 对应“定位点设置”的元素 1。运行时的状态栏如图 2-18 所示，运行完毕的状态栏如图 2-19 所示。

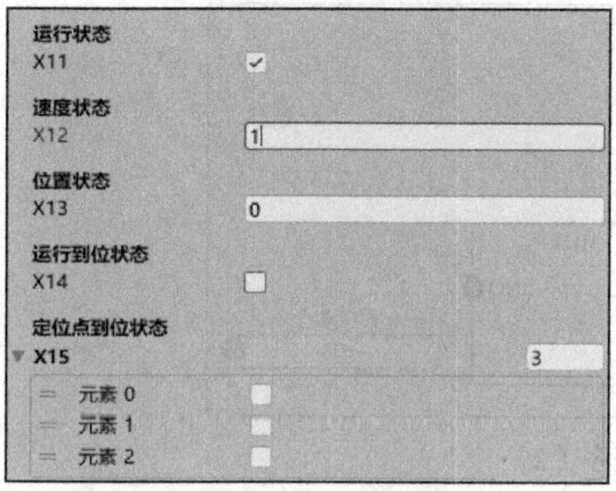

图 2-18　运行时的状态栏（2）

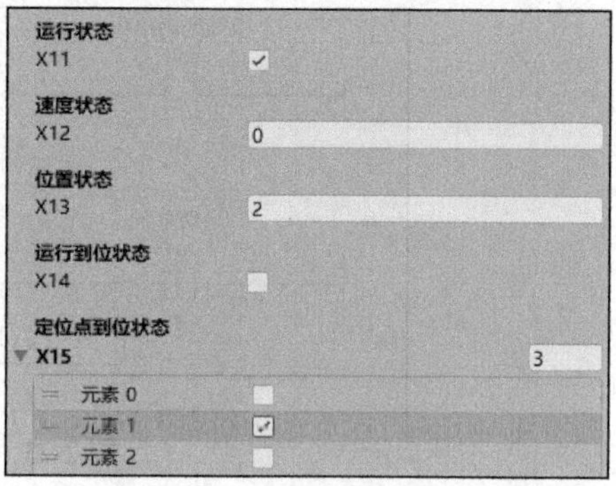

图 2-19　运行完毕的状态栏（2）

（3）移动定位指令调试完，接下来是测试指令的变量绑定。根据表 2-3 所示值类型，新建 3 个变量，如图 2-20 所示。具体变量定义如图 2-21 所示。

图 2-20　新建变量（2）

图 2-21　变量定义（2）

（4）将“仿真启动信号”变量绑定到“控制器”→“仿真启动信号”（见图 2-10）。将“启动命令”和“位置命令”绑定到“移动定位指令-变量绑定”，如图 2-22 所示。

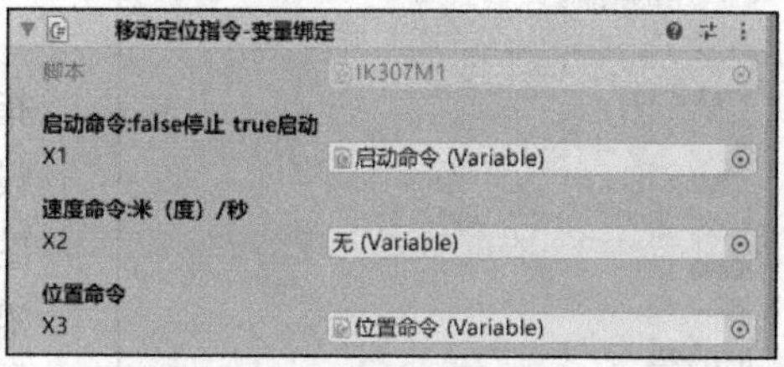

图 2-22　移动定位指令-变量绑定

（5）编写一段简易的 PLC 程序，如图 2-23 所示。仿真启动信号 M0 启动后移动定位指令的启动命令 M1 会启动，并赋予位置命令 D0 整数值 K1，可改变赋予的数值选择整数值 1（K1）或整数值 2（K2）即可。

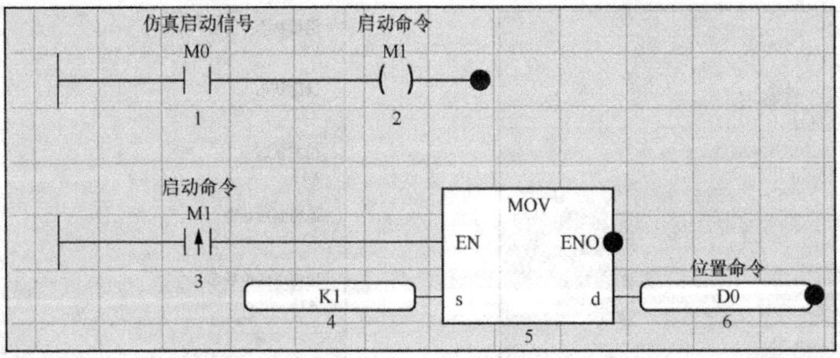

图 2-23　简易 PLC 程序（2）

（6）重复图 2-13 和图 2-14 的操作，回到 Unity 界面，再重复图 2-5 的操作，图 2-24 和图 2-25 分别是对象到达定位点 1 和定位点 2 的场景。

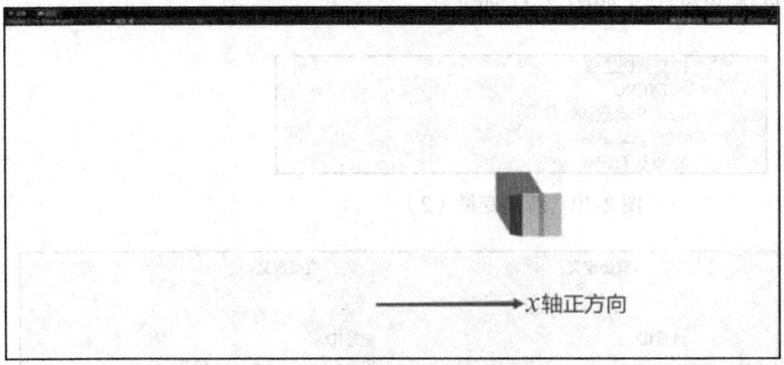

图 2-24　对象到达定位点 1

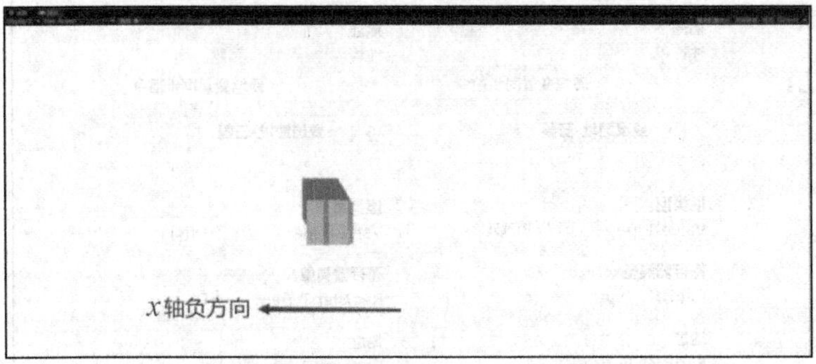

图 2-25　对象到达定位点 2

移动限位指令

3. 移动限位指令

（1）重复图 2-1 ~ 图 2-3 的操作，添加“移动限位指令”。设置好控制对象、坐标轴、限位点设置和速度设置，其中控制对象需要从层级窗口中拖入才行，如图 2-26 所示，这里的参数设置表示对象“包装箱大号”沿着坐标轴 x 轴向着限位点位置以 1m/s 的速度移动。

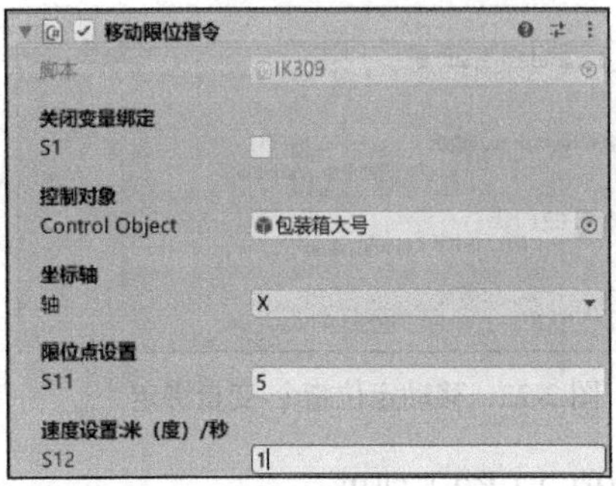

图 2-26　移动限位指令设置

（2）重复图 2-5 的操作，调试移动限位指令，勾选“打开命令”选项，运行状态响应，对象到达限位点后打开限位状态响应，如图 2-27 所示。勾选“关闭命令”选项，运行状态响应，对象归位后关闭限位状态响应，如图 2-28 所示。

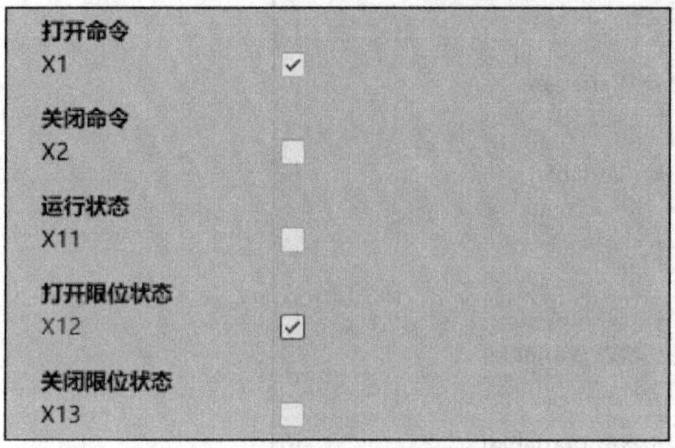

图 2-27　打开限位状态响应（1）

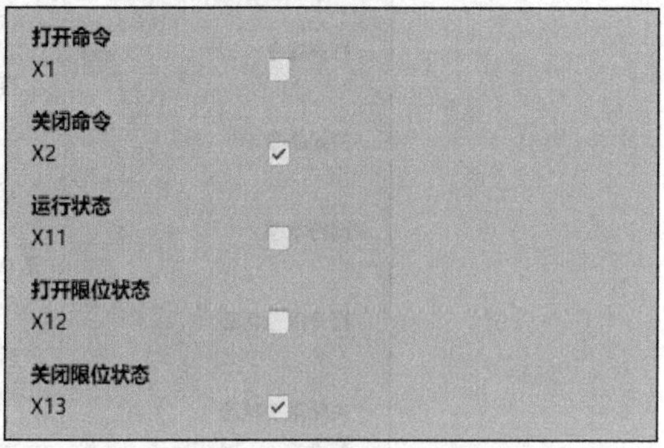

图 2-28　关闭限位状态响应（1）

（3）移动限位指令调试完，接下来是测试指令的变量绑定。根据表 2-4 所示值类型，新建 5 个变量，如图 2-29 所示。具体变量定义如图 2-30 所示。

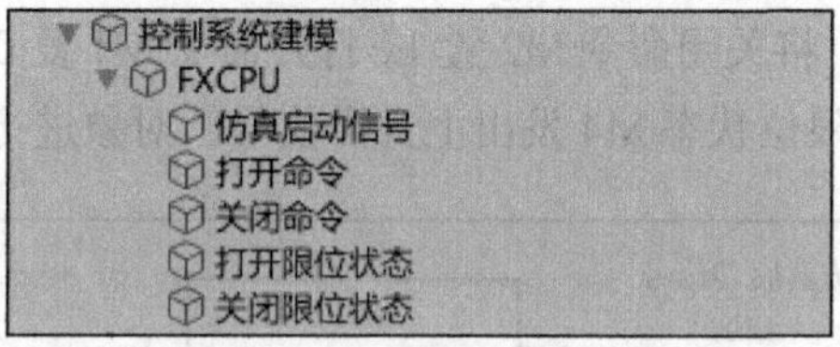

图 2-29　新建变量（3）

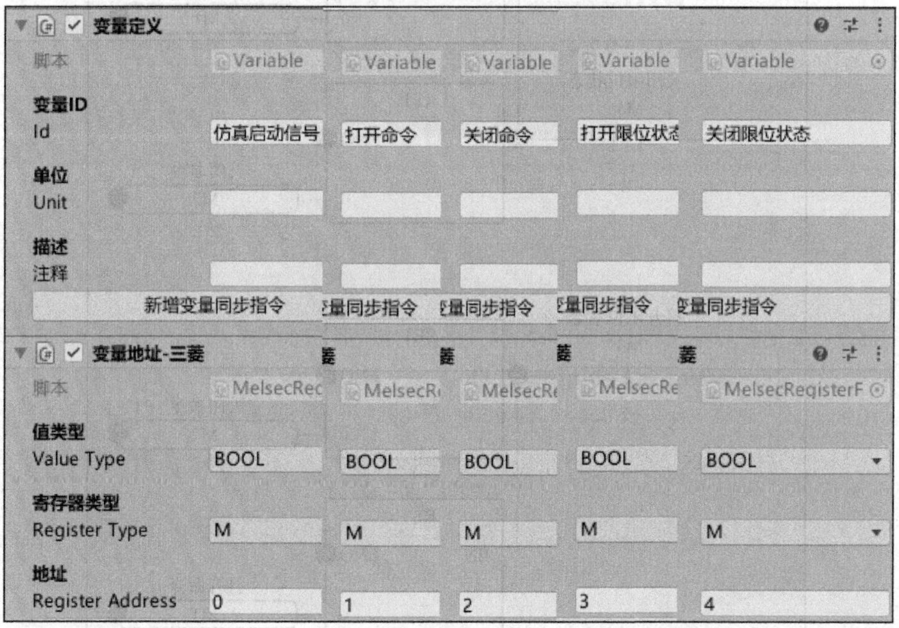

图 2-30　变量定义（3）

（4）将“仿真启动信号”变量绑定到“控制器”→“仿真启动信号”（见图 2-10）。将“打开命令”“关闭命令”“打开限位状态”“关闭限位状态”绑定到“移动限位指令-变量绑定”，如图 2-31 所示。

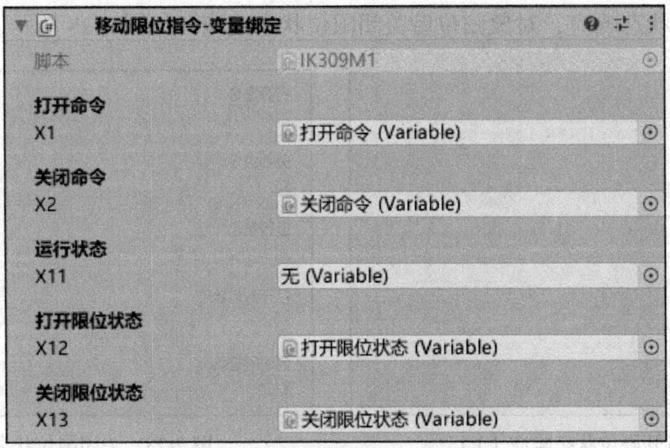

图 2-31　移动限位指令-变量绑定

（5）编写一段简易的 PLC 程序，如图 2-32 所示。仿真启动信号 M0 启动发出上升沿信号，将打开命令 M1 置 1，关闭命令 M2 复 0，此时对象运动往限位点；当对象到达限位点时，打开限位状态 M3 发出上升沿信号，将关闭命令 M2 置 1，打开命令 M1 复 0，此时物体运动往初始位置；对象回到初始位置时，关闭限位状态 M4 发出上升沿信号，对象进行循环往返运动。

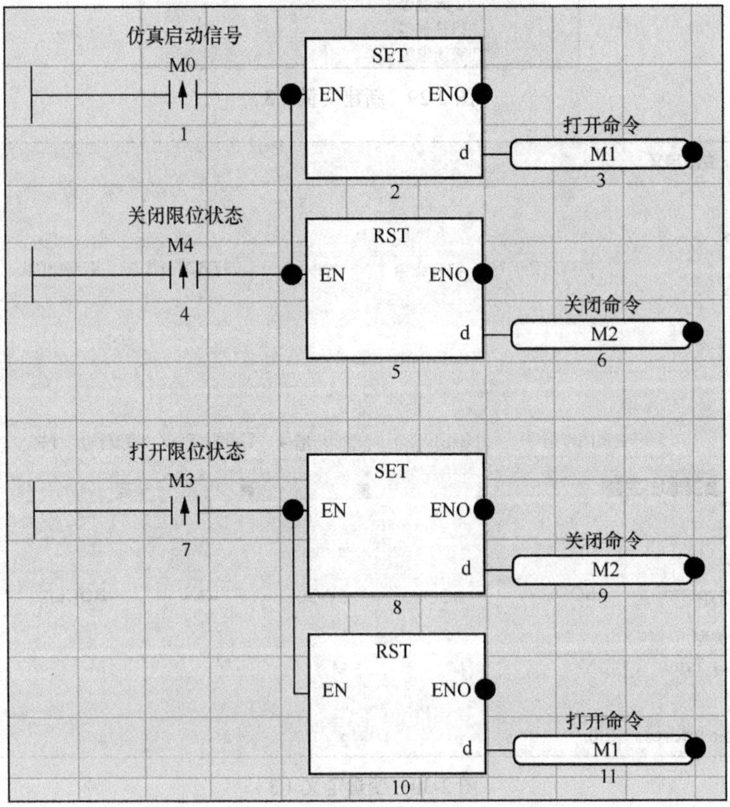

图 2-32　简易 PLC 程序（3）

（6）重复图 2-13 和图 2-14 的操作，回到 Unity 界面，再重复图 2-5 的操作，图 2-33 和图 2-34 分别是勾选“打开命令”选项的场景和勾选“关闭命令”选项时的场景。

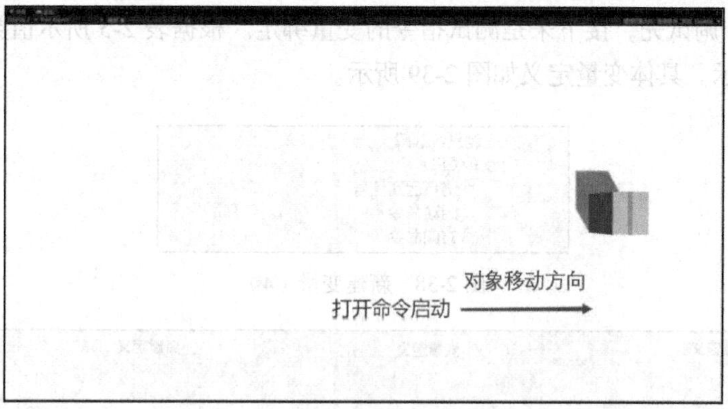

图 2-33　打开命令启动（1）

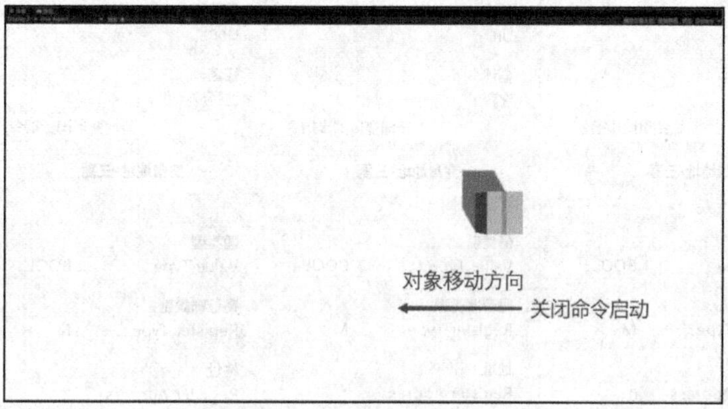

图 2-34　关闭命令启动（1）

4. 移动指令

移动指令

（1）重复图 2-1 ~ 图 2-3 的操作，添加“移动指令”。绑定控制对象，设置好坐标轴和速度，确定对象移动方向，如图 2-35 所示。这里的参数设置表示“包装箱大号”将沿着 x 轴以 0.5m/s 的速度负方向一直移动下去。

（2）重复图 2-5 的操作，调试移动指令，启动“播放”后，此时的状态栏如图 2-36 所示。勾选图 2-35 中“启动命令”选项，此时的状态栏如图 2-37 所示。

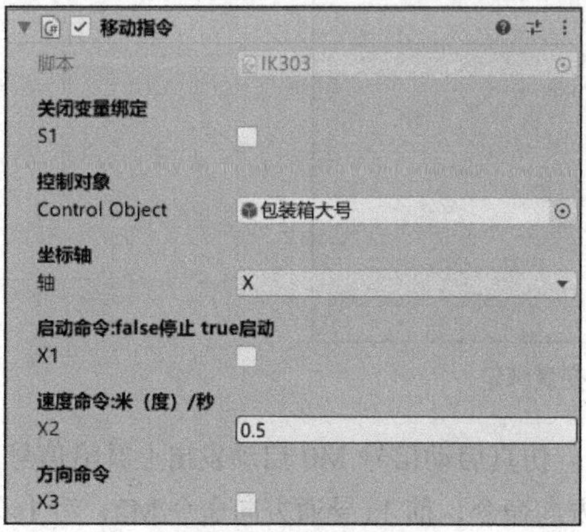

图 2-35　移动指令设置

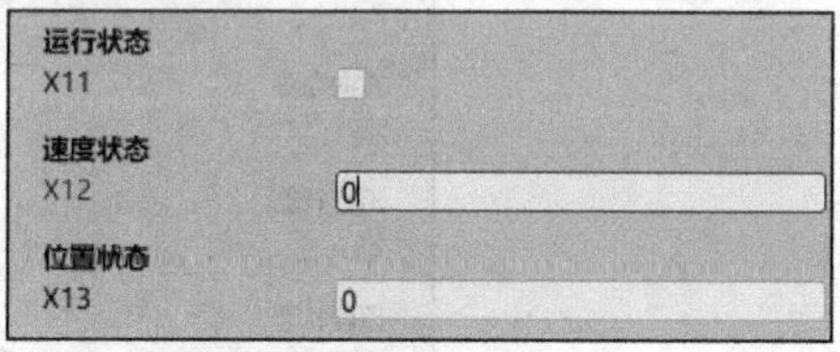

图 2-36　初始状态栏（1）

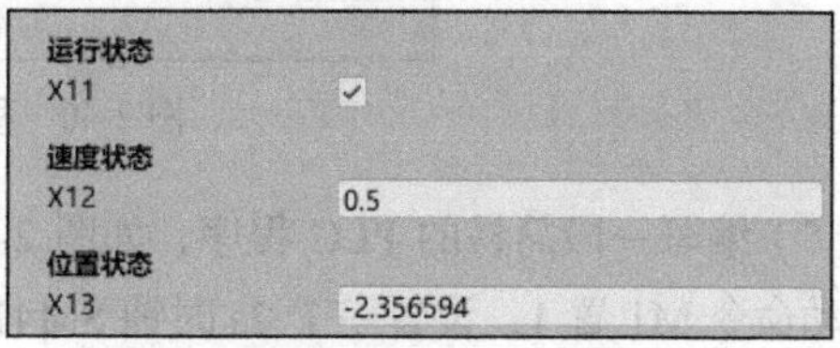

图 2-37　打开启动命令后的状态栏（1）

（3）移动指令调试完，接下来是测试指令的变量绑定。根据表 2-5 所示值类型，新建 3 个变量，如图 2-38 所示。具体变量定义如图 2-39 所示。

图 2-38　新建变量（4）

图 2-39　变量定义（4）

（4）将“仿真启动信号”变量绑定到“控制器”→“仿真启动信号”（见图 2-10）。将“启动命令”和“方向命令”绑定到“移动指令-变量绑定”，如图 2-40 所示。

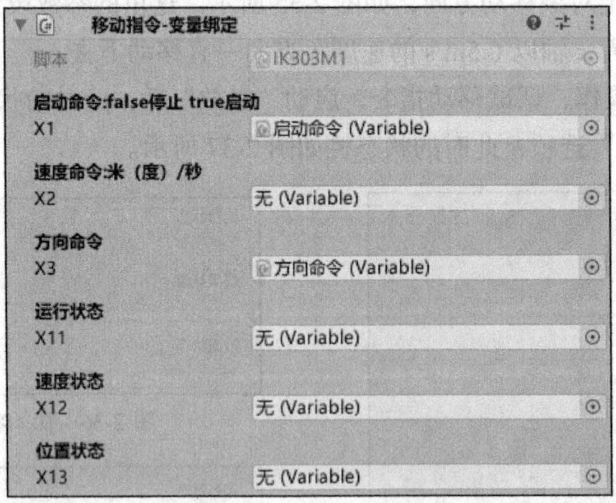

图 2-40　移动指令-变量绑定

（5）编写一段简易的 PLC 程序，如图 2-41 所示。仿真启动信号 M0 启动发出上升沿信号，将启动命令 M1 置 1，设置一个 2s 时钟 SM413 控制方向命令，前 1s 导通方向命令 M2，后 1s 不导通方向命令 M2。

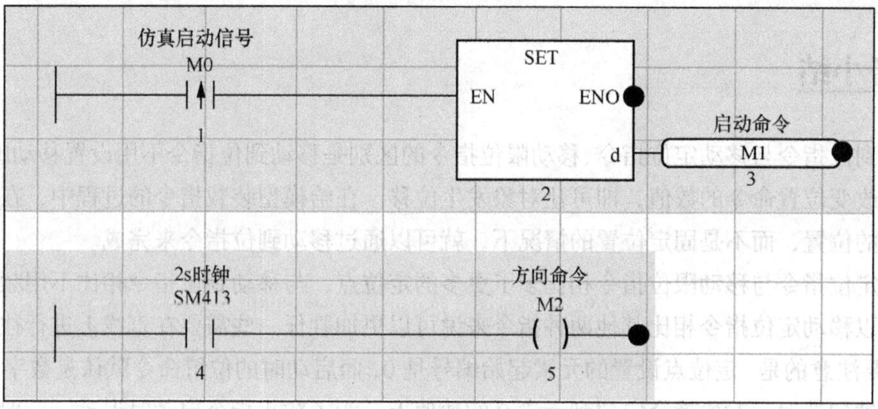

图 2-41　简易 PLC 程序（4）

（6）重复图 2-13 和图 2-14 的操作，回到 Unity 界面，再重复图 2-5 的操作，图 2-42 和图 2-43 分别是没勾选“方向命令”选项的场景和勾选“方向命令”选项的场景。

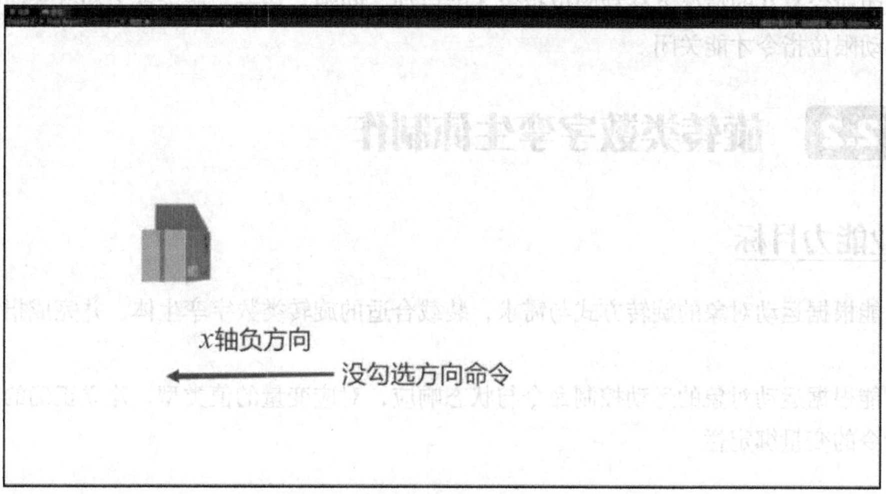

图 2-42　没勾选方向命令（1）

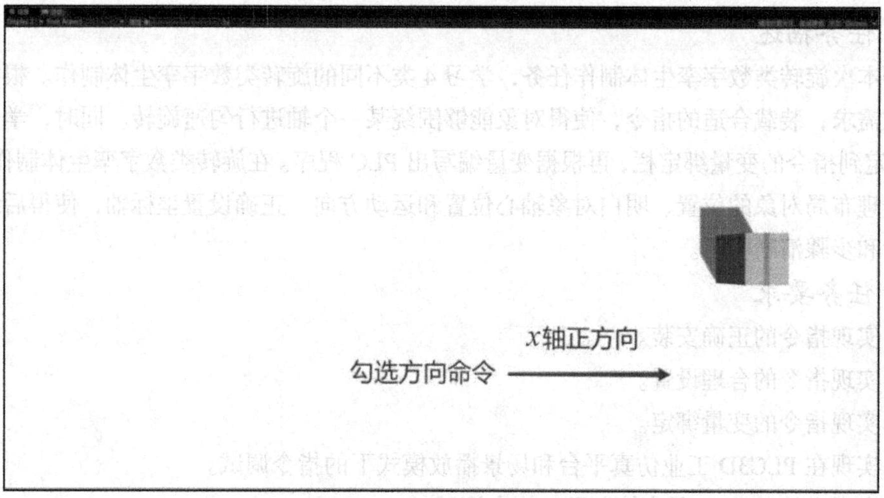

图 2-43　勾选方向命令（1）

任务小结

移动到位指令与移动定位指令、移动限位指令的区别是移动到位指令不用设置移动的定位点，只需通过改变位置命令的数值，即可让对象发生位移。在给模型装载指令的过程中，在需要实时计算移动的位置，而不是固定位置的情况下，就可以通过移动到位指令来完成。

移动定位指令与移动限位指令相比多了更多的定位点，与移动到位指令相比不用频繁地输入位置，所以移动定位指令相比其他两种指令来说可以更加胜任一些需要在直线上进行往返运动的场景。需要注意的是，定位点设置的元素起始编号是 0，而启动时的位置命令默认是数字 0，当“启动命令”被勾选时，对象就会定位到元素 0 的数值上，为了防止指令启动时误动，一般情况下，元素 0 上的数值都设置为 0。定位点到位状态的数量也应该和定位点设置的数量一致。

使用移动限位指令时需要注意的是，因为打开命令和关闭命令都是布尔量，和上文中的两个移动控制指令中的启动命令不同，置 1 时可以控制启动，复 0 时可以控制停止，只有在打开命令置 1 和关闭命令复 0 的情况下移动限位指令才能启动。同理，在关闭命令置 1 和打开命令复 0 的情况下移动限位指令才能关闭。

任务 2.2 旋转类数字孪生体制作

职业能力目标

（1）能根据运动对象的旋转方式与需求，装载合适的旋转类数字孪生体，并完成指令的参数设置。

（2）能根据运动对象的运动控制命令与状态响应，对应变量的值类型，建立正确的变量，并绑定到指令的变量绑定栏。

任务描述与要求

1. 任务描述

根据本次旋转类数字孪生体制作任务，学习 4 类不同的旋转类数字孪生体制作。根据运动对象的旋转需求，装载合适的指令，使得对象能够围绕某一个轴进行匀速旋转。同时，学会新建变量，并绑定到指令的变量绑定栏，再根据变量编写出 PLC 程序。在旋转类数字孪生体制作过程中，要做到合理布局对象的位置、明白对象轴心位置和运动方向、正确设置坐标轴，使得后续安装实施的逻辑和步骤清晰明了。

2. 任务要求

（1）实现指令的正确安装。

（2）实现指令的合理设置。

（3）实现指令的变量绑定。

（4）实现在 PLC3D 工业仿真平台和场景播放模式下的指令调试。

（5）实现在简单 PLC 程序控制下的指令调试。

任务分析与实施

1. 任务分析

旋转到位指令、旋转定位指令、旋转限位指令和旋转指令，这些指令会运用到旋转类数字孪生体制作的过程中。本任务会介绍这4类孪生体分别在何种场合下使用以及它们的不同之处，判断在某个场景下应如何正确区别、安装合适的指令。

2. 任务实施

根据旋转类数字孪生体制作的要求，制订任务实施计划。任务实施计划的具体内容见表2-6。

表2-6 任务实施计划

项目名称	运动类数字孪生体制作
任务名称	旋转类数字孪生体制作
任务描述	在Unity平台上实现制作
任务要求	场景布局合理，指令安装和设置正确，步骤规范
任务实施计划	具体内容
	1. 参照旋转类数字孪生体场景图，先将场景中的设备准备就绪
	2. 参照指令设置的相关内容，设置好指令参数
	3. 绑定指令变量，设置好变量参数
	4. 设置完成后开始小组互检，查看是否有设置错误情况
	5. 互检完成后，对场景进行调试，确保任务完成

知识储备

1. 旋转到位指令接口介绍

旋转到位指令与移动到位指令是同样的接口。使用该指令的时候，绑定需要旋转的对象，选择x轴、y轴、z轴中所需的一轴，在速度命令中设置好角速度后，通过改变位置命令上的数值，使对象在这个轴上发生旋转。旋转到位指令的接口介绍见表2-7。

表2-7 旋转到位指令的接口介绍

分类	接口	作用	值类型	能否绑定变量
设置	关闭变量绑定	取消该指令上的所有变量绑定	BOOL	否
	控制对象	绑定需要旋转的对象	–	否
	坐标轴	设置对象旋转的轴	–	否
命令	启动命令	运行旋转到位指令	BOOL	能
	速度命令	设置对象旋转的角速度	REAL	能
	位置命令	设置对象旋转的角度	REAL	能
状态	运行状态	指令运行时反馈系统	BOOL	能
	速度状态	将物体旋转的角速度反馈系统	REAL	能
	位置状态	将物体旋转的角度反馈系统	REAL	能
	运行到位状态	对象旋转至指定位置时反馈系统	BOOL	能

2. 旋转定位指令接口介绍

旋转定位指令与旋转到位指令同样是先绑定需要旋转的对象，选择 x 轴、y 轴、z 轴中所需的一轴，在速度命令中设置好角速度。不同的是旋转定位指令需要提前将旋转的角度（定位点）填写到“定位点设置”接口中。定位点数值为正数时，沿坐标轴顺时针旋转；定位点数值为负数时，沿坐标轴逆时针旋转。并用“元素”来对定位点进行编号，编号从 0 开始计数。通过在“位置命令”接口处填写定位点的编号，让对象旋转至该处定位点。例如：元素 2 的数值是 60，元素 3 的数值是−120，需要对象沿坐标轴顺时针旋转 60°，将位置命令的数值填写为 2 即可。旋转定位指令的接口介绍见表 2-8。

表 2-8　旋转定位指令的接口介绍

分类	接口	作用	值类型	能否绑定变量
设置	关闭变量绑定	取消该指令上的所有变量绑定	BOOL	否
	控制对象	绑定需要旋转的对象	–	否
	坐标轴	设置对象旋转的轴	–	否
	定位点设置	设置多个定位点的位置	–	否
命令	启动命令	运行旋转定位指令	BOOL	能
	速度命令	设置对象旋转的角速度	REAL	能
	位置命令	填写定位点上的元素	UINT	能
状态	运行状态	指令运行时反馈系统	BOOL	能
	速度状态	将物体旋转的角速度反馈系统	REAL	能
	位置状态	将物体旋转的角度反馈系统	UINT	能
	运行到位状态	对象旋转至指定位置时反馈系统	BOOL	能
	定位点到位状态	对象到达各个定位点时反馈系统	BOOL	能

3. 旋转限位指令接口介绍

旋转限位指令是常用的旋转控制指令中最为简单的指令。同样地，绑定需要旋转的对象，选择 x 轴、y 轴、z 轴中所需的一轴，在速度命令中设置好角速度，在限位点设置里填入需要旋转的角度即可。当启动旋转限位指令时开始旋转至限位点位置，当停止旋转限位指令时返回初始位置。旋转限位指令的接口介绍见表 2-9。

表 2-9　旋转限位指令的接口介绍

分类	接口	作用	值类型	能否绑定变量
设置	关闭变量绑定	取消该指令上的所有变量绑定	BOOL	否
	控制对象	绑定需要旋转的对象	–	否
	坐标轴	设置对象旋转的轴	–	否
	限位点设置	设置对象旋转的角度	–	否
	速度设置	设置对象旋转的角速度	–	否
命令	打开命令	打开旋转限位指令	BOOL	能
	关闭命令	关闭旋转限位指令	BOOL	能

续表

分类	接口	作用	值类型	能否绑定变量
状态	运行状态	指令运行时反馈系统	BOOL	能
	打开限位状态	打开命令后对象到达限位点时反馈系统	BOOL	能
	关闭限位状态	关闭命令后对象归位时反馈系统	BOOL	能

4. 旋转指令接口介绍

旋转指令只给运动对象添加角速度和旋转方向，并没有添加需要旋转的度数，所以可将旋转指令用于一些固定旋转的对象，例如机械当中的齿轮、发动机的转盘等。旋转指令的接口介绍见表2-10。

表2-10　旋转指令的接口介绍

分类	接口	作用	值类型	能否绑定变量
设置	关闭变量绑定	取消该指令上的所有变量绑定	BOOL	否
	控制对象	绑定需要旋转的对象	–	否
	坐标轴	设置对象旋转的轴	–	否
命令	启动命令	运行旋转指令	BOOL	能
	速度命令	设置对象旋转的角速度	REAL	能
	方向命令	设置对象旋转的方向	BOOL	能
状态	运行状态	指令运行时反馈系统	BOOL	能
	速度状态	将物体旋转的角速度反馈系统	REAL	能
	位置状态	将物体旋转的角度反馈系统	REAL	能

任务实施

1. 旋转到位指令

旋转到位指令

（1）在空场景中拖入一个模型“叉车”，如图2-44所示，并右击生成一个子对象名为“控制”，如图2-45所示。

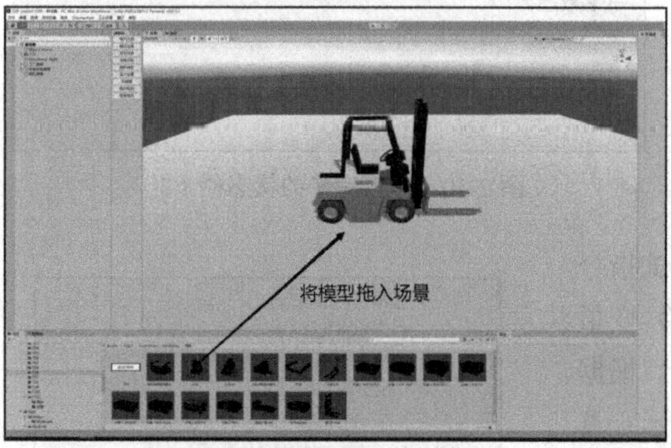

图2-44　将模型拖入场景（2）

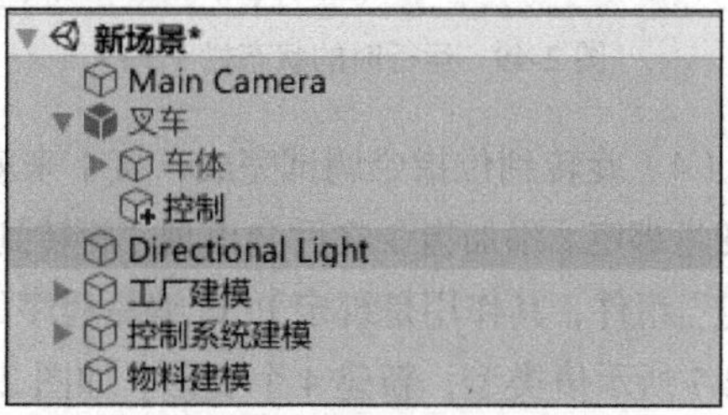

图2-45　场景层级窗口设置（2）

（2）在“控制”对象的检查器窗口中单击“添加组件”按钮，搜索添加“旋转到位指令”，如图 2-46 所示。在脚本栏中修改数值，其中控制对象需要从层级窗口中拖入才行，如图 2-47 所示。图中的参数设置表示对象将以 y 轴为中心轴，以 45 度/秒的角速度旋转 90°。

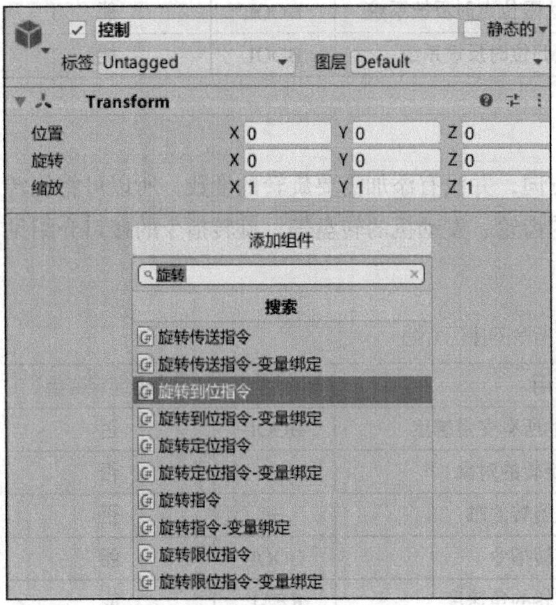

图 2-46　添加组件（2）

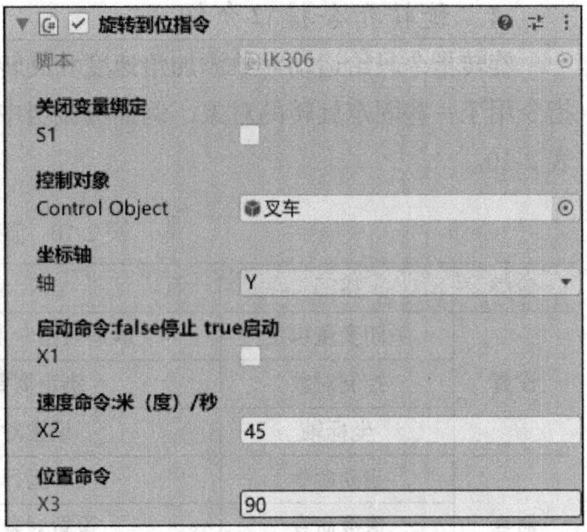

图 2-47　旋转到位指令设置

（3）后台启动好 PLC3D 工业仿真软件后，单击图 2-48 上方 3 个按钮中最左侧的播放按钮，进入游戏界面。单击图 2-48 下方 3 个按钮中最左侧的启动按钮。勾选图 2-47 中“启动命令”选项，运行时的状态栏如图 2-49 所示。运行完毕的状态栏如图 2-50 所示。

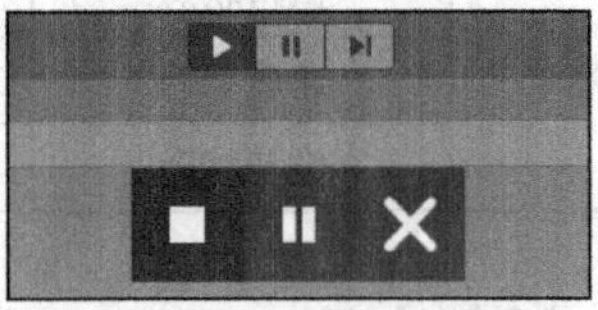

图 2-48　播放按钮和启动按钮（2）

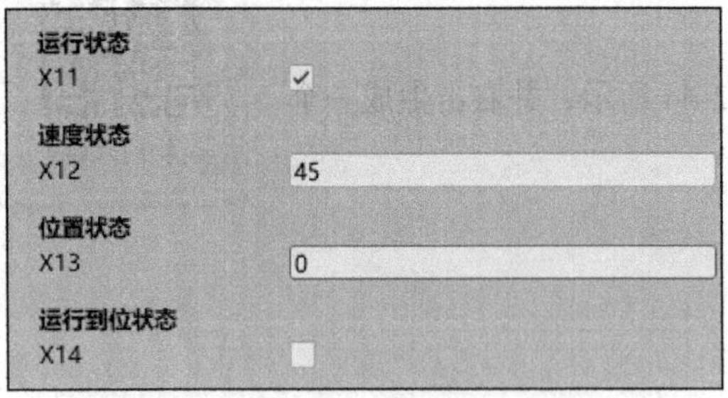

图 2-49　运行时的状态栏（3）

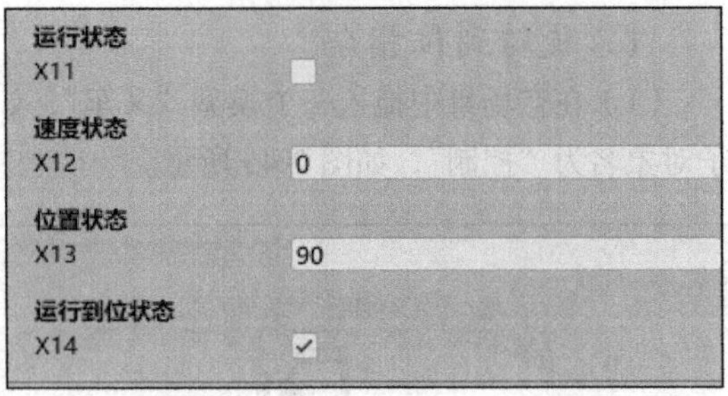

图 2-50　运行完毕的状态栏（3）

（4）旋转到位指令调试完成，接下来就是测试指令的变量绑定。添加指令之后会出现“旋转到位指令-变量绑定”组件，其作用是绑定 PLC 编写程序的变量。根据表 2-7 所示值类型，新建 4 个变量，如图 2-51 所示。具体变量定义如图 2-52 所示。

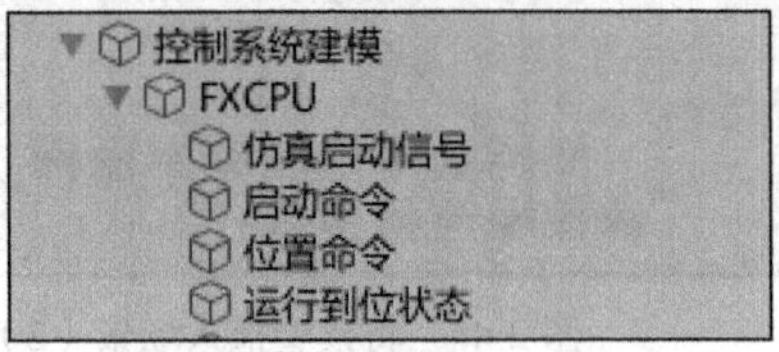

图 2-51　新建变量（5）

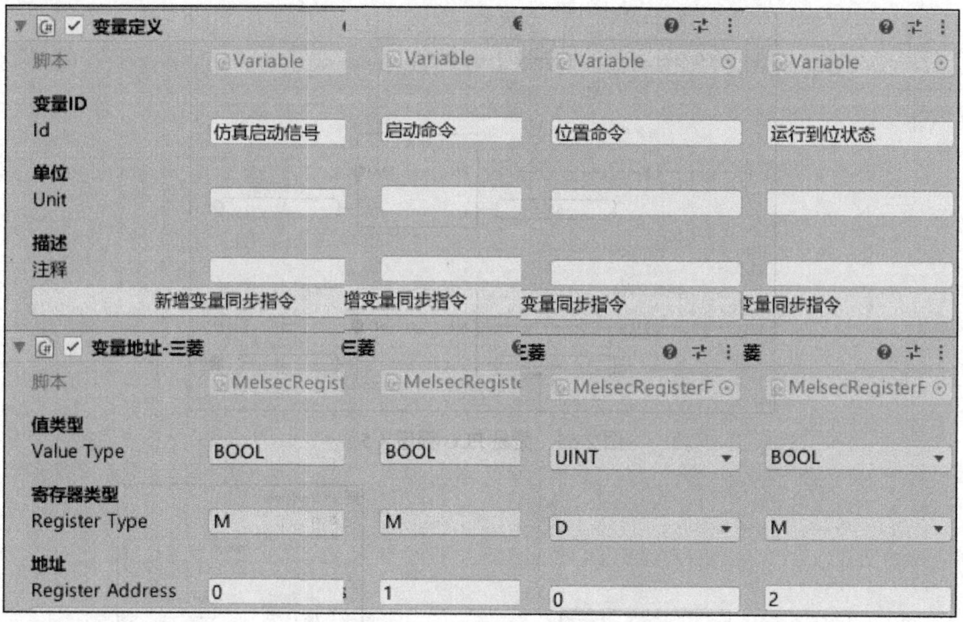

图 2-52　变量定义（5）

（5）将“仿真启动信号”变量绑定到“控制器”→“仿真启动信号”，如图 2-53 所示。将“启动命令”“位置命令”“运行到位状态”绑定到“旋转到位指令-变量绑定”，如图 2-54 所示。

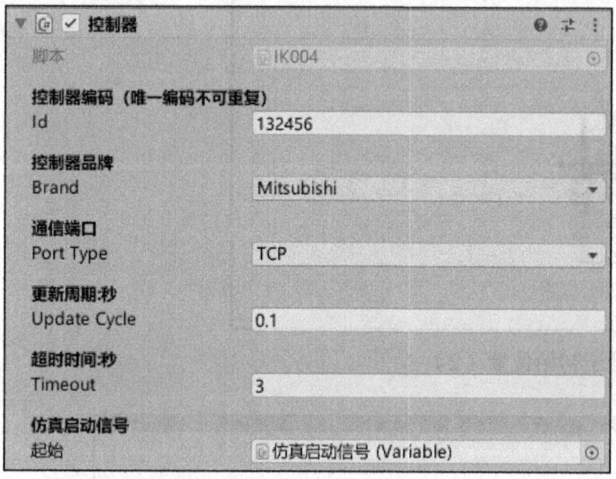

图 2-53　绑定仿真启动信号（2）

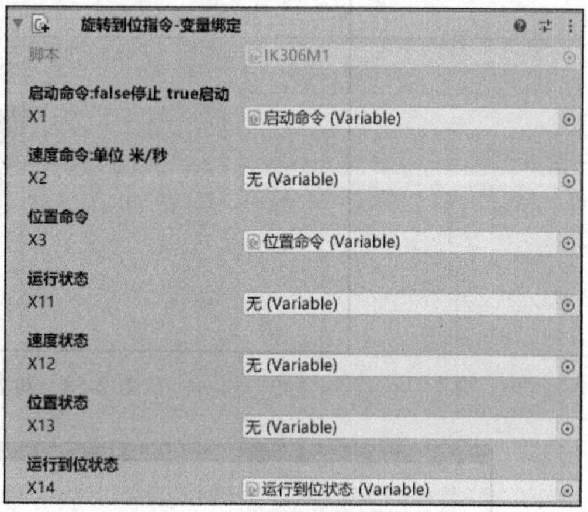

图 2-54　旋转到位指令-变量绑定

（6）编写一段简易的 PLC 程序，如图 2-55 所示。仿真启动信号 M0 启动后旋转到位指令的启动命令 M1 会启动，通过启动命令 M1 上升沿信号给位置命令 D0 赋予整数值 K90；当旋转至 90° 时，运行到位状态 M2 发出信号，给位置命令 D0 赋予整数值 K0，回到原位。

（7）单击 PLC 程序中的“模拟开始”按钮，如图 2-56 所示。直至出现“GX Simulator3”窗口，当 PWR 和 P.RUN 亮绿灯时才算模拟成功，如图 2-57 所示。

（8）回到 Unity 界面，重复图 2-48 的操作，指令启动前对象处于初始位置时的场景和指令启动后对象旋转的场景如图 2-58 和图 2-59 所示。

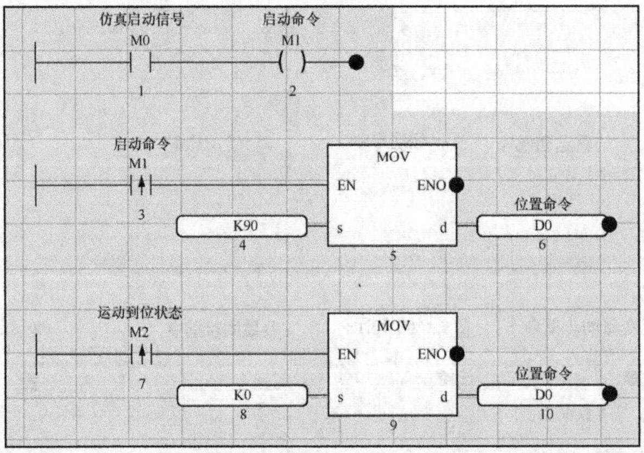

图 2-55　简易 PLC 程序（5）

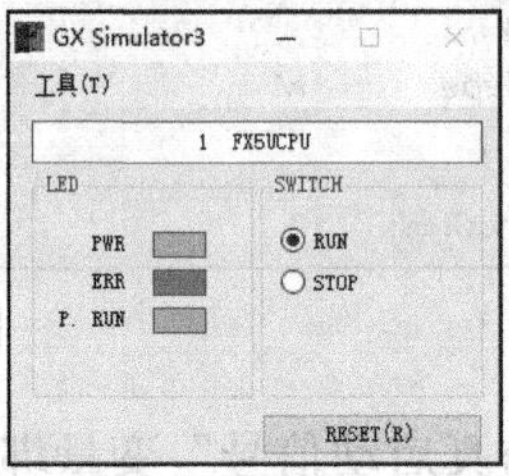

图 2-56　PLC 程序模拟开始（2）　　图 2-57　GX Simulator3（2）

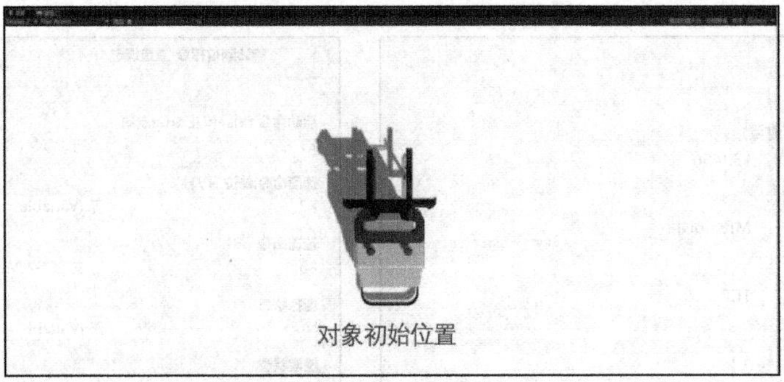

图 2-58　对象处于初始位置（2）

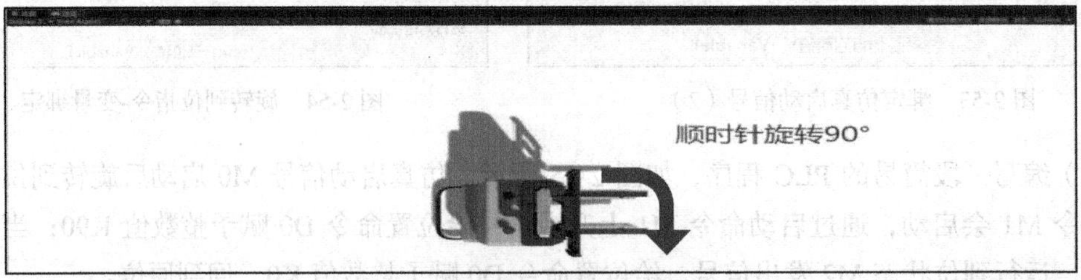

图 2-59　指令启动后对象旋转

2. 旋转定位指令

（1）重复图 2-44～图 2-46 的操作，添加“旋转定位指令”。设置好控制对象、坐标轴、定位点设置和速度命令，其中控制对象需要从层级窗口中拖入才

旋转定位指令

行，如图 2-60 所示。这里的参数设置表示给对象“叉车”旋转定了 3 个角度，分别是 0°、90°、−45°。指令启动后，修改位置命令，就可让对象旋转到定位点上。

（2）重复图 2-48 的操作，调试旋转定位指令，勾选图 2-60 中“启动命令”选项，改变“位置命令”上的数值对应“定位点设置”的元素，例如“位置命令”填写 90 对应“定位点设置”的元素 1。运行时的状态栏如图 2-61 所示，运行完毕的状态栏如图 2-62 所示。

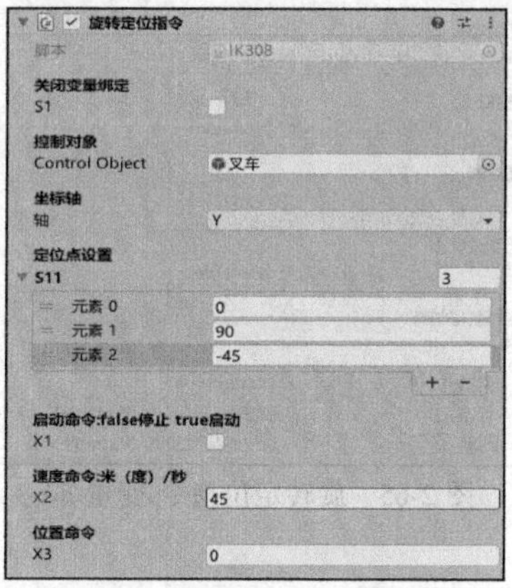

图 2-60　旋转定位指令设置

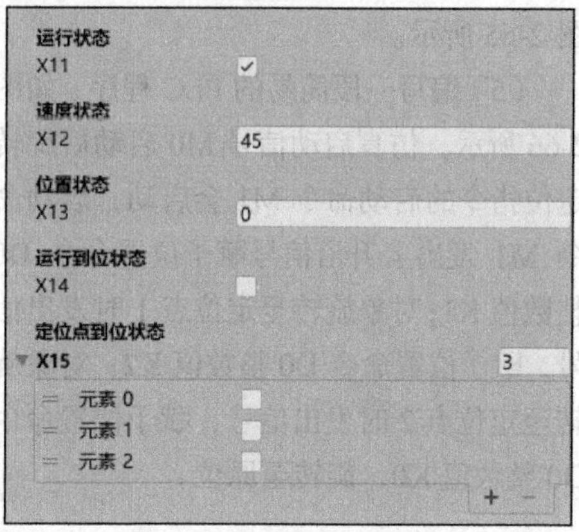

图 2-61　运行时的状态栏（4）

（3）旋转定位指令调试完，接下来是测试指令的变量绑定。根据表 2-8 所示值类型，新建 5 个变量，如图 2-63 所示。具体变量定义如图 2-64 所示。

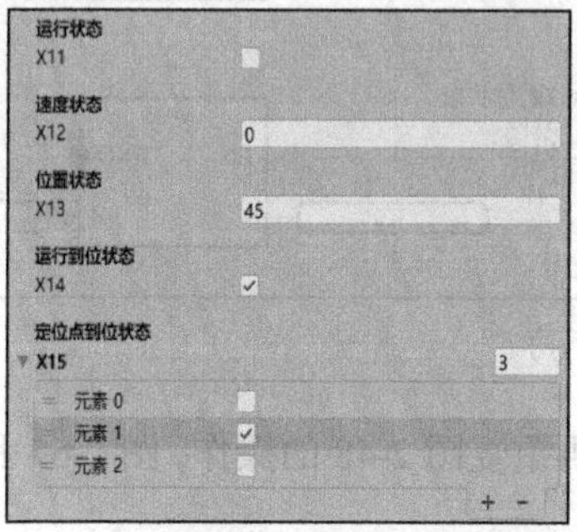

图 2-62　运行完毕的状态栏（4）

图 2-63　新建变量（6）

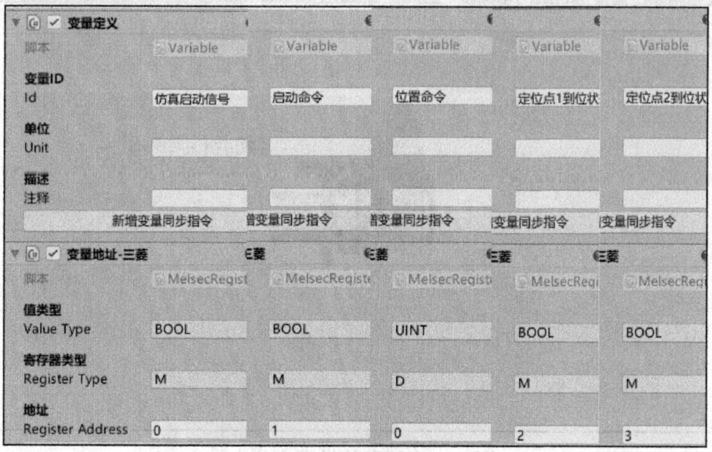

图 2-64　变量定义（6）

（4）将“仿真启动信号”变量绑定到“控制器”→“仿真启动信号”（见图2-53）。将“启动命令”“位置命令”“定位点1到位状态”“定位点2到位状态”绑定到“旋转定位指令-变量绑定”，如图2-65所示。

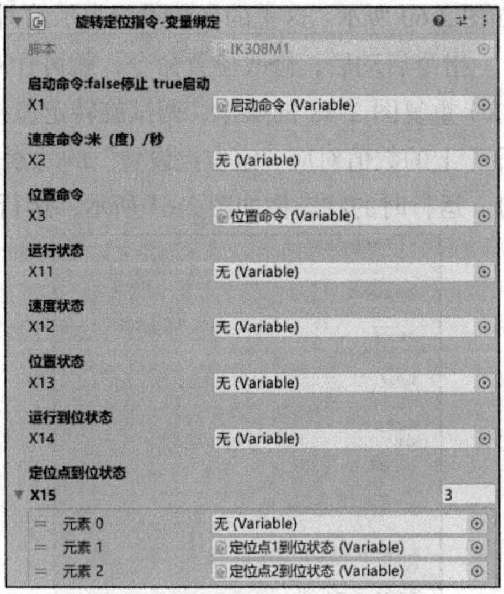

图2-65　旋转定位指令-变量绑定

（5）编写一段简易的PLC程序，如图2-66所示。仿真启动信号M0启动后旋转定位指令的启动命令M1会启动，启动命令M1发出上升沿信号赋予位置命令D0整数值K1；对象旋转至定位点1时发出信号，赋予位置命令D0整数值K2；对象旋转至定位点2时发出信号，赋予位置命令D0整数值K0，旋转至原位。

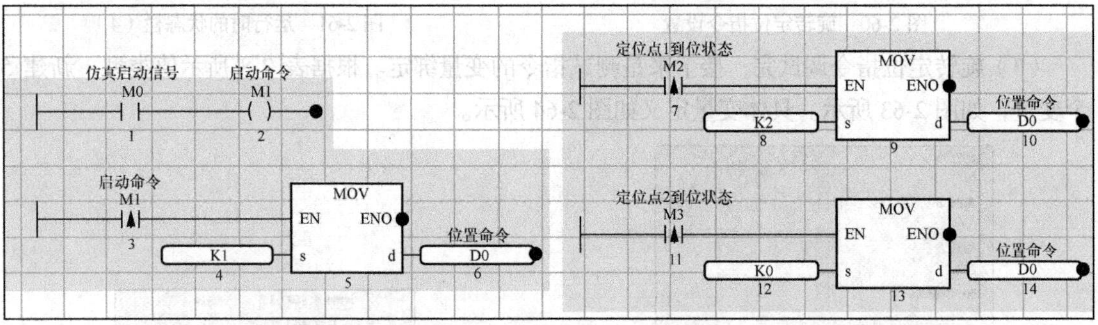

图2-66　简易PLC程序（6）

（6）重复图2-56和图2-57的操作，回到Unity界面，再重复图2-48的操作，图2-67和图2-68所示分别是对象旋转至定位点1和定位点2的场景。

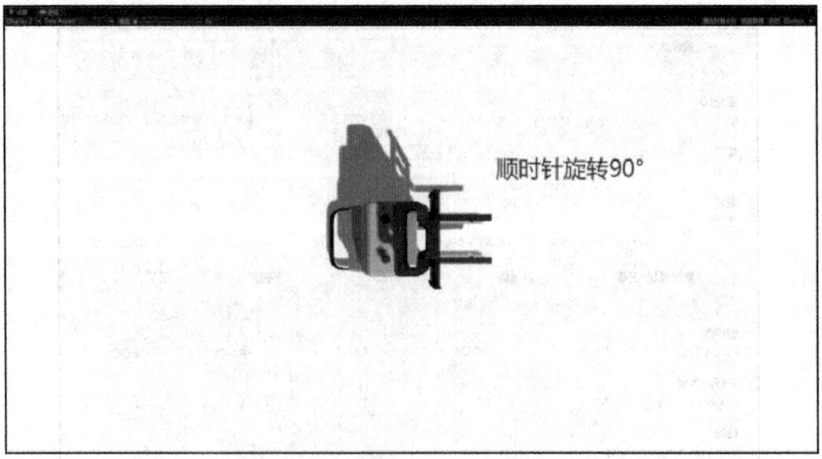

图2-67　对象旋转至定位点1

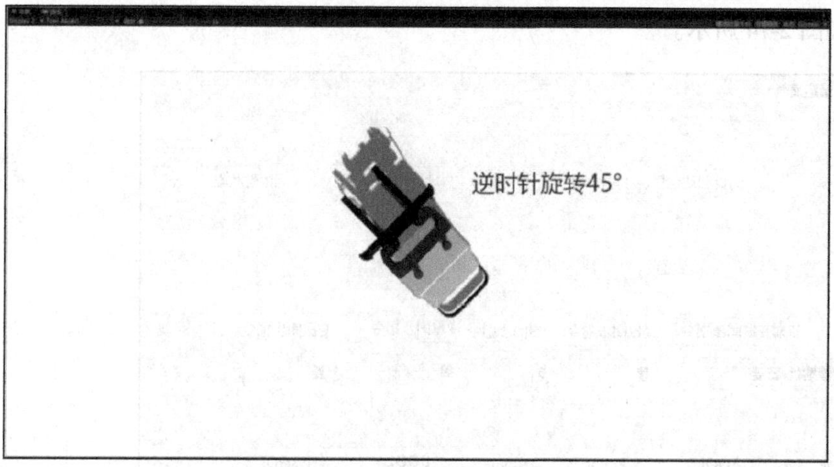

图 2-68　对象旋转至定位点 2

旋转限位指令

3. 旋转限位指令

（1）重复图 2-44～图 2-46 的操作，添加“旋转限位指令”。设置好控制对象、坐标轴、限位点设置和速度设置，其中控制对象需要从层级窗口中拖入才行，如图 2-69 所示，这里的参数设置表示对象“叉车”围绕 *y* 轴做旋转运动，以 45 度/秒的角速度旋转 90°。

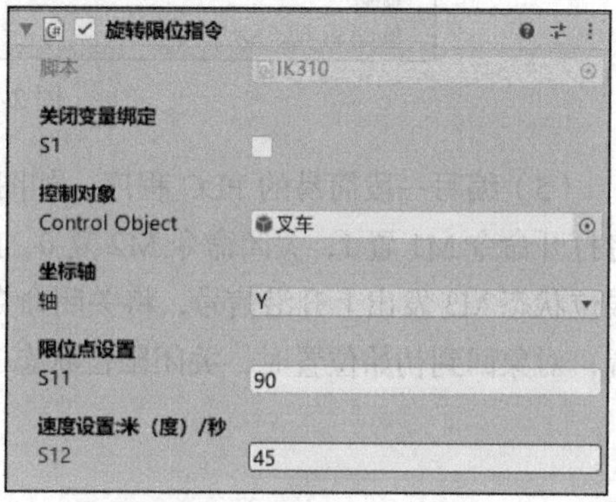

图 2-69　旋转限位指令设置

（2）重复图 2-48 的操作，调试旋转限位指令，勾选“打开命令”选项，运行状态响应，对象到达限位点后打开限位状态响应，如图 2-70 所示。勾选“关闭命令”选项，运行状态响应，对象归位后关闭限位状态响应，如图 2-71 所示。

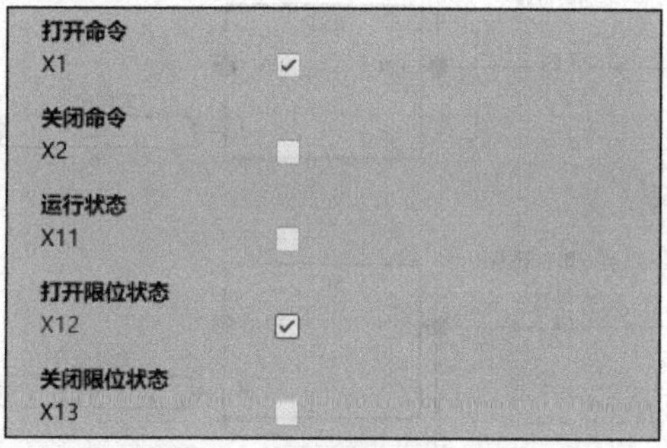

图 2-70　打开限位状态响应（2）

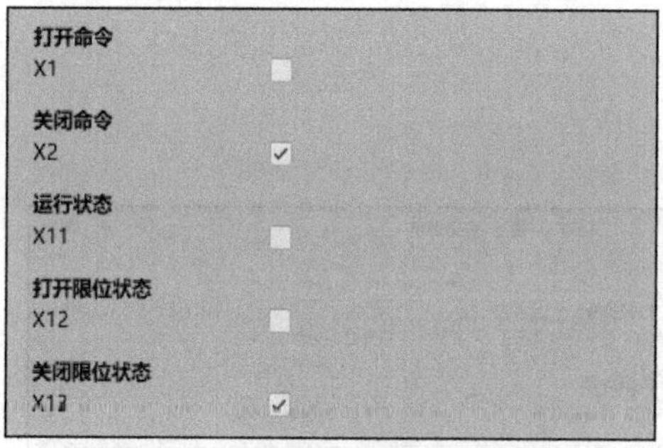

图 2-71　关闭限位状态响应（2）

（3）旋转限位指令调试完，接下来是测试指令的变量绑定。根据表 2-9 所示值类型，新建 5 个变量，如图 2-72 所示。具体变量定义如图 2-73 所示。

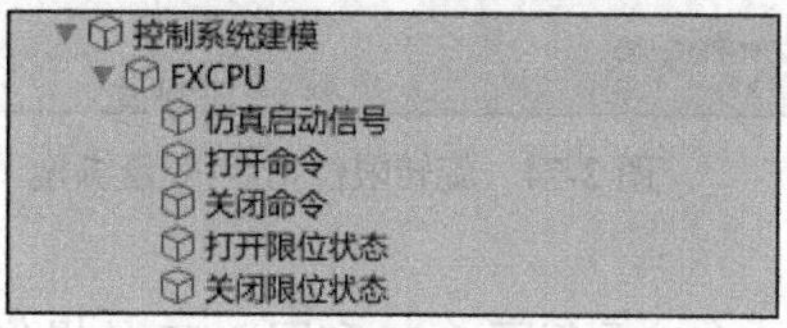

图 2-72　新建变量（7）

（4）将“仿真启动信号”变量绑定到“控制器”→“仿真启动信号”（见图 2-53）。将“打开命令”“关闭命令”“打开限位状态”“关闭限位状态”绑定到“旋转限位指令-变量绑定”，如图 2-74 所示。

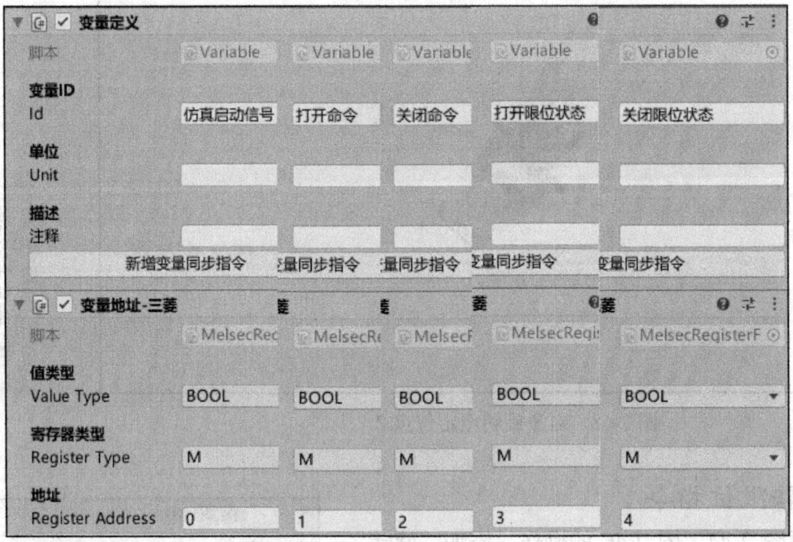

图 2-73　变量定义（7）

（5）编写一段简易的 PLC 程序，如图 2-75 所示。仿真启动信号 M0 启动发出上升沿信号，将打开命令 M1 置 1，关闭命令 M2 复 0，此时对象旋转往限位点；当对象旋转到限位点时，打开限位状态 M3 发出上升沿信号，将关闭命令 M2 置 1，打开命令 M1 复 0，此时物体旋转往初始位置；对象回到初始位置时，关闭限位状态 M4 发出上升沿信号，对象进行循环往返运动。

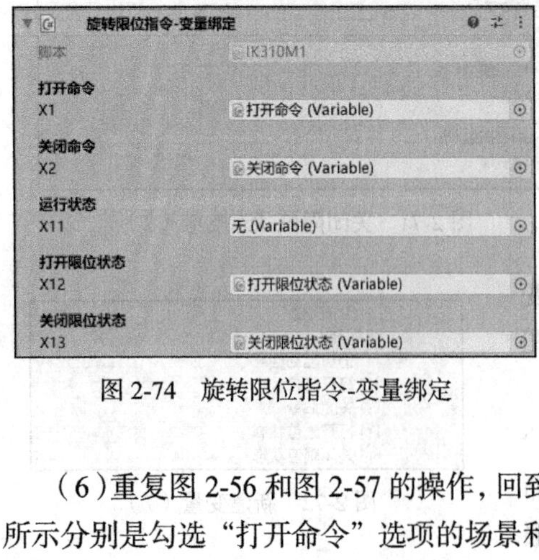

图 2-74　旋转限位指令-变量绑定

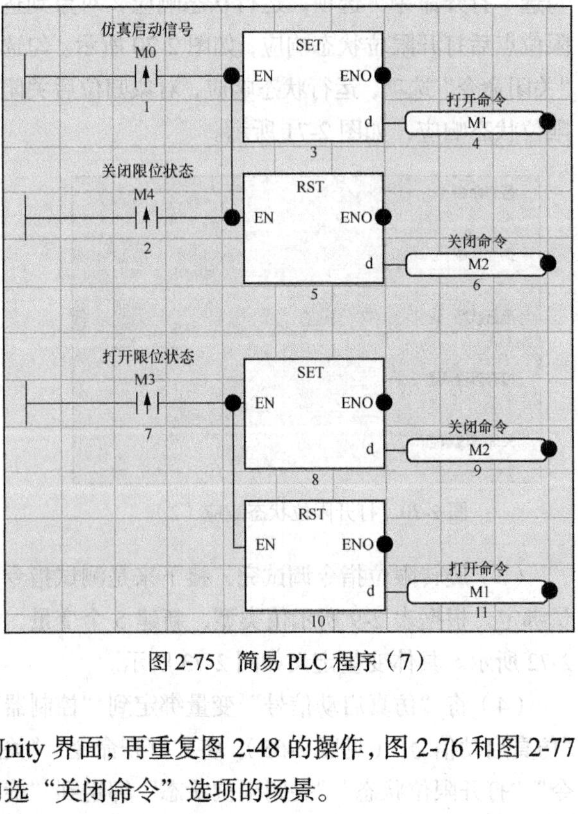

图 2-75　简易 PLC 程序（7）

（6）重复图 2-56 和图 2-57 的操作，回到 Unity 界面，再重复图 2-48 的操作，图 2-76 和图 2-77 所示分别是勾选“打开命令”选项的场景和勾选“关闭命令”选项的场景。

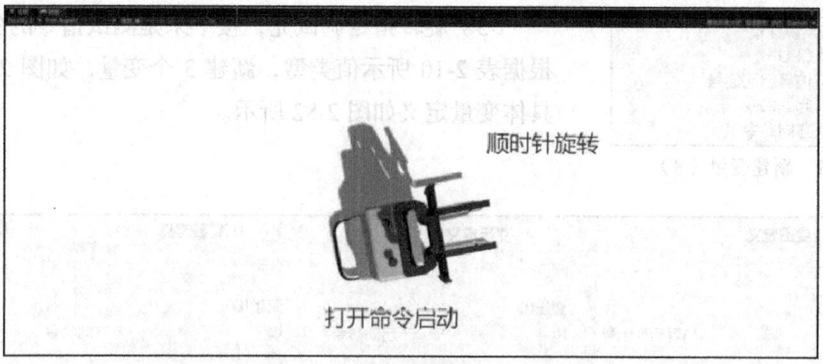

图 2-76　打开命令启动（2）

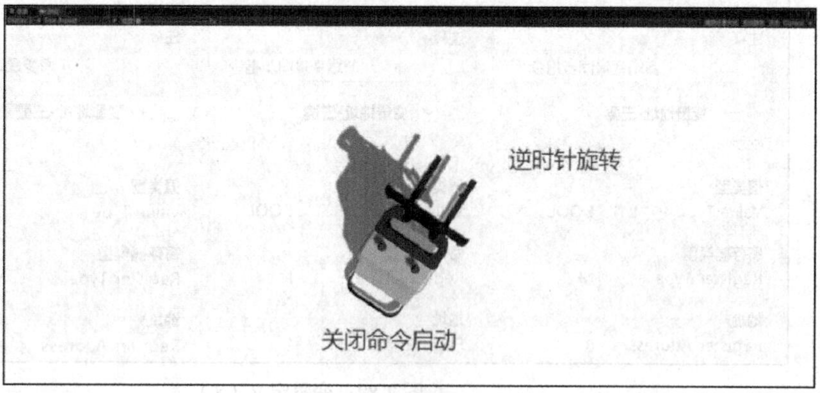

图 2-77　关闭命令启动（2）

旋转指令

4. 旋转指令

（1）重复图 2-44 ~ 图 2-46 的操作，添加“旋转指令”。绑定控制对象，设置好坐标轴和速度，确定对象旋转方向，如图 2-78 所示，这里的参数设置表示叉车将围绕 y 轴做旋转运动，以 30 度/秒的角速度逆时针旋转。

（2）重复图 2-48 的操作，调试旋转指令，启动“播放”后，此时的状态栏如图 2-79 所示。勾选图 2-78 中“启动命令”选项，此时的状态栏如图 2-80 所示。

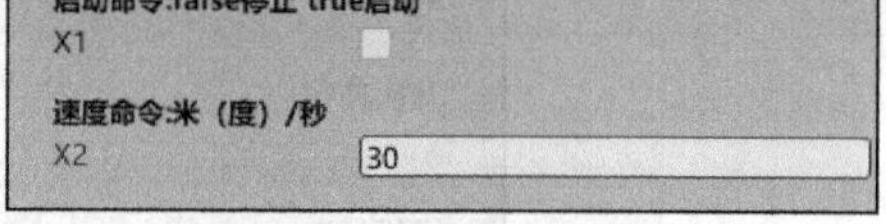

图 2-78　旋转指令设置

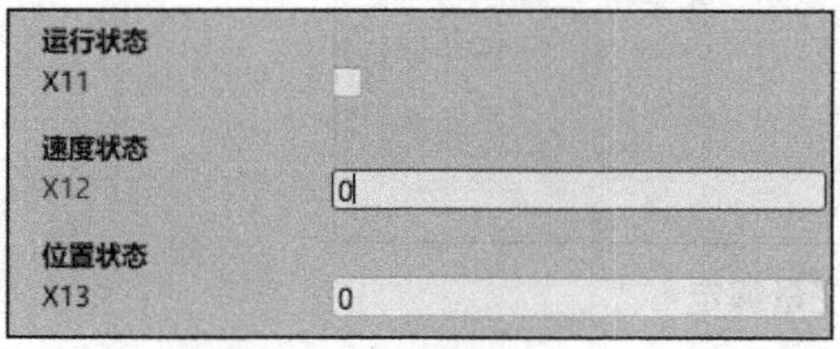

图 2-79　初始状态栏（2）

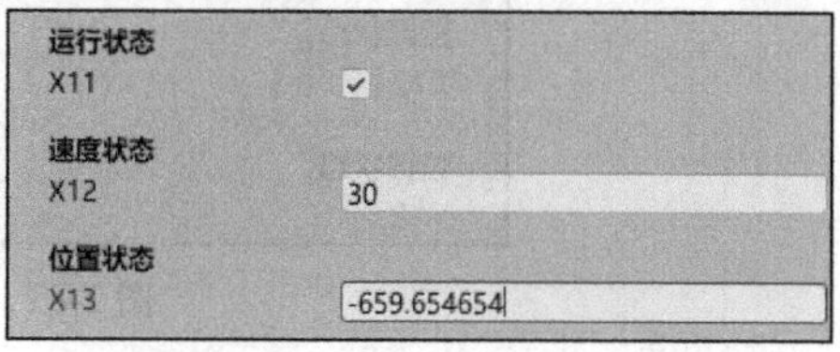

图 2-80　打开启动命令后的状态栏（2）

图 2-81　新建变量（8）

（3）旋转指令调试完，接下来是测试指令的变量绑定。根据表 2-10 所示值类型，新建 3 个变量，如图 2-81 所示。具体变量定义如图 2-82 所示。

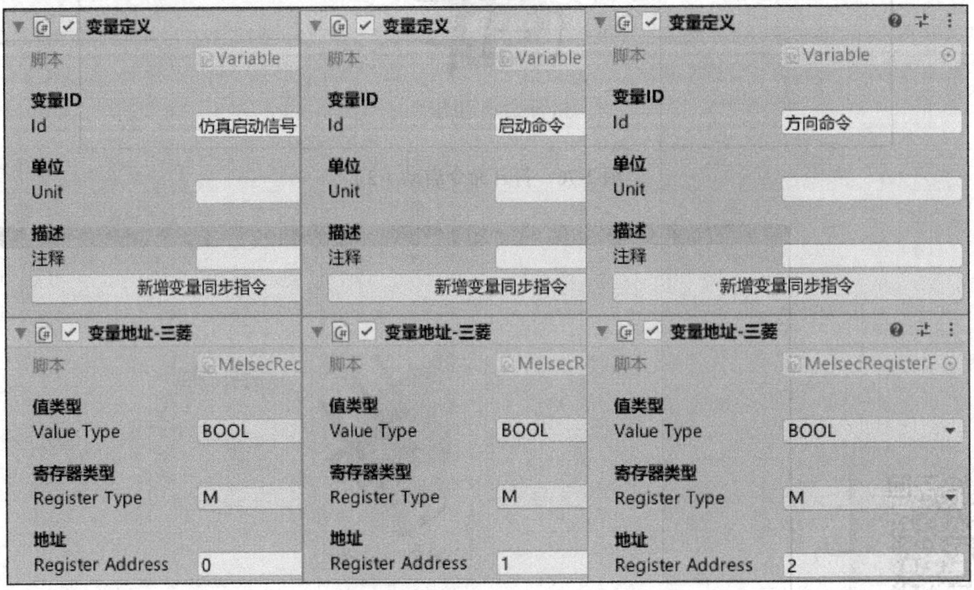

图 2-82　变量定义（8）

（4）将“仿真启动信号”变量绑定到“控制器”→“仿真启动信号”（见图 2-53）。将“启动命令”和“方向命令”绑定到“旋转指令-变量绑定”，如图 2-83 所示。

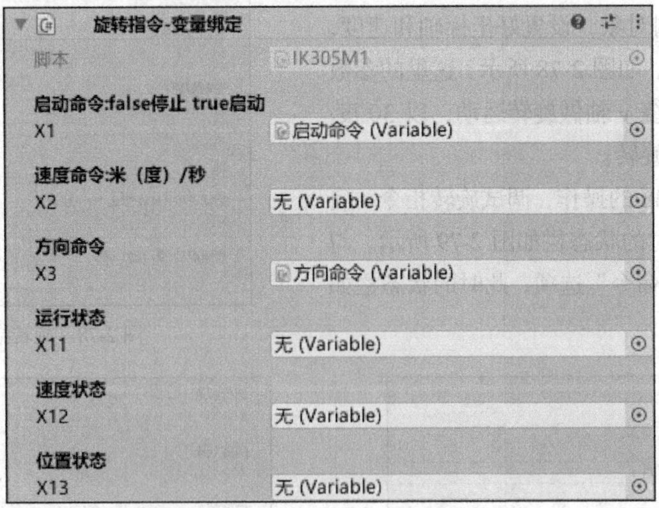

图 2-83　旋转指令-变量绑定

（5）编写一段简易的 PLC 程序，如图 2-84 所示。仿真启动信号 M0 启动发出上升沿信号，将启动命令 M1 置 1，设置一个 2s 时钟控制方向命令，前 1s 导通方向命令 M2，后 1s 不导通方向命令 M2。

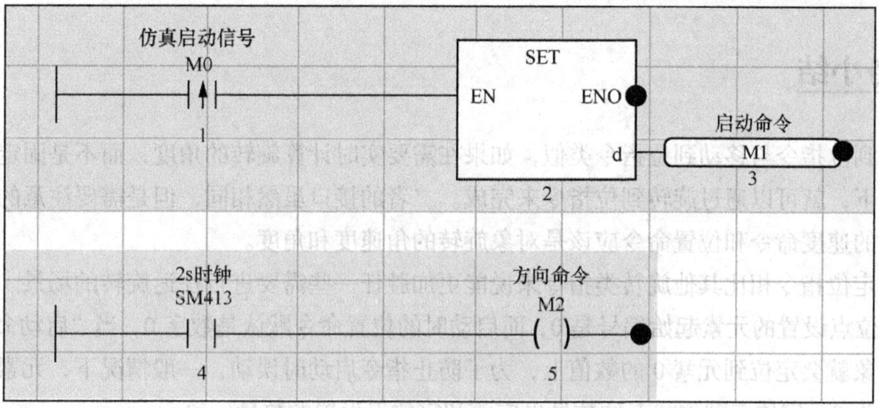

图 2-84　简易 PLC 程序（8）

（6）重复图 2-56 和图 2-57 的操作，回到 Unity 界面，再重复图 2-48 的操作，图 2-85 和图 2-86 所示分别是没勾选“方向命令”选项的场景和勾选“方向命令”选项的场景。

图 2-85　没勾选方向命令（2）

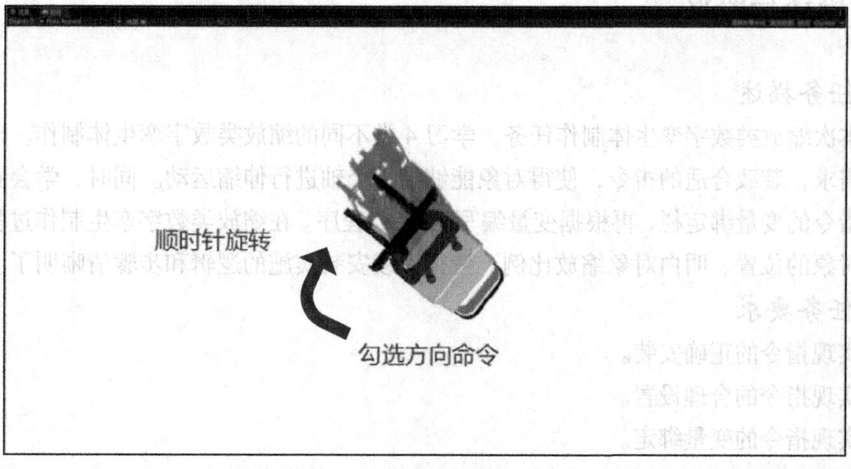

图 2-86　勾选方向命令（2）

任务小结

旋转到位指令与移动到位指令类似，如果在需要实时计算旋转的角度，而不是固定角度去旋转的情况下，就可以通过旋转到位指令来完成。二者的接口虽然相同，但是需要注意的是，旋转到位指令的速度命令和位置命令应该是对象旋转的角速度和角度。

旋转定位指令相比其他旋转类指令来说能更加胜任一些需要进行往返旋转的场景。需要注意的是，定位点设置的元素起始编号是 0，而启动时的位置命令默认是数字 0，当“启动命令”被勾选时，对象就会定位到元素 0 的数值上，为了防止指令启动时误动，一般情况下，元素 0 上的数值都设置为 0。定位点到位状态的数量也应该和定位点设置的数量一致。

旋转限位指令与移动限位指令同样是限制对象的位置，对象只能在初始位置和限位点位置这两个角度旋转。使用旋转限位指令时需要注意的是，只有在打开命令置 1 和关闭命令复 0 的情况下旋转限位指令才能启动。同理，只有在关闭命令置 1 和打开命令复 0 的情况下旋转限位指令才能关闭。

使用旋转指令时需要注意的是初始旋转方向是逆时针方向，只有勾选方向命令时才能进行顺时针旋转。

任务 2.3 缩放类数字孪生体制作

职业能力目标

（1）能根据运动对象的伸缩方式与需求，装载合适的缩放类数字孪生体，并完成指令的参数设置。

（2）能根据运动对象的运动控制命令与状态响应，对应变量的值类型，建立正确的变量，并绑定到指令的变量绑定栏。

任务描述与要求

1. 任务描述

根据本次缩放类数字孪生体制作任务，学习 4 类不同的缩放类数字孪生体制作。根据运动对象的伸缩需求，装载合适的指令，使得对象能够沿一个轴进行伸缩运动。同时，学会新建变量，并绑定到指令的变量绑定栏，再根据变量编写出 PLC 程序。在缩放类数字孪生制作过程中要做到合理布局对象的位置、明白对象缩放比例，使得后续安装实施的逻辑和步骤清晰明了。

2. 任务要求

（1）实现指令的正确安装。

（2）实现指令的合理设置。

（3）实现指令的变量绑定。

（4）实现在 PLC3D 工业仿真平台和场景播放模式下的指令调试。

（5）实现在简单 PLC 程序控制下的指令调试。

任务分析与实施

1. 任务分析

伸缩到位指令、伸缩定位指令、伸缩限位指令和伸缩指令，这些指令会运用到缩放类数字孪生体制作的过程中。本任务会介绍这 4 类孪生体分别在何种场合下使用以及它们的不同之处，判断在某个场景下应如何正确区别、安装合适的指令。

2. 任务实施

根据缩放类数字孪生体制作的要求，制订任务实施计划。任务实施计划的具体内容见表 2-11。

表 2-11　任务实施计划

项目名称	运动类数字孪生体制作
任务名称	缩放类数字孪生体制作
任务描述	在 Unity 平台上实现制作
任务要求	场景布局合理，指令安装和设置正确，步骤规范
任务实施计划	具体内容
	1. 参照缩放类数字孪生体场景图，先将场景中的设备准备就绪
	2. 参照指令设置的相关内容，设置好指令参数
	3. 绑定指令变量，设置好变量参数
	4. 设置完成后开始小组互检，查看是否有设置错误情况
	5. 互检完成后，对场景进行调试，确保任务完成

知识储备

1. 伸缩到位指令接口介绍

伸缩到位指令与前文提及的两种到位指令，脚本和大致用法基本相同。先绑定需要伸缩的对象，选择 x 轴、y 轴、z 轴中所需的一轴，在速度命令中设置好缩放速度后，通过改变位置命令上的数值，使对象发生伸缩变化。伸缩到位指令的接口介绍见表 2-12。

表 2-12　伸缩到位指令的接口介绍

分类	接口	作用	值类型	能否绑定变量
设置	关闭变量绑定	取消该指令上的所有变量绑定	BOOL	否
	控制对象	绑定需要伸缩的对象	–	否
	坐标轴	设置对象伸缩的轴	–	否
命令	启动命令	运行伸缩到位指令	BOOL	能
	速度命令	设置对象伸缩的速度	REAL	能
	位置命令	设置对象伸缩的比值	REAL	能
状态	运行状态	指令运行时反馈系统	BOOL	能
	速度状态	将物体伸缩的速度反馈系统	REAL	能

续表

分类	接口	作用	值类型	能否绑定变量
状态	位置状态	将物体伸缩的比值反馈系统	REAL	能
	运行到位状态	对象完成伸缩时反馈系统	BOOL	能

2. 伸缩定位指令接口介绍

伸缩定位指令与前文提及的两种定位指令的脚本和大致用法基本相同。先绑定需要伸缩的对象，选择 x 轴、y 轴、z 轴中所需的一轴，在速度命令中设置伸缩速度。伸缩定位指令需要提前将缩放的比值（定位点）填写到“定位点设置”接口中。定位点数值为正数时，沿坐标轴进行放大；定位点数值为负数时，沿坐标进行缩小。并用“元素”来对定位点进行编号，编号从 0 开始计数。通过在“位置命令”接口处填写定位点的编号，让对象缩放至该处定位点。例如：元素 2 的数值是 8，元素 3 的数值是-4，需要对象沿坐标轴放大 8 倍时，将位置命令的数值填写为 2 即可。伸缩定位指令的接口介绍见表 2-13。

表 2-13　伸缩定位指令的接口介绍

分类	接口	作用	值类型	能否绑定变量
设置	关闭变量绑定	取消该指令上的所有变量绑定	BOOL	否
	控制对象	绑定需要伸缩的对象	–	否
	坐标轴	设置对象伸缩的轴	–	否
	定位点设置	设置多个伸缩的比值	–	否
命令	启动命令	运行伸缩定位指令	BOOL	能
	速度命令	设置对象的伸缩速度	REAL	能
	位置命令	填写定位点上的元素	UINT	能
状态	运行状态	指令运行时反馈系统	BOOL	能
	速度状态	将物体伸缩的速度反馈系统	REAL	能
	位置状态	将物体伸缩的比值反馈系统	UINT	能
	运行到位状态	对象完成伸缩时反馈系统	BOOL	能
	定位点到位状态	对象到达各个定位点时反馈系统	BOOL	能

3. 伸缩限位指令接口介绍

伸缩限位指令同样需要绑定伸缩的对象，选择 x 轴、y 轴、z 轴中所需的一轴，在速度命令中设置好伸缩速度，在限位点设置里填入伸缩的比值即可。当启动伸缩限位指令时开始按照比值进行伸缩，当停止伸缩限位指令时返回初始大小。伸缩限位指令的接口介绍见表 2-14。

表 2-14　伸缩限位指令的接口介绍

分类	接口	作用	值类型	能否绑定变量
设置	关闭变量绑定	取消该指令上的所有变量绑定	BOOL	否
	控制对象	绑定需要伸缩的对象	–	否
	坐标轴	设置对象伸缩的轴	–	否
	限位点设置	设置对象伸缩的比值	–	否

续表

分类	接口	作用	值类型	能否绑定变量
设置	速度设置	设置对象伸缩的速度	–	否
命令	打开命令	打开伸缩限位指令	BOOL	能
	关闭命令	关闭伸缩限位指令	BOOL	能
状态	运行状态	指令运行时反馈系统	BOOL	能
	打开限位状态	打开命令后对象到达限位点时反馈系统	BOOL	能
	关闭限位状态	关闭命令后对象恢复初始大小时反馈系统	BOOL	能

4. 伸缩指令接口介绍

伸缩指令只给运动对象添加伸缩速度和伸缩方向，不能添加需要伸缩的比值，所以并不常用。伸缩指令的接口介绍见表 2-15。

表 2-15　伸缩指令的接口介绍

分类	接口	作用	值类型	能否绑定变量
设置	关闭变量绑定	取消该指令上的所有变量绑定	BOOL	否
	控制对象	绑定需要伸缩的对象	–	否
	坐标轴	设置对象缩放的轴方向	–	否
命令	启动命令	运行伸缩指令	BOOL	能
	速度命令	设置对象伸缩的速度	REAL	能
	方向命令	设置对象伸缩的方向	BOOL	能
状态	运行状态	指令运行时反馈系统	BOOL	能
	速度状态	将物体伸缩的速度反馈系统	REAL	能
	位置状态	将物体伸缩的比值反馈系统	REAL	能

任务实施

1. 伸缩到位指令

伸缩到位指令

（1）在空场景中拖入一个模型“弹簧”，如图 2-87 所示，并右击生成一个子对象，名为“控制”，如图 2-88 所示。

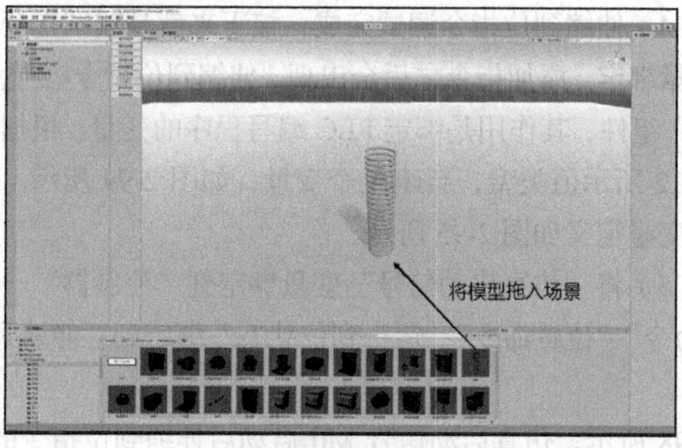

图 2-87　将模型拖入场景（3）

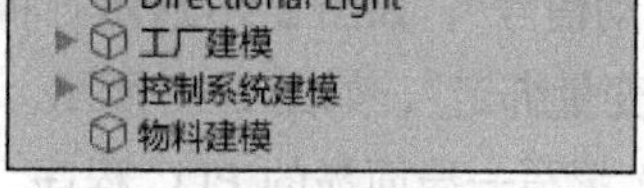

图 2-88　场景层级窗口设置（3）

（2）在“控制”对象的检查器窗口中单击“添加组件”按钮，搜索添加“伸缩到位指令”，如图 2-89 所示。在脚本栏中修改数值，其中控制对象需要从层级窗口中拖入才行，如图 2-90 所示。图 2-90 中的参数设置表示弹簧会在 y 轴做伸缩动作，即以 2m/s 的速度缩小到原来的一半。位置命令取正数值为放大，取负数值为缩小。

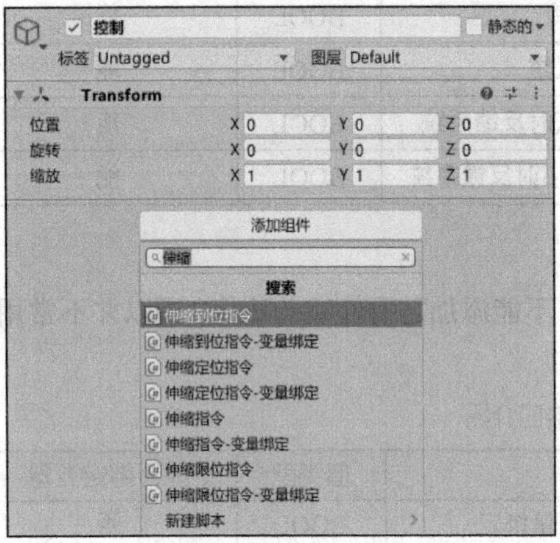

图 2-89　添加组件（3）

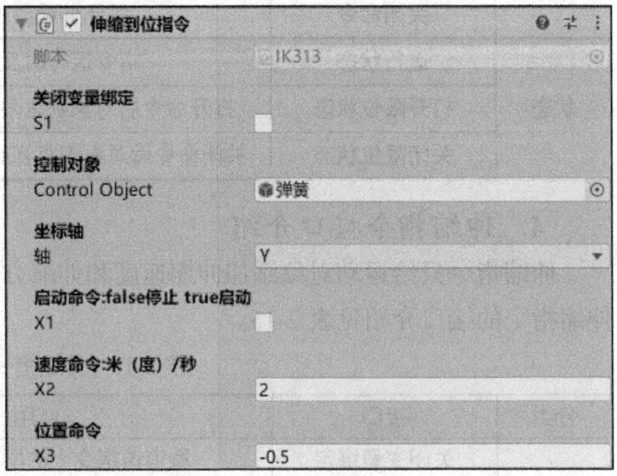

图 2-90　伸缩到位指令设置

（3）后台启动好 PLC3D 工业仿真软件后，单击图 2-91 上方 3 个按钮中最左侧的播放按钮，进入游戏界面，单击图 2-91 下方 3 个按钮中最左侧的启动按钮。勾选图 2-90 中“启动命令”选项，运行时的状态栏如图 2-92 所示。运行完毕的状态栏如图 2-93 所示。

图 2-91　播放按钮和启动按钮（3）

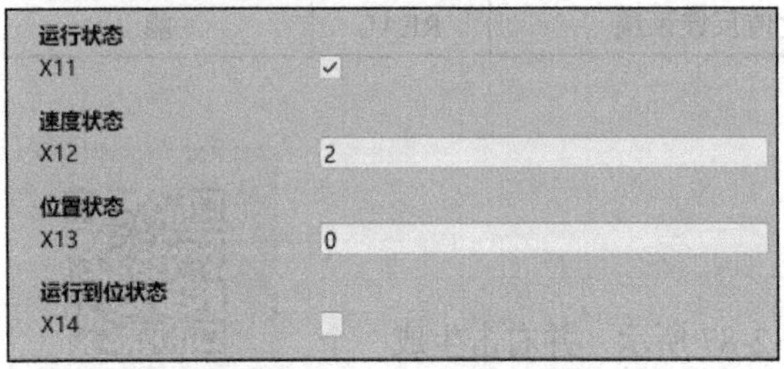

图 2-92　运行时的状态栏（5）

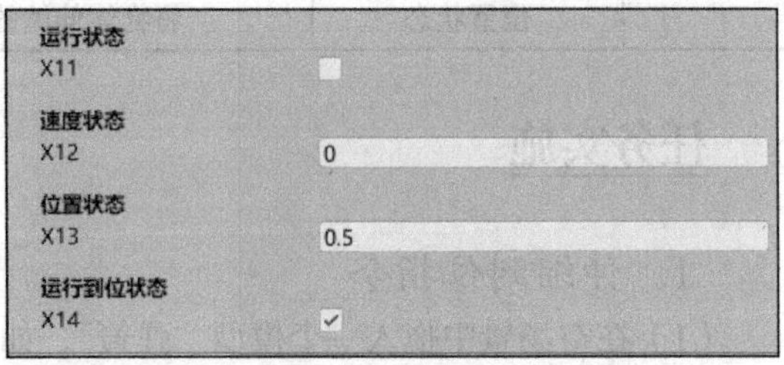

图 2-93　运行完毕的状态栏（5）

（4）伸缩到位指令调试完成，接下来就是测试指令的变量绑定，添加指令之后会出现“伸缩到位指令-变量绑定”组件，其作用是绑定 PLC 编写程序的变量。根据表 2-12 所示值类型，新建 4 个变量，如图 2-94 所示。具体变量定义如图 2-95 所示。

图 2-94　新建变量（9）

（5）将“仿真启动信号”变量绑定到“控制器”→“仿真启动信号”，如图 2-96 所示。将“启动命令”“位置命令”“运行到位状态”绑定到“伸缩到位指令-变量绑定”，如图 2-97 所示。

（6）编写一段简易的 PLC 程序，如图 2-98 所示。仿真启动信号 M0 启动后伸缩到位指令的启动命令 M1 会启动，通过启动命令 M1 上升沿信号给位置命令 D0 赋予浮点数 E-0.5；当缩小到一半时，运行到位状态 M2 发出信号，给位置命令 D0 赋予浮点数 E0，回到原位。

图 2-95　变量定义（9）

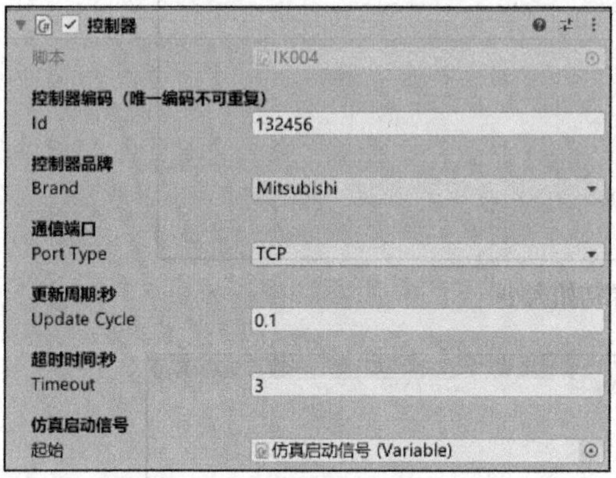

图 2-96　绑定仿真启动信号（3）

图 2-97　伸缩到位指令-变量绑定

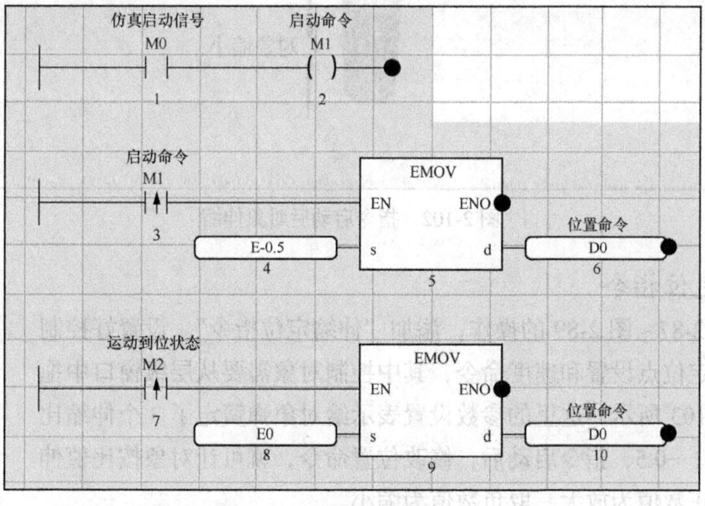

图 2-98　简易 PLC 程序（9）

（7）单击 PLC 程序中的“模拟开始”按钮，如图 2-99 所示。直至出现“GX Simulator3”窗口，当 PWR 和 P.RUN 亮绿灯时才算模拟成功，如图 2-100 所示。

图 2-99　PLC 程序模拟开始（3）

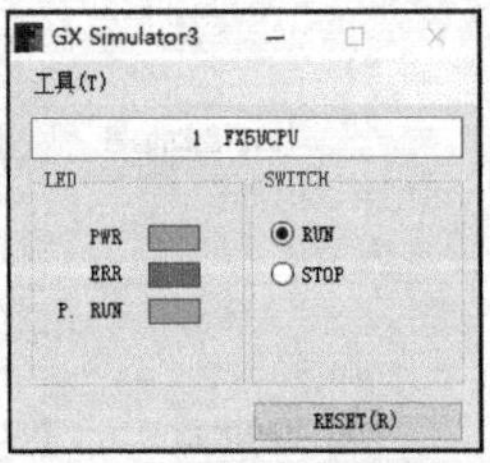

图 2-100　GX Simulator3（3）

（8）回到 Unity 界面，重复图 2-91 的操作，指令启动前对象为初始大小时的场景和指令启动后对象伸缩的场景如图 2-101 和图 2-102 所示。

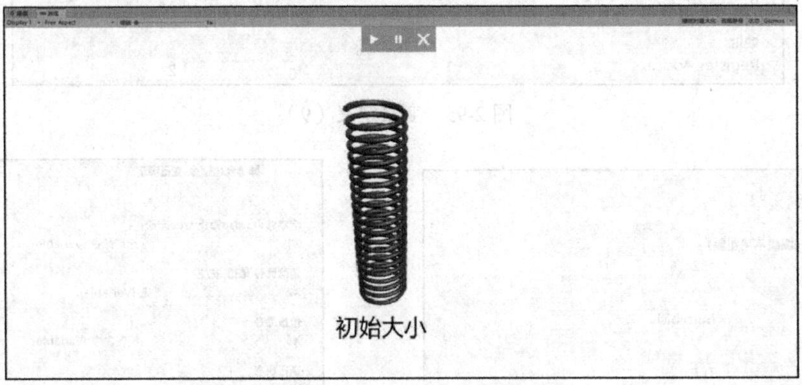

图 2-101　对象初始大小

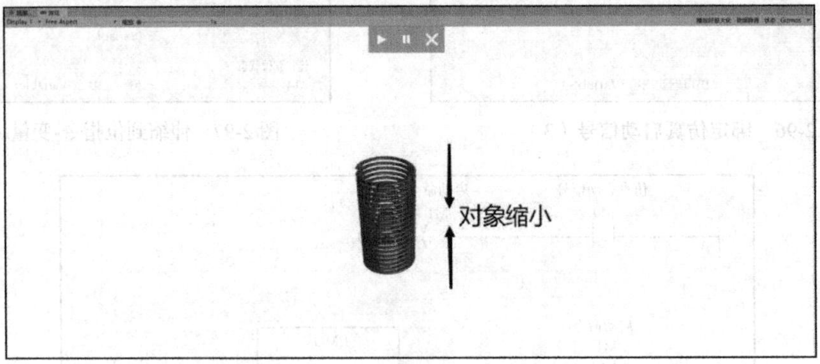

图 2-102　指令启动后对象伸缩

2. 伸缩定位指令

伸缩定位指令

（1）重复图 2-87 ~ 图 2-89 的操作，添加“伸缩定位指令”。设置好控制对象、坐标轴、定位点设置和速度命令，其中控制对象需要从层级窗口中拖入才行，如图 2-103 所示。这里的参数设置表示给对象弹簧定了 3 个伸缩比值，分别是 0、1、−0.5，指令启动后，修改位置命令，就可让对象按比值伸缩。位置命令取正数值为放大，取负数值为缩小。

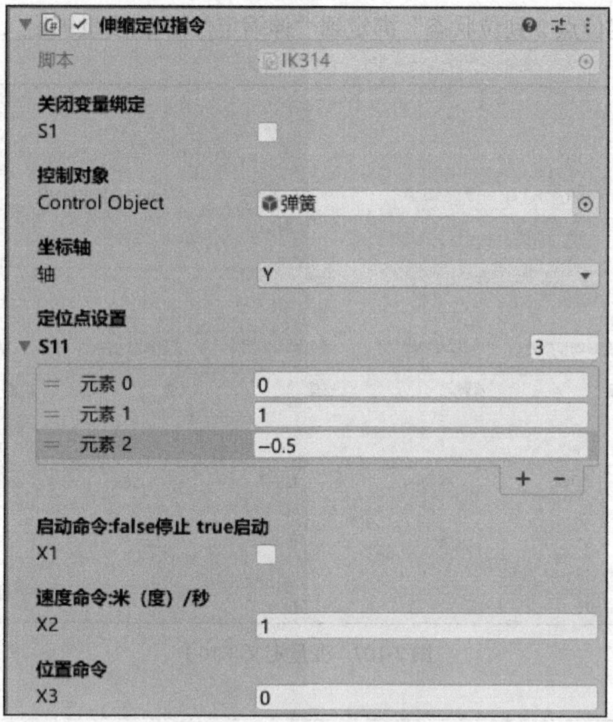

图 2-103　伸缩定位指令设置

（2）重复图 2-91 的操作，调试伸缩定位指令，勾选图 2-103 中“启动命令”选项，改变“位置命令”上的数值对应“定位点设置”的元素，例如“位置命令”填写 1 对应“定位点设置”的元素 1。运行时的状态栏如图 2-104 所示，运行完毕的状态栏如图 2-105 所示。

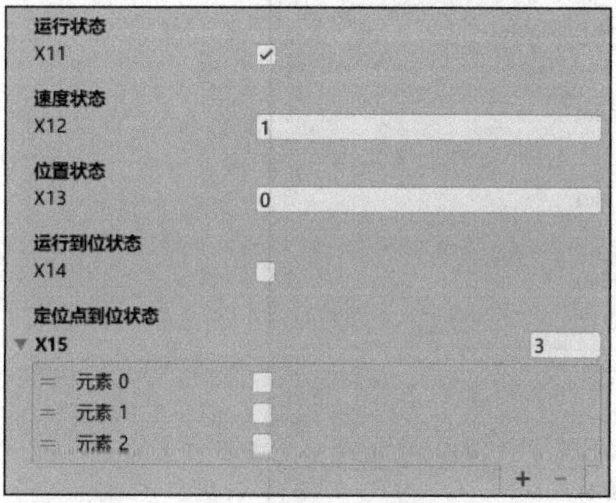

图 2-104　运行时的状态栏（6）

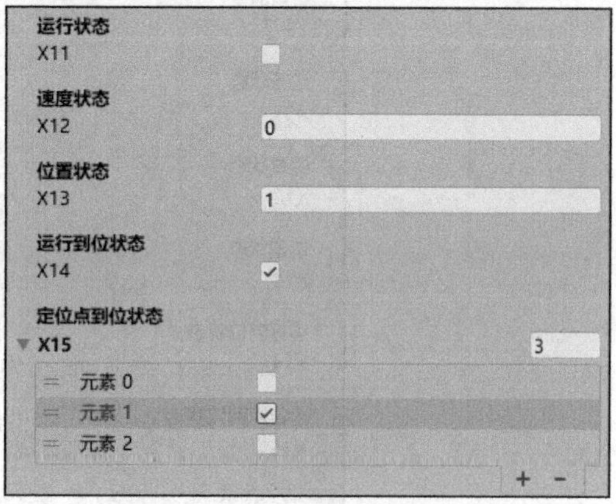

图 2-105　运行完毕的状态栏（6）

图 2-106　新建变量（10）

（3）伸缩定位指令调试完就到测试指令的变量绑定部分。根据表 2-13 所示值类型，新建 5 个变量，如图 2-106 所示。具体变量定义如图 2-107 所示。

（4）将“仿真启动信号”变量绑定到“控制器”→“仿真启动信号”（见图 2-96）。将“启动命令”“位置命令”“定位点 1 到位状态”“定位点 2 到位状态”绑定到“伸缩定位指令-变量绑定”，如图 2-108 所示。

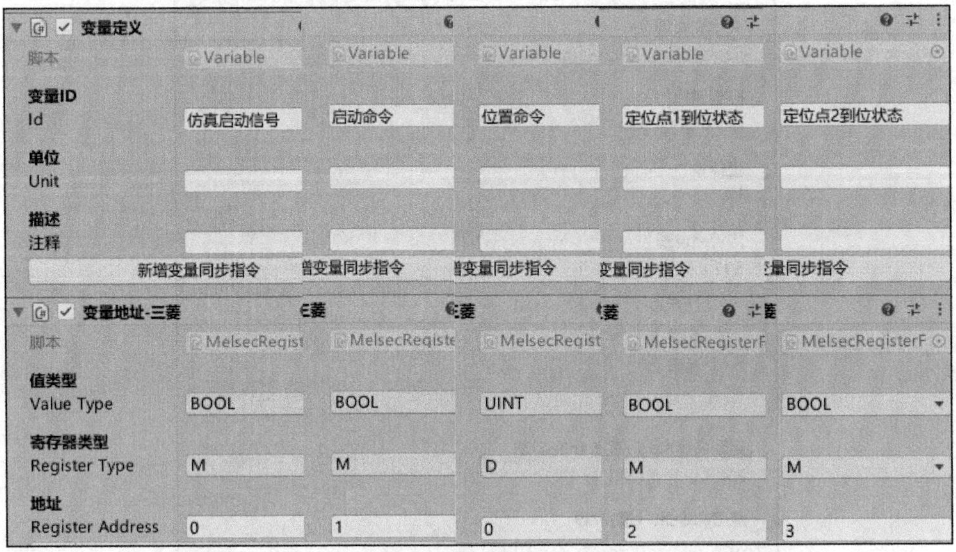

图 2-107　变量定义（10）

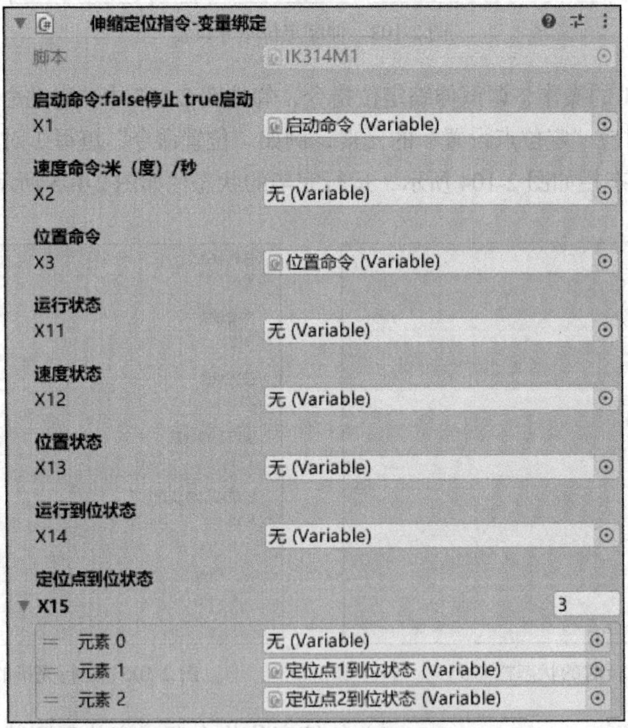

图 2-108　伸缩定位指令-变量绑定

（5）编写一段简易的 PLC 程序，如图 2-109 所示。仿真启动信号 M0 启动后伸缩定位指令的启动命令 M1 会启动，启动命令 M1 发出上升沿信号赋予位置命令 D0 整数值 K1；对象伸缩至定位点 1 时发出信号，赋予位置命令 D0 整数值 K2；对象伸缩至定位点 2 时发出信号，赋予位置命令 D0 整数值 K0，伸缩至原位。

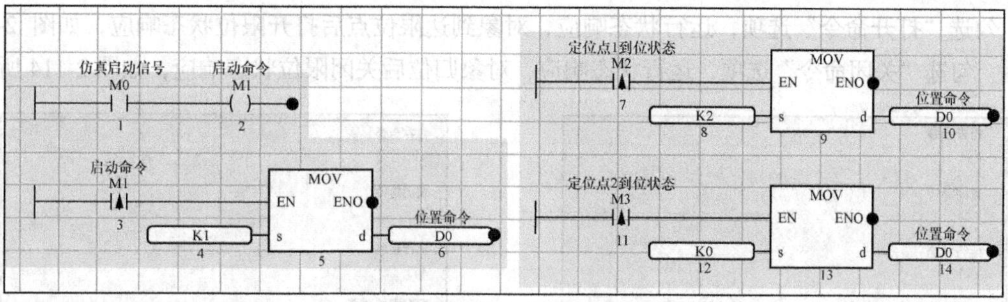

图 2-109　简易 PLC 程序（10）

（6）重复图 2-99 和图 2-100 的操作，回到 Unity 界面，再重复图 2-91 的操作。图 2-110 和图 2-111 分别是对象伸缩至定位点 1 和定位点 2 的场景。

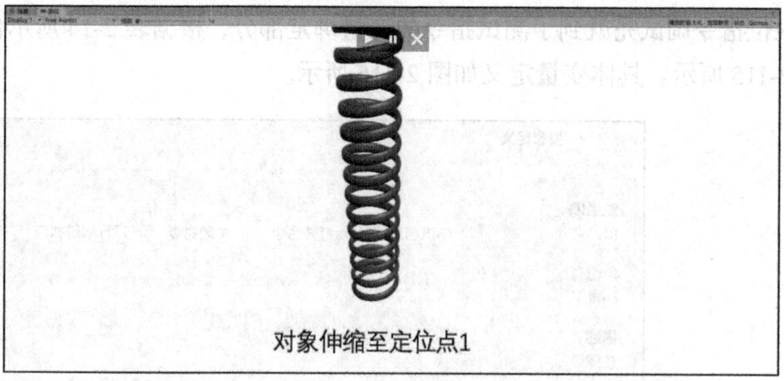

图 2-110　对象伸缩至定位点 1

图 2-111　对象伸缩至定位点 2

伸缩限位指令

3. 伸缩限位指令

（1）重复图 2-87～图 2-89 的操作，添加“伸缩限位指令”。设置好控制对象、坐标轴、限位点设置和速度设置，其中控制对象需要从层级窗口中拖入才行，如图 2-112 所示。这里的参数设置表示对象弹簧以 y 轴做伸缩动作，以 2m/s 的速度缩小 4 倍。

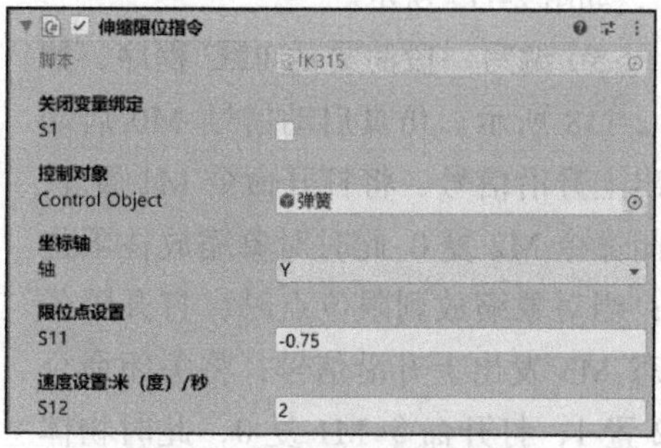

图 2-112　伸缩限位指令设置

（2）重复图 2-91 的操作，调试伸缩限位指令，勾选“打开命令”选项，运行状态响应，对象到达限位点后打开限位状态响应，如图 2-113 所示。勾选“关闭命令”选项，运行状态响应，对象归位后关闭限位状态响应，如图 2-114 所示。

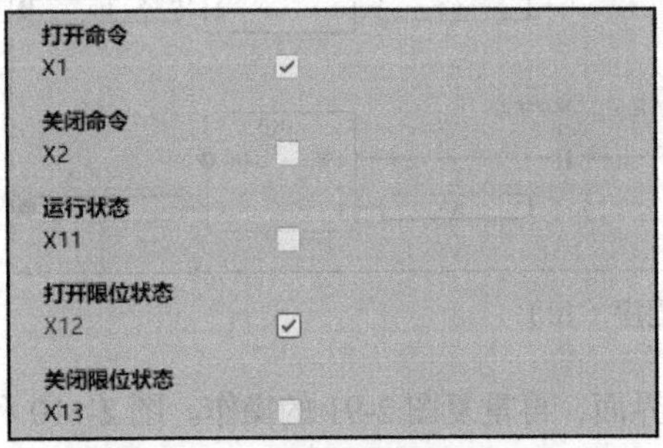

图 2-113　打开限位状态响应（3）

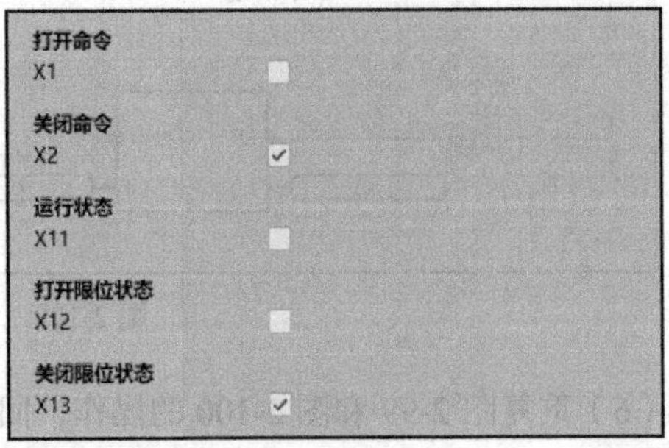

图 2-114　关闭限位状态响应（3）

（3）伸缩限位指令调试完就到了测试指令的变量绑定部分，根据表 2-14 所示值类型，新建 5 个变量，如图 2-115 所示。具体变量定义如图 2-116 所示。

图 2-115　新建变量（11）

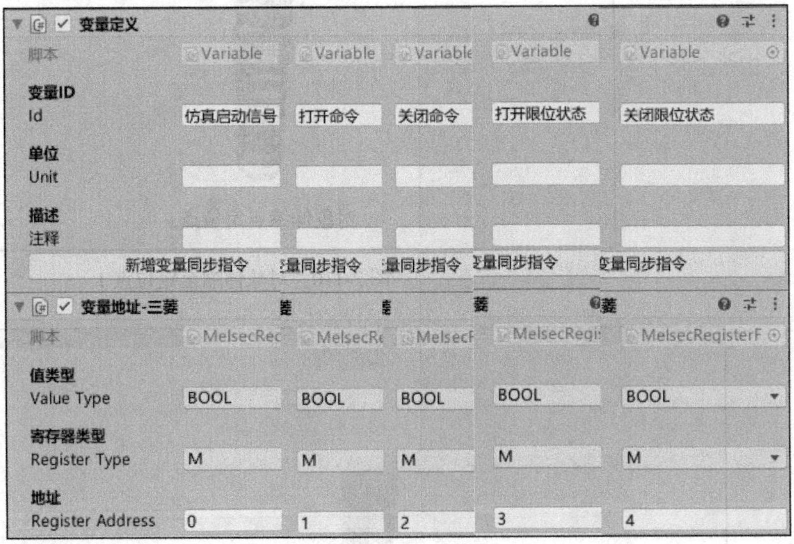

图 2-116　变量定义（11）

（4）将“仿真启动信号”变量绑定到“控制器”→“仿真启动信号”（见图 2-96）。将“打开命令”“关闭命令”“打开限位状态”“关闭限位状态”绑定到“伸缩限位指令-变量绑定”，如图 2-117 所示。

（5）编写一段简易的 PLC 程序，如图 2-118 所示。仿真启动信号 M0 启动发出上升沿信号，将打开命令 M1 置 1，关闭命令 M2 复 0，此时对象缩放往限位点；当对象缩放到限位点时，打开限位状态 M3 发出上升沿信号，将关闭命令 M2 置 1，打开命令 M1 复 0，此时物体

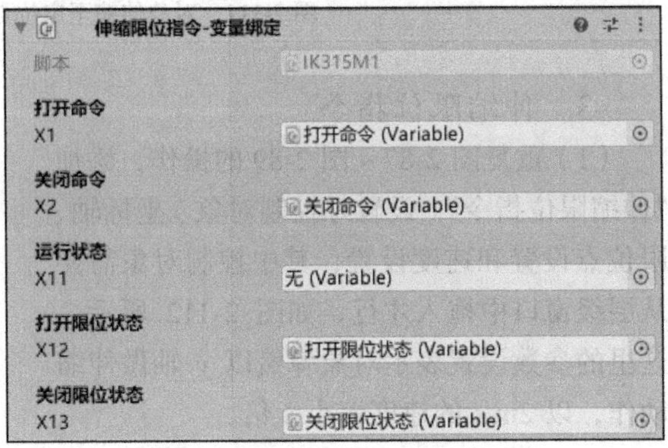

图 2-117　伸缩限位指令-变量绑定

缩放往初始位置；对象回到初始位置时，关闭限位状态 M4 发出上升沿信号，对象进行循环往返运动。

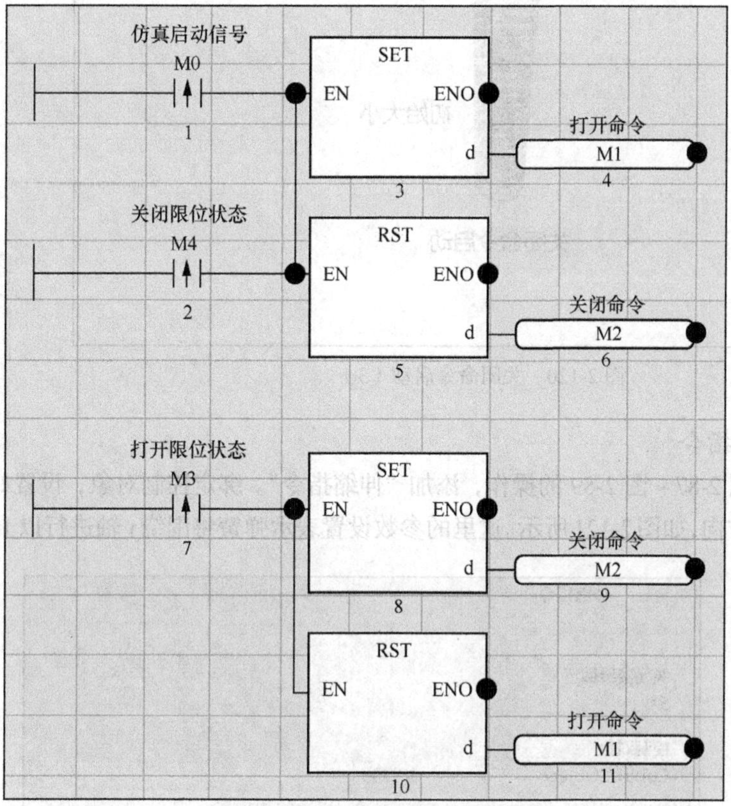

图 2-118　简易 PLC 程序（11）

（6）重复图 2-99 和图 2-100 的操作，回到 Unity 界面，再重复图 2-91 的操作。图 2-119 和图 2-120 分别是勾选“打开命令”选项的场景和勾选“关闭命令”选项时的场景。

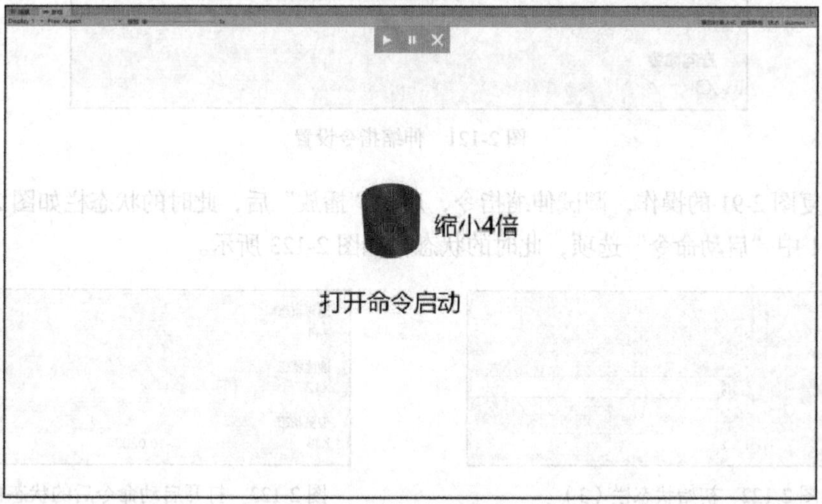

图 2-119　打开命令启动（3）

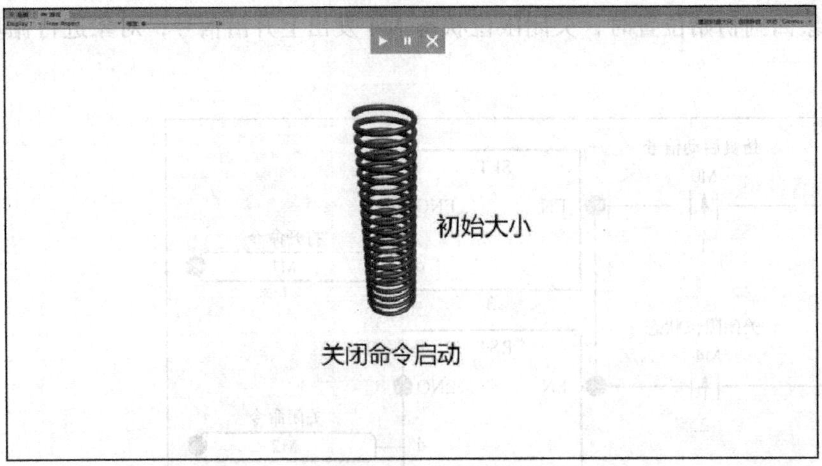

图 2-120　关闭命令启动（3）

伸缩指令

4. 伸缩指令

（1）重复图 2-87 ~ 图 2-89 的操作，添加“伸缩指令”。绑定控制对象，设置好坐标轴和速度，确定对象缩放方向，如图 2-121 所示。这里的参数设置表示弹簧将围绕 y 轴进行以 1m/s 的速度伸缩。

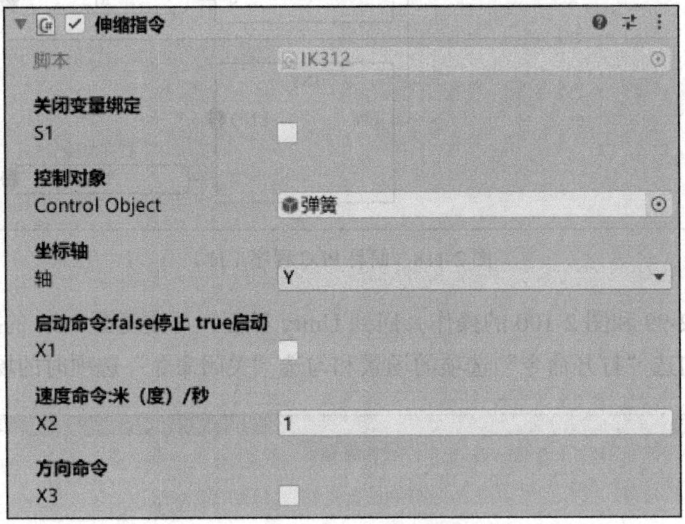

图 2-121　伸缩指令设置

（2）重复图 2-91 的操作，调试伸缩指令，启动“播放”后，此时的状态栏如图 2-122 所示。勾选图 2-121 中“启动命令”选项，此时的状态栏如图 2-123 所示。

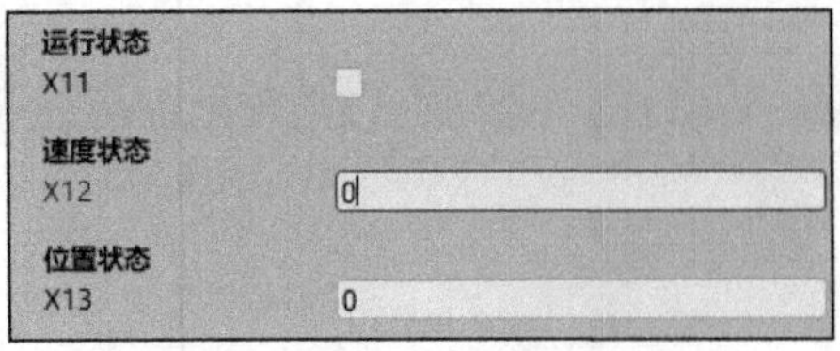

图 2-122　初始状态栏（3）

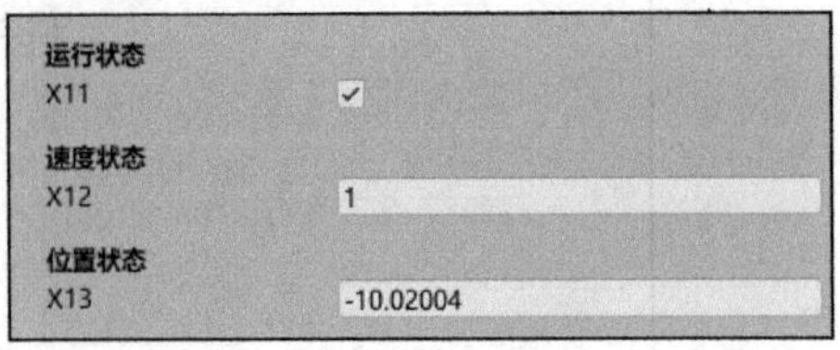

图 2-123　打开启动命令后的状态栏（3）

（3）伸缩指令调试完就到了测试指令的变量绑定部分。根据表 2-15 所示值类型，新建 3 个变量，如图 2-124 所示。具体变量定义如图 2-125 所示。

图 2-124　新建变量（12）

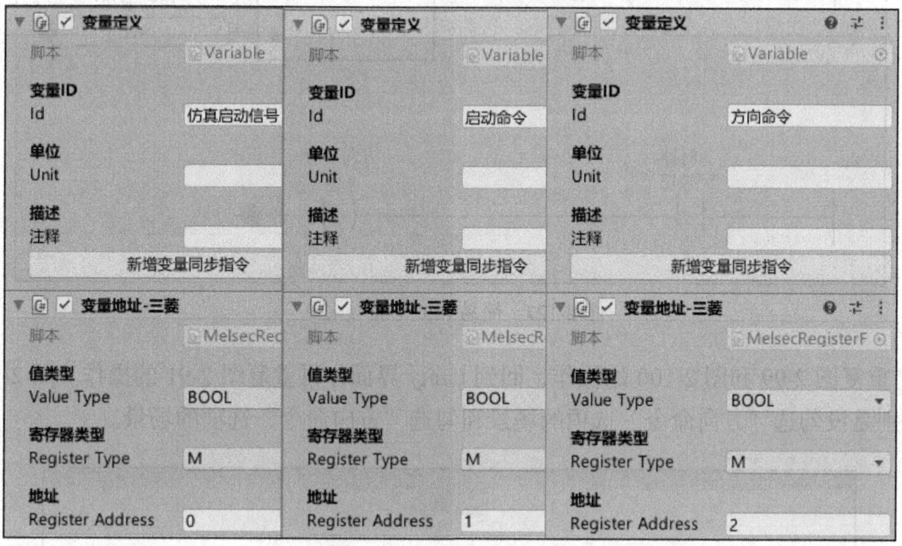

图 2-125　变量定义（12）

（4）将“仿真启动信号”变量绑定到“控制器”→“仿真启动信号”（见图 2-96）。将“启动命令”和“方向命令”绑定到“伸缩指令-变量绑定”中，如图 2-126 所示。

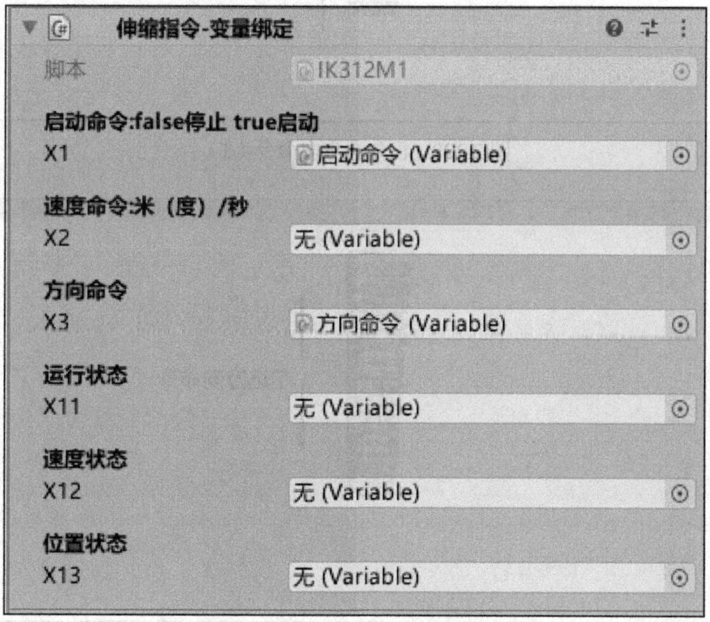

图 2-126　伸缩指令-变量绑定

（5）编写一段简易的 PLC 程序，如图 2-127 所示。仿真启动信号 M0 启动发出上升沿信号，将启动命令 M1 置 1，设置一个 2s 时钟控制方向命令，前 1s 导通方向命令 M2，后 1s 不导通方向命令 M2。

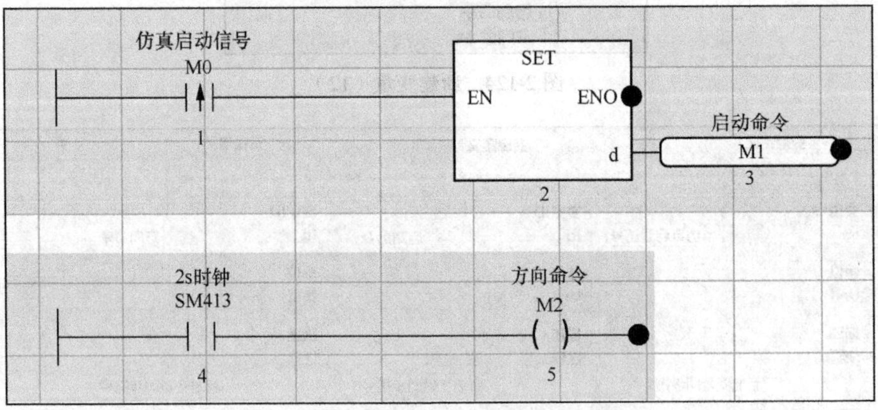

图 2-127　简易 PLC 程序（12）

（6）重复图 2-99 和图 2-100 的操作，回到 Unity 界面，再重复图 2-91 的操作。图 2-128 和图 2-129 分别是没勾选“方向命令”选项的场景和勾选“方向命令”选项的场景。

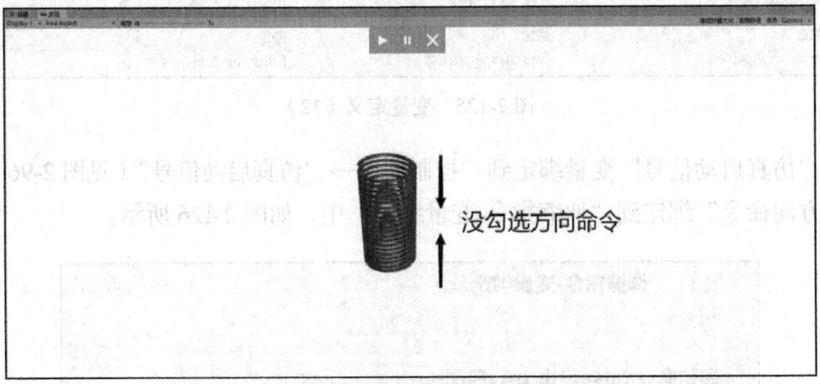

图 2-128　没勾选方向命令（3）

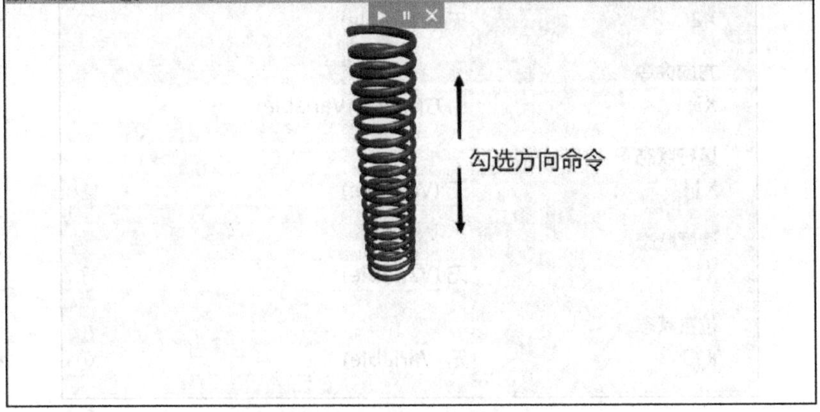

图 2-129　勾选方向命令（3）

任务小结

伸缩到位指令使用时需要注意的是伸缩是以对象的轴心来向外展开或向内收缩。填写的速度命令和位置命令对应的也是伸缩控制相关的伸缩速度和伸缩比值。

使用伸缩定位指令需要注意的是，定位点设置的元素起始编号是 0，而启动时的位置命令默认是数字 0，当"启动命令"被勾选时，对象就会定位到元素 0 的数值上，为了防止指令启动时误动，一般情况下，元素 0 上的数值都设置为 0。定位点到位状态的数量也应该和定位点设置的数量一致。

使用伸缩限位指令时对象只能伸缩到设置的限位点或返回初始大小。需要注意的是，只有在打开命令置 1 和关闭命令复 0 的情况下伸缩限位指令才能启动。同理，在关闭命令置 1 和打开命令复 0 的情况下伸缩限位指令才能关闭。

使用伸缩指令时需要注意的是初始伸缩方向是负方向，勾选了方向命令时才是正方向。

任务 2.4 传送类数字孪生体制作

职业能力目标

（1）能根据传送器件的传送方式与形状，装载合适的传送类数字孪生体，并完成指令的参数设置。

（2）能根据传送器件的运动控制命令与状态响应，对应变量的值类型，建立正确的变量，并绑定到指令的变量绑定栏。

任务描述与要求

1. 任务描述

根据本次传送类数字孪生体制作任务，学习 2 类不同的传送类数字孪生体制作。根据物料的传送需求，装载合适的指令，使得物料能够在装载了传送类指令的传送器件上进行直线匀速运动。同时，学会新建变量，并绑定到指令的变量绑定栏，再根据变量编写出 PLC 程序。在传送类数字孪生体制作过程中要做到传送器件合理布局以及正确设置走线对应轴，使得后续安装实施的逻辑和步骤清晰明了。

2. 任务要求

（1）实现指令的正确安装。

（2）实现指令的合理设置。

（3）实现指令的变量绑定。

（4）实现在 PLC3D 工业仿真平台和场景播放模式下的指令调试。

（5）实现在简单 PLC 程序控制下的指令调试。

任务分析与实施

1. 任务分析

直线传送指令和旋转传送指令，这 2 个指令会运用到传送类数字孪生体制作的过程中。本任务会介绍这 2 类孪生体分别在何种场合下使用以及它们的不同之处，判断在某个场景下应如何正确区别、安装合适的指令。

2. 任务实施

根据传送类数字孪生体制作的要求，制订任务实施计划。任务实施计划的具体内容见表 2-16。

表 2-16　任务实施计划

项目名称	运动类数字孪生体制作
任务名称	传送类数字孪生体制作
任务描述	在 Unity 平台上实现制作
任务要求	场景布局合理，指令安装和设置正确，步骤规范
任务实施计划	具体内容
	1. 参照传送类数字孪生体场景图，先将场景中的设备准备就绪
	2. 参照指令设置的相关内容，设置好指令参数
	3. 绑定指令变量，设置好变量参数
	4. 设置完成后开始小组互检，查看是否有设置错误情况
	5. 互检完成后，对场景进行调试，确保任务完成

知识储备

1. 直线传送指令接口介绍

传送指令与移动控制指令、旋转控制指令的区别在于，移动控制指令和旋转控制指令直接作用于对象上，而传送指令则间接作用于对象上。一般传送指令用于各种传送带上，当添加了刚体和碰撞器的对象处于装载“传送指令”的传送带上时，就会在传送带上移动，直至离开传送带。直线传送指令的接口介绍见表 2-17。

表 2-17　直线传送指令的接口介绍

分类	接口	作用	值类型	能否绑定变量
设置	关闭变量绑定	取消该指令上的所有变量绑定	BOOL	否
	控制对象	绑定对象接触的传送带的部件	–	否
	坐标轴	设置对象移动的轴	–	否
命令	启动命令	运行直线传送指令	BOOL	能
	速度命令	设置传送的速度	REAL	能
	方向命令	设置传送的正反方向	BOOL	能

续表

分类	接口	作用	值类型	能否绑定变量
状态	运行状态	指令运行时反馈系统	BOOL	能
	速度状态	将传送的速度反馈系统	REAL	能
	位置状态	将传送的距离反馈系统	REAL	能

2. 旋转传送指令接口介绍

旋转传送指令的作用和直线传送指令类似，不过旋转传送指令一般用于圆弧形的传送带上。直线传送指令解决了传送带直线输送的问题，而旋转传送指令则解决了传送带拐弯输送的问题。旋转传送指令的接口介绍见表 2-18。

表 2-18　旋转传送指令的接口介绍

分类	接口	作用	值类型	能否绑定变量
设置	关闭变量绑定	取消该指令上的所有变量绑定	BOOL	否
	控制对象	绑定对象接触的传送带的部件	–	否
	坐标轴	设置对象移动的轴	–	否
命令	启动命令	运行旋转传送指令	BOOL	能
	速度命令	设置传送的角速度	REAL	能
	方向命令	设置传送的正反方向	BOOL	能
状态	运行状态	指令运行时反馈系统	BOOL	能
	速度状态	将传送的速度反馈系统	REAL	能
	位置状态	将传送的距离反馈系统	REAL	能

任务实施

直线传送指令

1. 直线传送指令

（1）在空场景中拖入 2 个模型，分别为“包装箱中号”和“轻载输送带大号 3 米”，如图 2-130 所示。其中“轻载输送带大号 3 米”的预制体已经装载直线传送指令，不用重复装载。

图 2-130　场景层级窗口设置（4）

（2）场景布置如图 2-131 所示，“轻载输送带大号 3 米”的位置为(0,0,0)，“包装箱中号”的位置为(0,0.81,−1)，无任何旋转和缩放。

（3）检查“包装箱中号”是否具备刚体、碰撞体和 3D 模型图层这 3 个条件，一般预制体中已设置完毕，具体设置如图 2-132 所示，若是缺少其中一项可能导致“包装箱中号”无法在传送带上被输送。

（4）单击“轻载输送带大号 3 米”对象，在右侧检查器已绑定的直线传送指令中，填入控制对象、坐标轴和速度命令；还需要确认输送方向，没勾选“方向命令”选项是沿着轴往反向移动，勾选“方向命令”选项是沿着轴往正向移动，如图 2-133 所示。

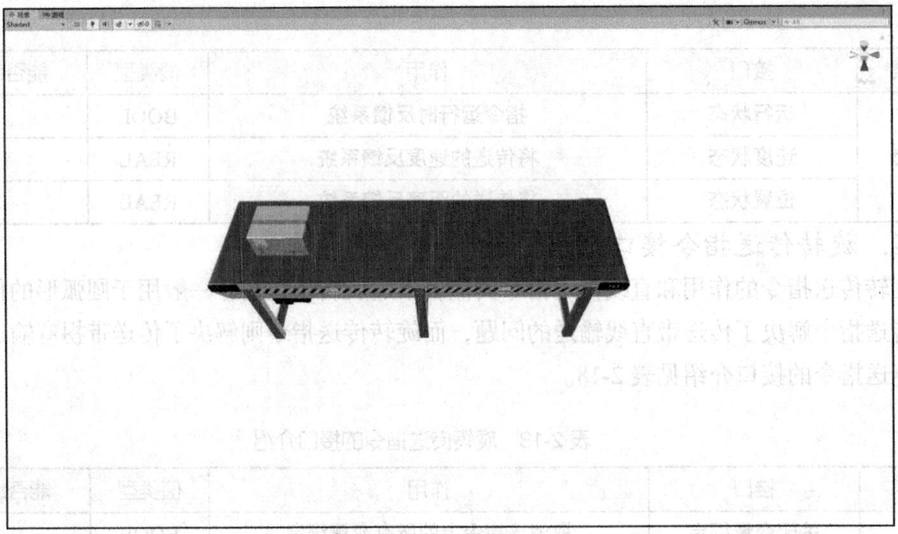

图 2-131　场景布置（1）

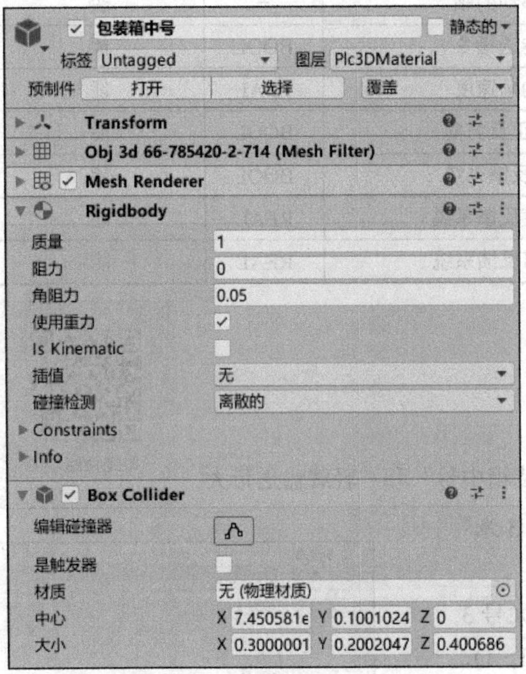

图 2-132　“包装箱中号”设置

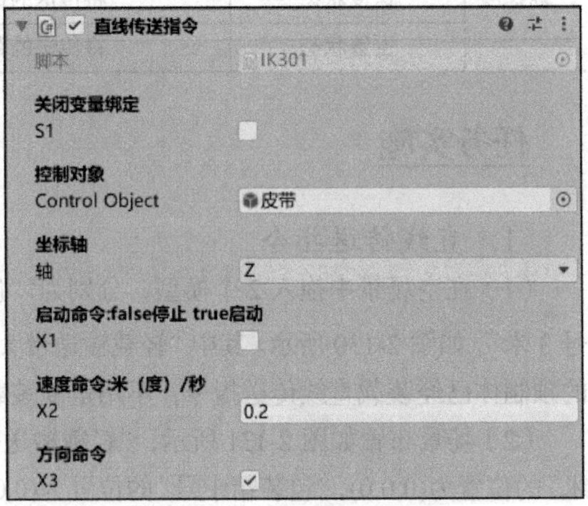

图 2-133　直线传送指令设置

（5）直线传送指令绑定的控制对象“皮带”需要加上刚体和碰撞体，刚体需要取消“使用重力”，使用“Is Kinematic”对其他对象有作用力。具体皮带设置如图 2-134 所示。

（6）后台启动好 PLC3D 工业仿真软件后，再勾选图 2-133 中“启动命令”选项，运行时的状态栏如图 2-135 所示。

（7）直线传送指令调试完成，接下来就是测试指令的变量绑定。在“直线传送指令-变量绑定”组件中添加部分变量。根据表 2-17 所示值类型，新建 3 个变量，如图 2-136 所示。具体变量定义如图 2-137 所示。

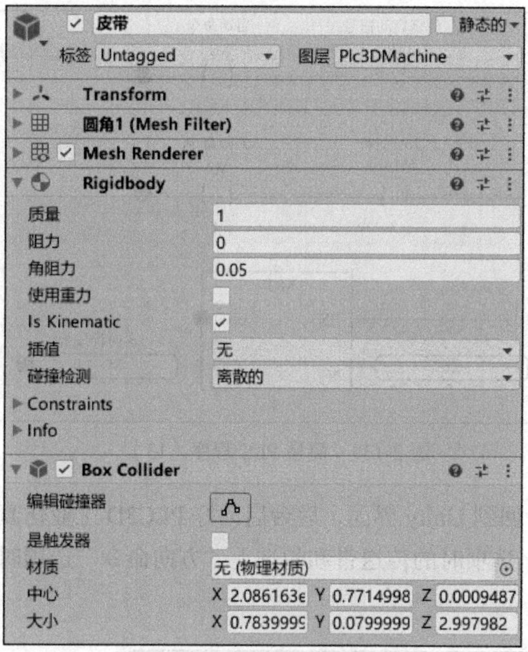

图 2-134　皮带设置

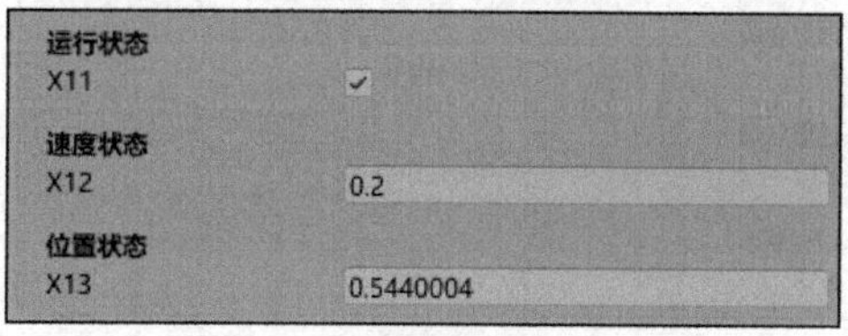

图 2-135　运行时的状态栏（7）

图 2-136　新建变量（13）

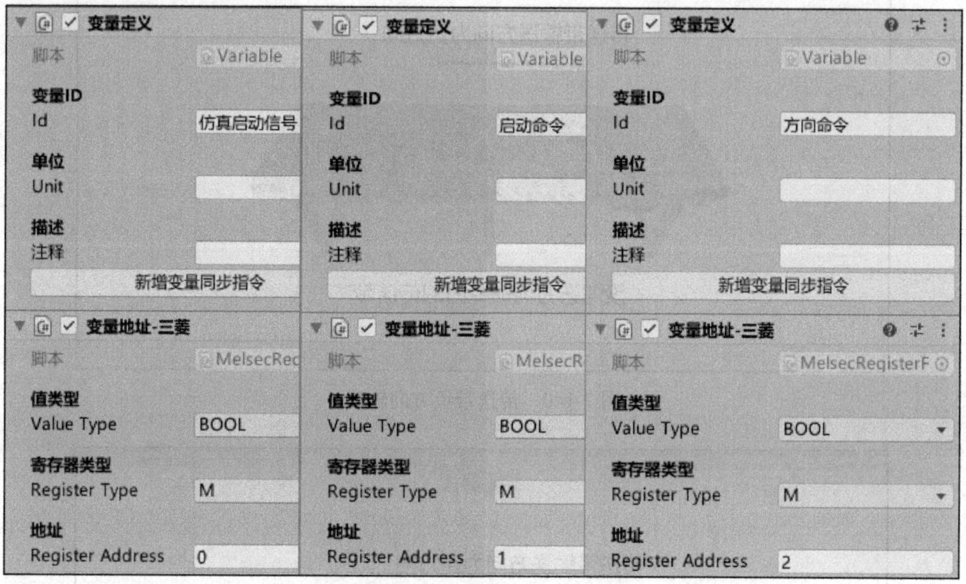

图 2-137　变量定义（13）

（8）将“仿真启动信号”变量绑定到“控制器”→“仿真启动信号”。将“启动命令”和“方向命令”绑定到“直线传送指令-变量绑定”，如图 2-138 所示。

（9）编写一段简易的 PLC 程序，如图 2-139 所示。仿真启动信号 M0 启动，启动命令 M1 线圈得电，设置一个“2*n*s 时钟”SM414 控制方向命令，前 2*n*s 导通方向命令 M2，后 2*n*s 不导通方向命令 M2。SD414 可以设置“2*n*s 时钟”SM414，给 SD414 输入整数值 K6，此时 SM414 为 12s 时钟。

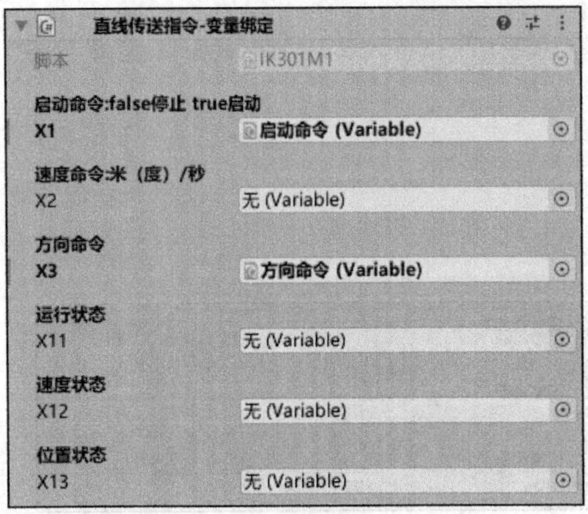

图 2-138　直线传送指令-变量绑定

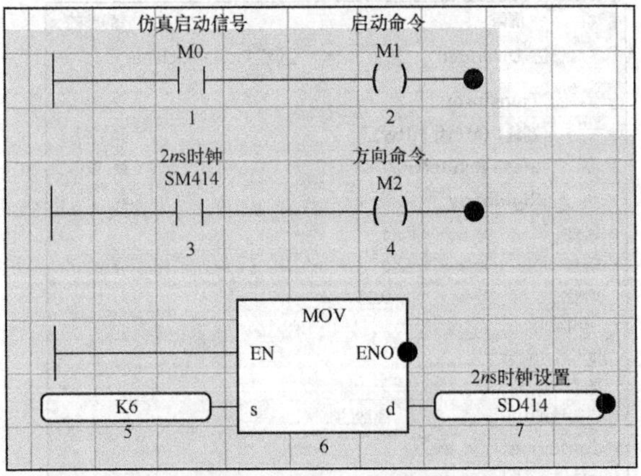

图 2-139　简易 PLC 程序（13）

（10）单击 PLC 程序中的“模拟开始”按钮，回到 Unity 界面，后台启动好 PLC3D 工业仿真软件后，单击“播放”按钮，没勾选“方向命令”选项时的传送带和勾选上“方向命令”选项时的传送带如图 2-140 和图 2-141 所示。

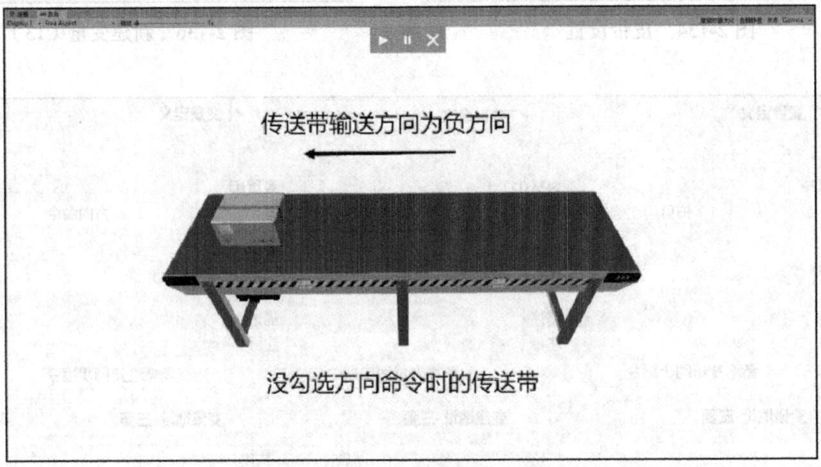

图 2-140　传送带负方向输送

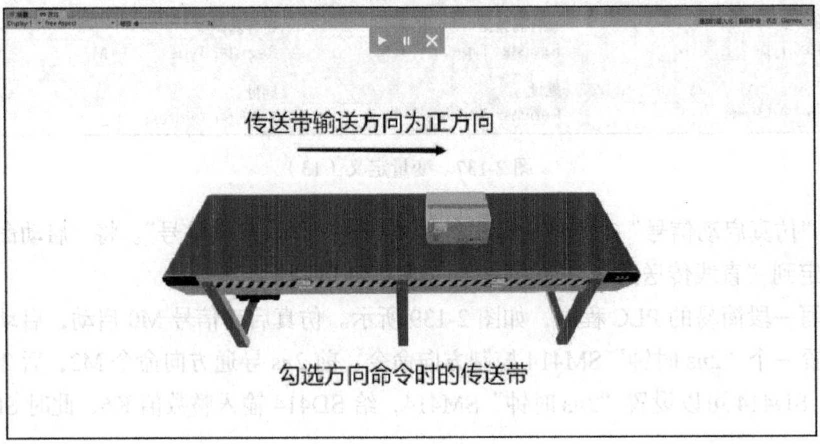

图 2-141　传送带正方向输送

2. 旋转传送指令

旋转传送指令

（1）在空场景中拖入 2 个模型，分别为“包装箱中号”和“重载输送带 90 度”，如图 2-142 所示。其中“重载输送带 90 度”的预制体已经装载旋转传送指令，不用重复装载。

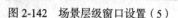

图 2-142　场景层级窗口设置（5）

（2）场景布置如图 2-143 所示，“重载输送带 90 度”的位置为(0,0,0)，“包装箱中号”的位置为(−1.11,0.48,−1.23)，无任何旋转和缩放。

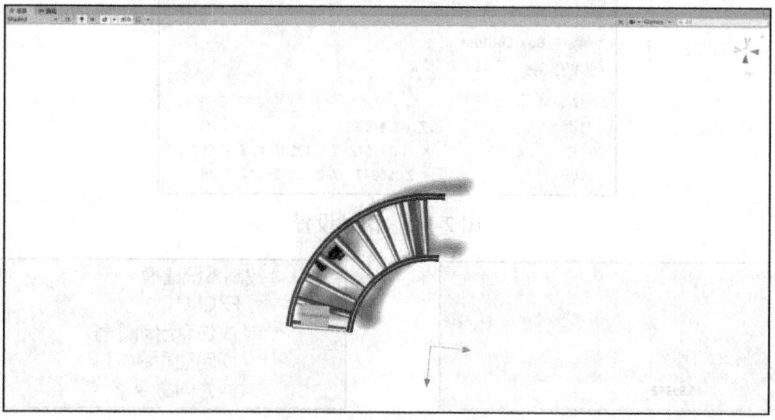

图 2-143　场景布置（2）

（3）检查“包装箱中号”是否具备刚体、碰撞体和 3D 模型图层这 3 个条件，一般预制体中已设置完毕，具体设置如图 2-132 所示，若是缺少其中一项可能导致“包装箱中号”无法在传送带上被输送。

（4）单击“重载输送带 90 度”对象，在右侧检查器已绑定的旋转传送指令中，填入控制对象、坐标轴和速度命令；还需要确认输送方向，没勾选“方向命令”选项时是逆时针旋转，勾选“方向命令”选项时是顺时针旋转，如图 2-144 所示。

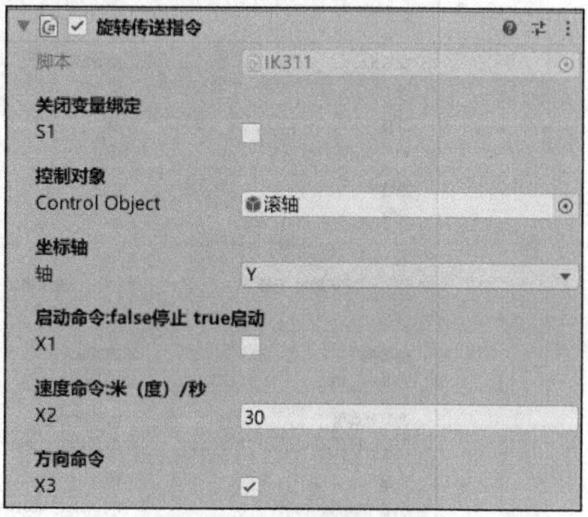

图 2-144　旋转传送指令设置

（5）旋转传送指令绑定的控制对象“滚轴”需要加上刚体和碰撞体，刚体需要取消“使用重力”，使用“Is Kinematic”对其他对象有作用力。具体滚轴设置如图 2-145 所示。

（6）后台启动好 PLC3D 工业仿真软件后，再勾选图 2-144 中“启动命令”选项，运行时的状态栏如图 2-146 所示。

（7）旋转传送指令调试完成，接下来就是测试指令的变量绑定。在“旋转传送指令-变量绑定”组件中添加部分变量。根据表 2-18 所示值类型，新建 3 个变量，如图 2-147 所示。具体变量定义如图 2-148 所示。

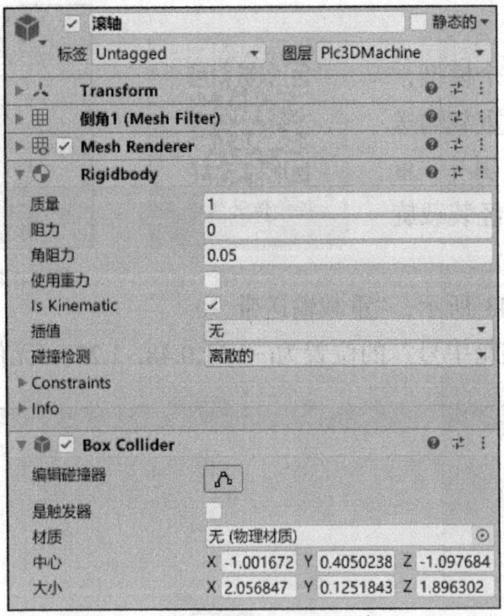

图 2-145　滚轴设置

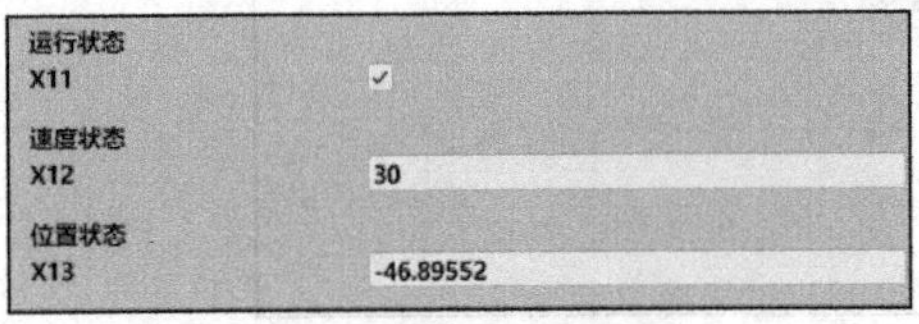

图 2-146　运行时的状态栏（8）

图 2-147　新建变量（14）

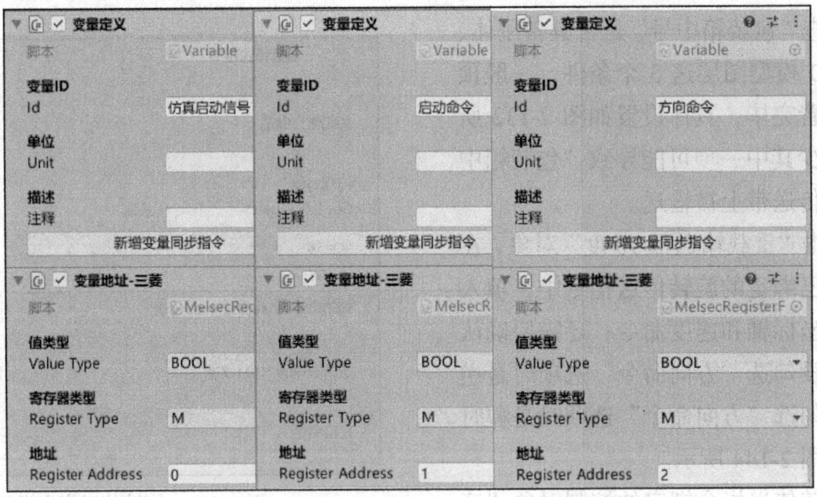

图 2-148　变量定义（14）

（8）将“仿真启动信号”变量绑定到“控制器”→“仿真启动信号”。将“启动命令”和“方向命令”绑定到“旋转传送指令-变量绑定”，如图 2-149 所示。

（9）编写一段简易的 PLC 程序，如图 2-150 所示。仿真启动信号 M0 启动，启动命令 M1 线圈得电，设置一个“2*n*s 时钟”SM414 控制方向命令，前 2*n*s 导通方向命令 M2，后 2*n*s 不导通方向命令 M2。SD414 可以设置“2*n*s 时钟”SM414，给 SD414 输入整数值 K2，此时 SM414 为 4s 时钟。

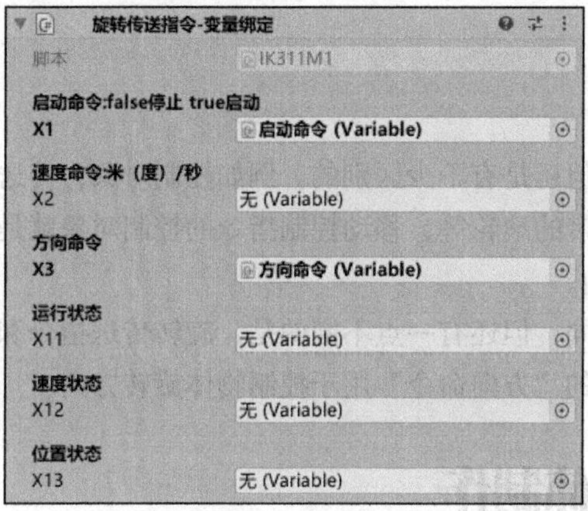

图 2-149　旋转传送指令-变量绑定

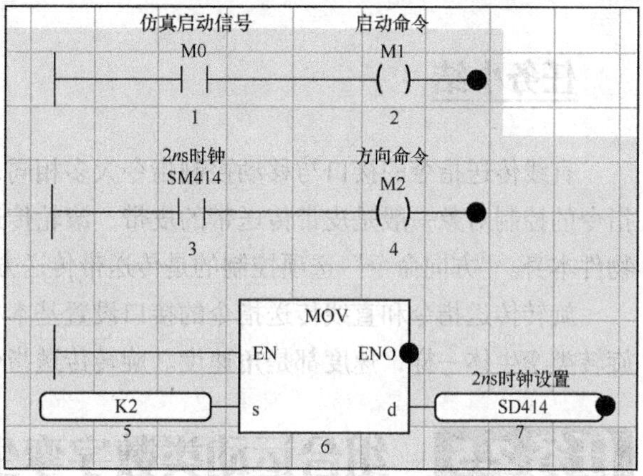

图 2-150　简易 PLC 程序（14）

（10）单击 PLC 程序中的“模拟开始”按钮，回到 Unity 界面，后台启动好 PLC3D 工业仿真软件后单击“播放”按钮，没勾选“方向命令”选项时的输送带和勾选上“方向命令”选项时的输送带如图 2-151 和图 2-152 所示。

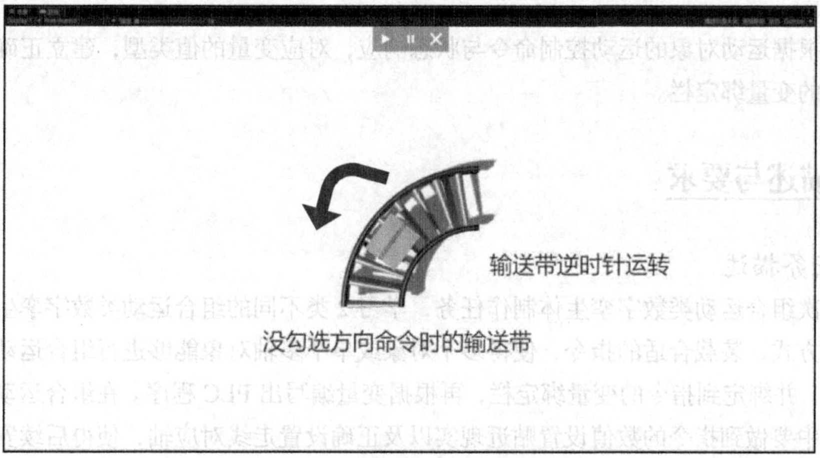

图 2-151　输送带逆时针输送

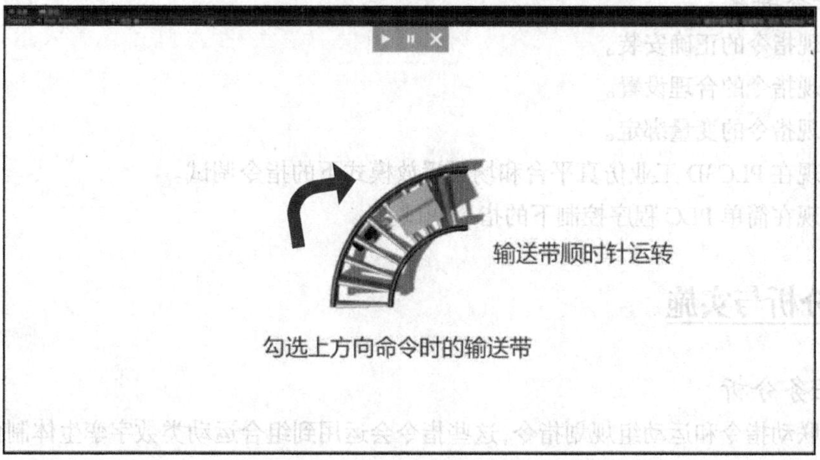

图 2-152　输送带顺时针输送

任务小结

直线传送指令的接口与移动控制指令大多相同，但还是有不少区别的。例如控制对象，传送指令的控制对象一般是皮带传送带的皮带、滚轮传送带的滚轮等，移动控制指令的控制对象就是物件本身。“方向命令”选项控制的是传送带传送方向。

旋转传送指令和直线传送指令的接口设置基本相同，但还有一点不同的是，旋转传送指令和旋转类孪生体一样，速度都是角速度。旋转传送指令的“方向命令”用于控制物体旋转方向。

任务 2.5 组合运动类数字孪生体制作

职业能力目标

（1）能根据多个运动对象的组合运动方式，装载合适的组合运动类数字孪生体，并完成指令的参数设置。

（2）能根据运动对象的运动控制命令与状态响应，对应变量的值类型，建立正确的变量，并绑定到指令的变量绑定栏。

任务描述与要求

1. 任务描述

根据本次组合运动类数字孪生体制作任务，学习 2 类不同的组合运动类数字孪生体制作。根据组合运动方式，装载合适的指令，使得多个对象或单个多轴对象能够进行组合运动。同时，学会新建变量，并绑定到指令的变量绑定栏，再根据变量编写出 PLC 程序。在组合运动类数字孪生体制作过程中要做到指令的数值设置贴近现实以及正确设置走线对应轴，使得后续安装实施的逻辑和步骤清晰明了。

2. 任务要求

（1）实现指令的正确安装。

（2）实现指令的合理设置。

（3）实现指令的变量绑定。

（4）实现在 PLC3D 工业仿真平台和场景播放模式下的指令调试。

（5）实现在简单 PLC 程序控制下的指令调试。

任务分析与实施

1. 任务分析

主从轴联动指令和运动组规划指令，这些指令会运用到组合运动类数字孪生体制作的过程中。本任务会介绍这 2 类孪生体分别在何种场合下使用以及它们的不同之处，判断在某个场景下应如何正确区别，安装合适的指令。

2. 任务实施

根据组合运动类数字孪生体制作的要求，制订任务实施计划。任务实施计划的具体内容见表2-19。

表2-19　任务实施计划

项目名称	运动类数字孪生体制作
任务名称	组合运动类数字孪生体制作
任务描述	在Unity平台上实现制作
任务要求	场景布局合理，指令安装和设置正确，步骤规范
任务实施计划	具体内容
	1. 参照组合运动类数字孪生体场景图，将场景中的设备准备就绪
	2. 参照指令设置的相关内容，设置好指令参数
	3. 绑定指令变量，设置好变量参数
	4. 设置完成后开始小组互检，查看是否有设置错误情况
	5. 互检完成后，对场景进行调试，确保任务完成

知识储备

1. 主从轴联动指令接口介绍

主从轴联动指令的作用是让从轴对象随着主轴对象运动，主轴对象从开始位置运动到结束位置，从轴对象也从开始位置运动到结束位置。例如，主轴对象设置的是0到−5这段距离，从轴对象是0到100，那么只要主轴对象从0运动到−5，从轴对象就会从0运动到100，两者的运动是按照比例关系进行的。两者的关系与父子关系不同，父子关系是子对象跟随父对象动，而主从轴联动指令是主轴在移动的时候，从轴可以是在旋转，也可以是在反方向运动。主从轴联动指令的接口介绍见表2-20。

表2-20　主从轴联动指令的接口介绍

分类	接口	作用	值类型	能否绑定变量
主动轴	主动轴	填入主轴对象	–	否
	运动模式	选择填写位置、旋转、缩放之一	–	否
	运动方向	填写运动轴方向	–	否
	开始位置	主轴联动区域的开始位置	REAL	否
	结束位置	主轴联动区域的结束位置	REAL	否
从动轴	从动轴	填入从轴对象	–	否
	运动模式	选择填写位置、旋转、缩放之一	–	否
	运动方向	填写运动轴方向	–	否
	开始位置	从轴运动的开始位置	REAL	否
	结束位置	从轴运动的结束位置	REAL	否

2. 运动组规划指令接口介绍

运动组规划指令的作用与主从轴联动指令相似，都只需一个输入即可让多个对象同时动起来。但运动组规划指令没有主从之分，指令启动时，运动组里的运动对象就会进行运动，且运动组规划指令可设置多个方案进行运动。而主从轴联动指令需主轴运动到联动区域内时从轴才开始运动，也不能设置多种方案运动。运动组规划指令常用于机械臂这种多节的且运动多样的模型。运动组规划指令的接口介绍见表 2-21。

表 2-21 运动组规划指令的接口介绍

分类	接口	作用	值类型	能否绑定变量
设置	关闭变量绑定	取消该指令上的所有变量绑定	BOOL	否
	运动组对象设置	设置多个运动对象数据	–	否
	运动组方案设置	设置多个运动方案	–	否
命令	启动命令	启动运动组规划指令	BOOL	能
	方案选择命令	选择运动方案	UINT	能
状态	运行状态	指令运行时反馈系统	BOOL	能
	当前完成状态	当前运动方案完成时反馈系统	BOOL	能
	方案完成状态	完成各个方案时反馈系统	BOOL	能

填写指令中的运动组对象设置时，运动对象、运动模式、运动方向和速度都需要进行填写，具体见表 2-22。

表 2-22 运动组对象设置

分类	接口	作用	值类型	能否绑定变量
设置	运动对象	设置本元素运动对象	–	否
	运动模式	选择填写位置、旋转、缩放之一	–	否
	运动方向	填写运动轴方向	–	否
	速度	设定运动对象的速度或角速度	REAL	否

任务实施

主从轴联动指令

1. 主从轴联动指令

（1）首先按照移动限位指令步骤先建立一个装载“移动限位指令”的对象“包装箱大号”。设置好后在场景中再拖入一个对象“包装箱”，并建立一个名为“控制”的子对象，在其中装载“主从轴联动指令”，如图 2-153 所示。

图 2-153 场景层级窗口设置（6）

（2）修改“包装箱”和“包装箱大号”的位置，将它们放在同一个 z 轴上，在移动限位指令脚本中修改坐标轴为 z 轴，限位点设置为 5。可设置参考位置(0,0,−1)和(0,0,1)。

（3）在主从轴联动指令的脚本中填写主动轴对

象“包装箱大号”数据，运动模式中如果是移动类指令就填写“位置”，旋转类指令就填写“旋转”；运动方向就是主轴运动的轴方向，如图 2-154 所示。主轴联动区域的开始位置可以设置为到结束限位点之前的任意一点，结束位置就设置在开始位置的后面，图 2-154 中的开始位置和结束位置就对应移动限位指令的初始位置和限位点位置。

（4）在从动轴中填写从动轴对象“包装箱”需要移动或是旋转的数据，填写的数据表示从动轴对象“包装箱”沿着 z 轴方向进行移动，移动距离为 0 到−5，如图 2-155 所示。

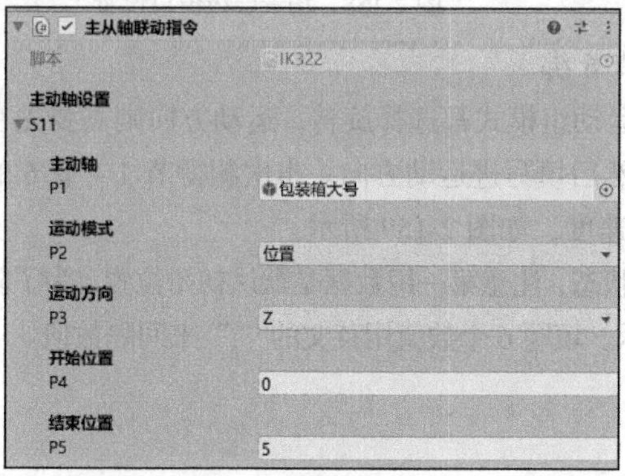

图 2-154　主动轴设置

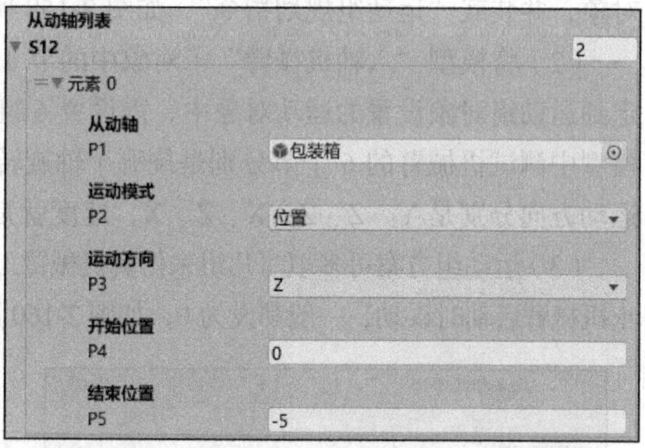

图 2-155　从动轴设置

（5）后台启动好 PLC3D 工业仿真软件后，单击“播放”按钮，再勾选主动轴“包装箱大号”里移动限位指令的“打开命令”选项，可以观察到当主轴位移时，从轴也能位移。或是使用 PLC 程序，重复图 2-29 ~ 图 2-34 的操作亦可。

（6）主动轴指令启动前和主动轴指令启动后主从轴变化如图 2-156 和图 2-157 所示。

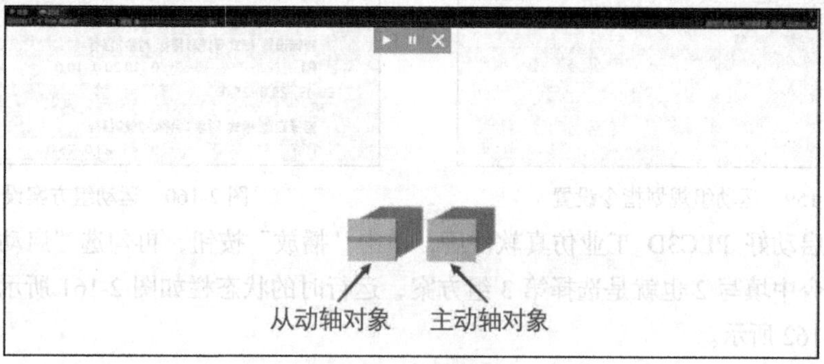

图 2-156　初始状态

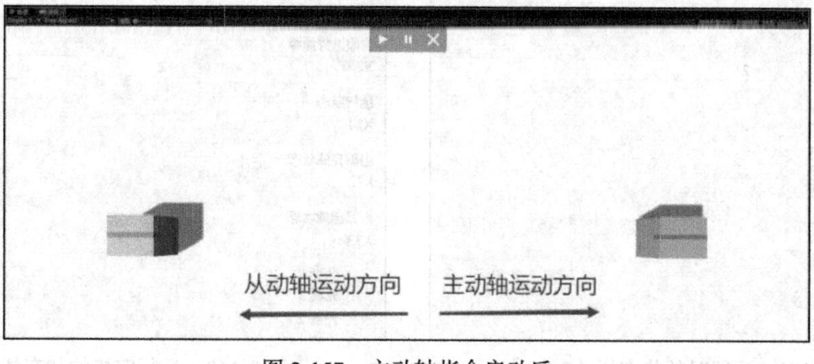

图 2-157　主动轴指令启动后

2．运动组规划指令

运动组规划指令（上）

运动组规划指令（下）

（1）先在空场景中拖入一个模型“六轴机械臂”，再创建一个名为“控制”的子对象，并装载“运动组规划指令”，如图 2-158 所示。

图 2-158　场景层级窗口设置（7）

（2）将模型“六轴机械臂”子对象中的节 1～节 6 绑定到运动组对象设置的运动对象中，需设置 6 组。运动组模式都选择旋转，运动方向则需要先在模型中测试机械臂的 6 个节分别是绕哪个轴旋转，然后填写进运动方向。本次测得节 1～节 6 的运动方向分别是 Y、Z、Z、X、Z、X，速度就是角速度，如图 2-159 所示。

（3）运动组方案可多填写几组来仿真机械臂工作状态，注意第一组数据是默认初始位置，为了防止机械臂启动时误动，一般都设为 0，如图 2-160 所示。填写 6 个数值用英文的“,”来间隔数值。

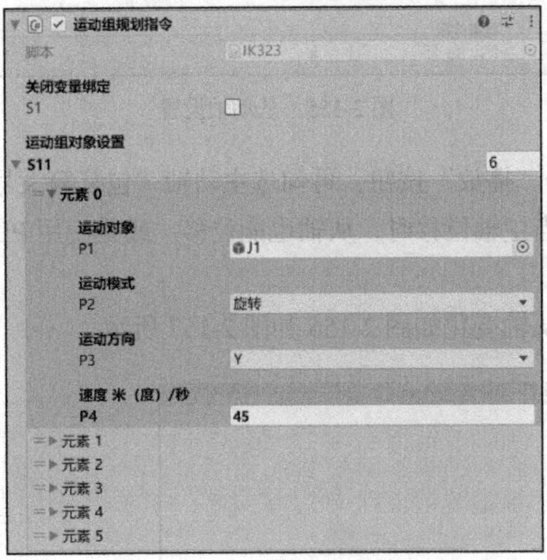

图 2-159　运动组规划指令设置

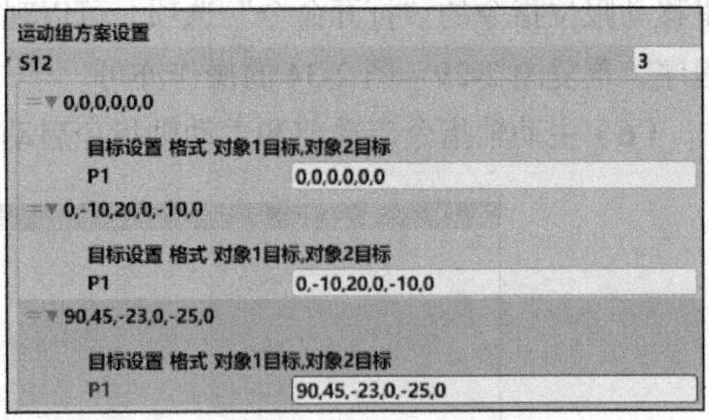

图 2-160　运动组方案设置

（4）后台启动好 PLC3D 工业仿真软件后，单击“播放”按钮，再勾选“启动命令”选项，在方案选择命令中填写 2 也就是选择第 3 组方案，运行时的状态栏如图 2-161 所示，运行完毕的状态栏如图 2-162 所示。

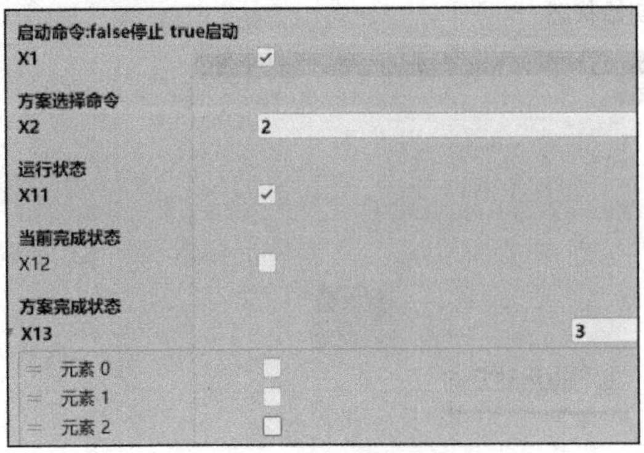

图 2-161　运行时的状态栏（9）

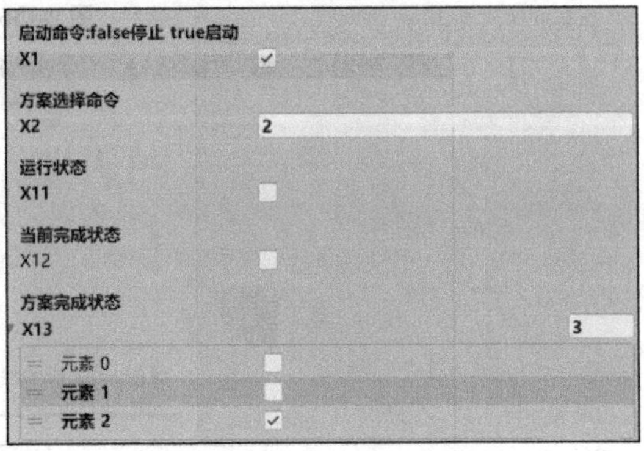

图 2-162　运行完毕的状态栏（7）

（5）运动组规划指令调试完成，接下来就是测试指令的变量绑定。在“运动组规划指令-变量绑定”组件中添加部分变量。根据表 2-21 所示值类型，新建 5 个变量，如图 2-163 所示。具体变量定义如图 2-164 所示。

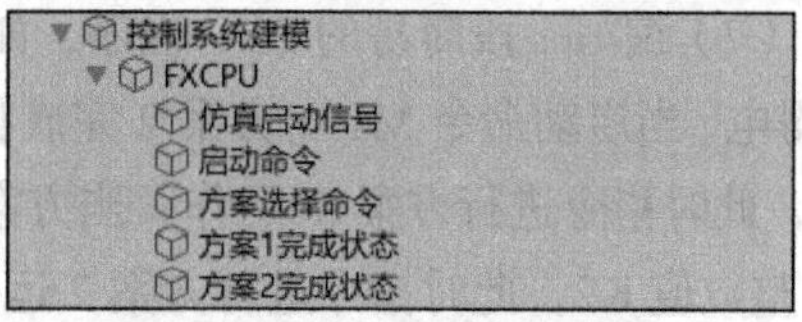

图 2-163　新建变量（15）

图 2-164　变量定义（15）

（6）将“仿真启动信号”变量绑定到“控制器”→“仿真启动信号”。将“启动命令”“方案选择命令”“方案 1 完成状态”“方案 2 完成状态”绑定到“运作组规划指令-变量绑定”，如图 2-165 所示。

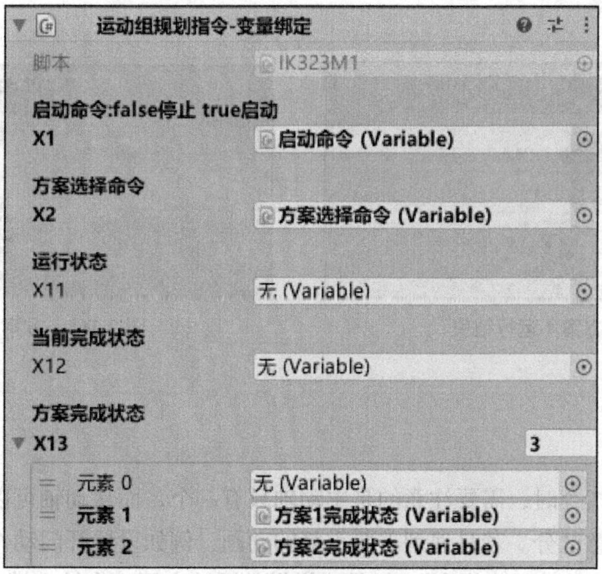

图 2-165　运动组规划指令-变量绑定

（7）编写一段简易的 PLC 程序，如图 2-166 所示。仿真启动信号 M0 启动，启动命令 M1 线圈得电，当启动命令 M1 与方案 2 完成状态 M3 发出上升沿信号时，赋予方案选择命令 D0 整数值 K1，此时指令进行方案 1 运作；当方案 1 完成状态 M2 发出上升沿信号时，赋予方案选择命令 D0 整数值 K2，此时指令进行方案 2 运作。机械臂进行方案 1 和方案 2 的循环往返运动。

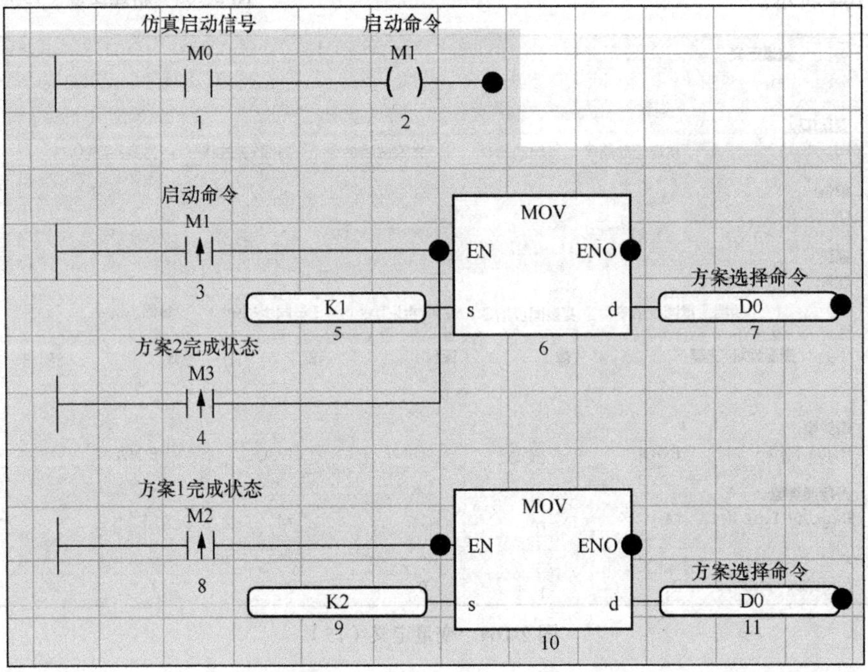

图 2-166　简易 PLC 程序（15）

（8）单击 PLC 程序中的“模拟开始”按钮，回到 Unity 界面，后台启动好 PLC3D 工业仿真软件后单击“播放”按钮，图 2-167 和图 2-168 是指令启动后运动组方案 1 和运动组方案 2 运行结束的场景。

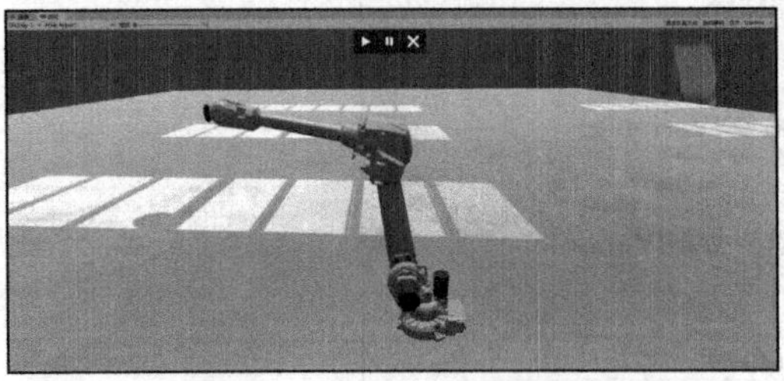
图 2-167　方案 1 运行结束

图 2-168　方案 2 运行结束

任务小结

使用主从轴联动指令时，需要注意的是主动轴只有一个，而从动轴可以设置多个。运动模式和运动方向都需要注意区分。若是遇到需要重复的动画，例如设置开门动作的时候，可以将左、右两扇门都设置装载“移动限位指令”，但是这样做的话就占用两个输入端，很麻烦。通常只需设置装载其中的一扇门，再在另一扇门设置装载“主从轴联动指令”就可以简易地达成任务。

填写运动组方案设置时需要注意，元素 0 是默认初始状态，一般情况下不做任何动作。填写的数值应该对应运动组对象设置中的元素个数，例如常用的 6 轴机械臂就有 6 节，分别对应元素里的 0 ~ 5，节 1 是元素 0，节 6 是元素 5。如果需要节 2 旋转 90°、节 3 旋转−45°，运动组方案就得这样填写：0,90,−45,0,0,0。

任务 2.6　轨道导航类数字孪生体制作

职业能力目标

（1）能根据对象在轨道上的移动方式与需求，装载合适的轨道导航类数字孪生体，并完成指令的参数设置。

（2）能根据控制对象运动的导轨指令、导航指令中的运动控制命令与状态响应，对应变量的值类型，建立正确的变量，并绑定到指令的变量绑定栏。

任务描述与要求

1. 任务描述

根据本次轨道导航类数字孪生体制作任务，重点学习 4 类不同的轨道导航类孪生体制作。根据对象在轨道上的移动需求，装载合适的指令，使得对象能够在一条轨道上进行匀速运动。通过学习动态滑块指令和导轨切换指令丰富导轨指令的应用。同时，学会新建变量，并绑定到指令的变量绑定栏，再根据变量编写出 PLC 程序。在轨道导航类数字孪生体制作过程中要做到轨道走线设置合理，使得后续安装实施的逻辑和步骤清晰明了。

2. 任务要求

（1）实现指令的正确安装。

（2）实现指令的合理设置。

（3）实现指令的变量绑定。

（4）实现在 PLC3D 工业仿真平台和场景播放模式下的指令调试。

（5）实现在简单 PLC 程序控制下的指令调试。

任务分析与实施

1. 任务分析

导轨指令、导航指令、动态滑块指令和导轨切换指令，这些指令会运用到轨道导航类数字孪生体制作的过程中。其中动态滑块指令和导轨切换指令只能使用在导轨指令上，所以本任务会着重介绍导轨指令和导航指令分别在何种场合下使用以及它们的不同之处，判断在某个场景下应如何正确区别、安装合适的指令。

2. 任务实施

根据轨道导航类数字孪生体制作的要求，制订任务实施计划。任务实施计划的具体内容见表 2-23。

表 2-23　任务实施计划

项目名称	运动类数字孪生体制作
任务名称	轨道导航类数字孪生体制作
任务描述	在 Unity 平台上实现制作
任务要求	场景布局合理，指令安装和设置正确，步骤规范
任务实施计划	具体内容
	1. 参照轨道导航类数字孪生体场景图，将场景中的设备准备就绪
	2. 参照指令设置的相关内容，设置好指令参数
	3. 绑定指令变量，设置好变量参数
	4. 设置完成后开始小组互检，查看是否有设置错误情况
	5. 互检完成后，对场景进行调试，确保任务完成

知识储备

1. Cinemachine 插件

使用轨道导航类的导轨指令和导航指令的前提是需要安装 Unity 中一个名为“Cinemachine”的插件。安装步骤如下：首先打开菜单栏中的“窗口”→“包管理器”，在包管理器的右上角搜索“Cinemachine”，并单击右下角“安装”按钮，如图 2-169 所示。

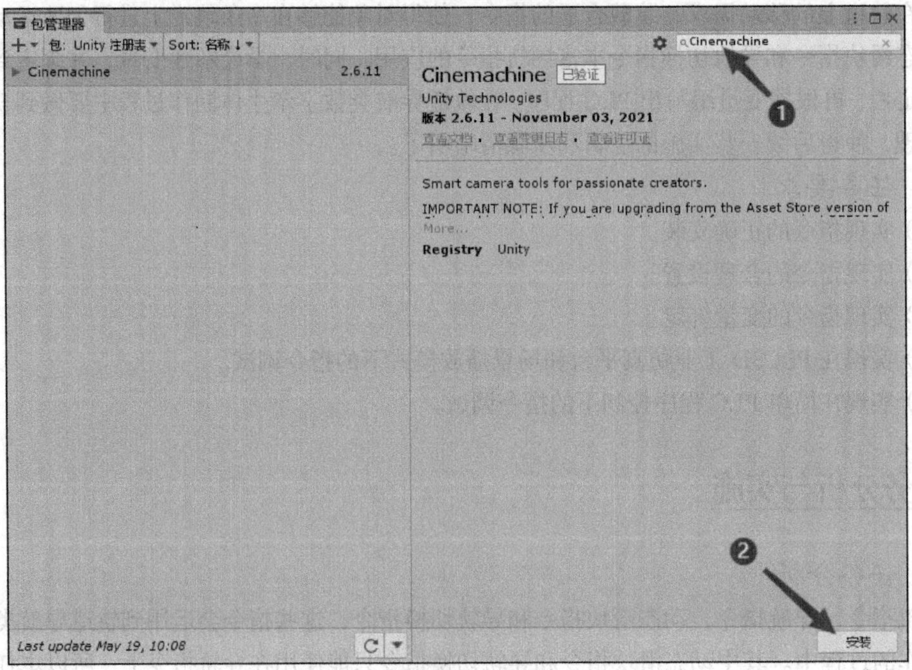

图 2-169　安装 Cinemachine 插件

安装完成后在“添加组件”中找到“Cinemachine”选项组中的“CinemachineSmoothPath”组件，如图 2-170 所示。该组件的主要作用是建设一条轨道作为导轨指令和导航指令的运动路径，CinemachineSmoothPath 的具体内容如图 2-171 所示。

图 2-170　CinemachineSmoothPath

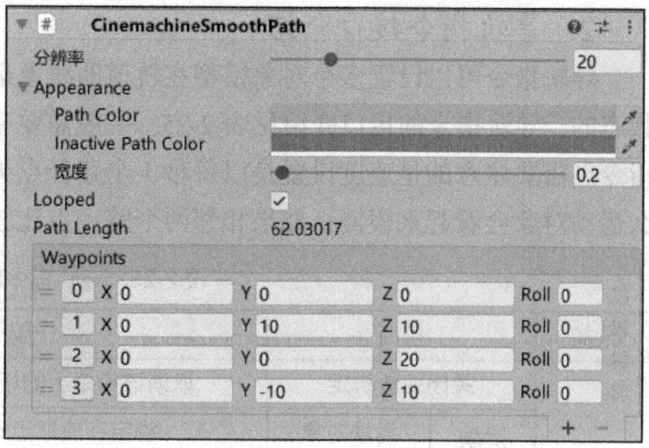

图 2-171　CinemachineSmoothPath 的具体内容

CinemachineSmoothPath 的具体设置见表 2-24。

表 2-24　CinemachineSmoothPath 设置

分类	接口	作用	值类型	能否绑定变量
设置	分辨率	设置两个路径点的网格数	UINT	否
	PathColor	设置轨道路径颜色	–	否
	InactivePathColor	设置轨道线条颜色	–	否
	宽度	设置轨道路径宽度	UINT	否
	Looped	路径点头尾是否相连	BOOL	否
	PathLength	轨道路径的长度	REAL	否
	Waypoints	设置轨道路径点的参数	–	否

设置的轨道曲线是根据贝塞尔曲线公式完成的。贝塞尔曲线是计算机图形学中相当重要的参数曲线，即使是一位精明的能轻松绘出各种图形的画师拿到鼠标想随心所欲地画图也不是一件容易的事。贝塞尔曲线则在很大程度上弥补了计算机不能代替手工绘画时可以随意掌握线条路线的缺陷。

当没有勾选“Looped”选项时，轨道曲线头尾不相连，如图 2-172 所示。勾选“Looped”选项则轨道曲线头尾相连，如图 2-173 所示。

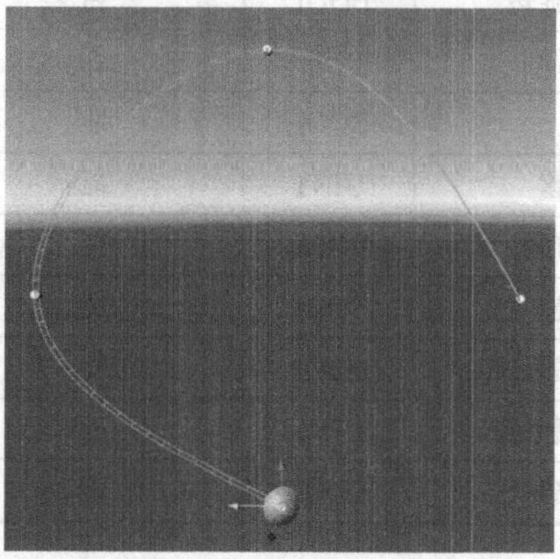

图 2-172　头尾不相连的轨道曲线

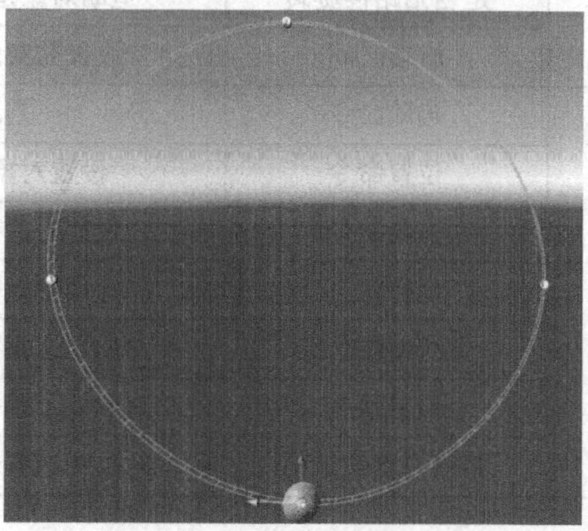

图 2-173　头尾相连的轨道曲线

2. 导轨指令接口介绍

导轨指令可以设置多个对象模型在轨道曲线上运转，但是对象模型到达路径点时是没有响应状态的，导轨指令的接口介绍见表 2-25。一般需要多个对象在一条轨道曲线上运动时常使用导轨指令。需要注意的是速度设置是以每秒 1 个路径点为单位设置，如果相邻两个路径点比较短，那么运动对象会看起来很慢；如果相邻两个路径点比较长，看起来就比较快。

表 2-25　导轨指令的接口介绍

分类	接口		作用	值类型	能否绑定变量
设置	关闭变量绑定		取消该指令上的所有变量绑定	BOOL	否
	滑块组	滑块对象	绑定在轨道运动的对象	–	否
		滑块位置	运动对象的初始路径点	–	否
	导轨路径		绑定设置好的路径轨道	–	否
	速度设置		以每秒 1 个路径点为单位设置	UINT	否
	是否沿路径旋转		运动对象是否需要沿路径旋转	BOOL	否
	旋转区间		设置需要沿路径旋转的区间	–	否
命令	启动命令		启动导轨指令	BOOL	能
状态	运行状态		指令运行状态反馈系统	BOOL	能

3. 导航指令接口介绍

导航指令只能绑定一个对象模型在轨道曲线上运转，但是可以设置对象模型到达路径点时的状态响应，导航指令的接口介绍见表 2-26。使用导航指令的时候，一般不勾选“Cinemachine-SmoothPath”组件中的“Looped”选项，不需要让轨道曲线头尾相连。

表 2-26　导航指令的接口介绍

分类	接口	作用	值类型	能否绑定变量
设置	关闭变量绑定	取消该指令上的所有变量绑定	BOOL	否
	导轨路径	绑定设置好的路径轨道	–	否
	控制对象	绑定在轨道运动的对象	–	否
	速度设置	以每秒 1 个路径点为单位设置	UINT	否
	是否沿路径旋转	运动对象是否需要沿路径旋转	BOOL	否
	旋转区间	设置需要沿路径旋转的区间	–	否
命令	启动命令	启动导航指令	BOOL	能
	位置命令	设置对象到达路径点位置	UINT	能
	方向命令	设置对象在轨道运行的方向	BOOL	能
状态	运行状态	指令运行状态反馈系统	BOOL	能
	运行到位状态	对象到达指定路径点时反馈系统	BOOL	能
	位置状态	对象处于路径点位置时反馈系统	UINT	能
	路径点到位状态	对象到达各个路径点时反馈系统	BOOL	能

4. 动态滑块指令接口介绍

动态滑块指令配合导轨指令使用，必须把动态滑块指令与导轨指令设置在同一个适配器框内。动态滑块指令的作用类似物料生成指令，但动态滑块指令只能生成在导轨指令的滑块组内，只需给动态滑块指令一个信号，就能生成对象进入导轨指令沿着导轨运行。动态滑块指令的接口介绍见表 2-27。

表 2-27　动态滑块指令的接口介绍

分类	接口	作用	值类型	能否绑定变量
设置	关闭变量绑定	取消该指令上的所有变量绑定	BOOL	否
	滑块模型	绑定需要在导轨生成的滑块	–	否
	生成位置设置	设置滑块生成的位置	–	否
命令	生成命令	生成导轨滑块	BOOL	能

5. 导轨切换指令接口介绍

导轨切换指令是导轨切换需要使用到的指令，与使用动态滑块指令条件相同，必须与导轨指令设置在同一个适配器框内。这里的“导轨指令”指的是绑定了“旧”轨道的导轨指令，是被切换的导轨指令。导轨切换指令的接口介绍见表 2-28。

表 2-28　导轨切换指令的接口介绍

分类	接口	作用	值类型	能否绑定变量
设置	关闭变量绑定	取消该指令上的所有变量绑定	BOOL	否
	新导轨设置	绑定新导轨的导轨指令	–	否
	触发位置	设置旧导轨切换的位置	UINT	否
	到达位置	设置新导轨到达的位置	UINT	否
命令	切换命令	启动导轨切换指令	BOOL	能
状态	触发统计	统计切换对象的数目	UINT	能

任务实施

导轨指令

1. 导轨指令

（1）新建一个场景，在场景中添加模型“AGV 运输车”，创建一个名为“导轨指令”的空对象并装载“导轨指令”，右击“导轨指令”对象生成一个名为“轨道”的子对象，如图 2-174 所示。

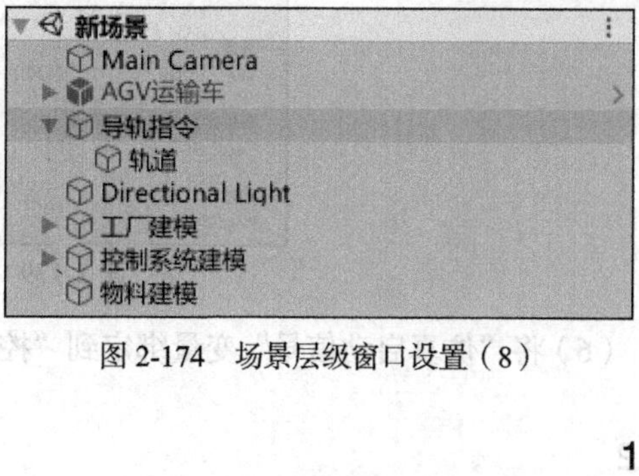

图 2-174　场景层级窗口设置（8）

（2）先设置轨道曲线的参数、放置的位置，勾选“Looped”选项等，具体设置如图 2-175 所示。

（3）再设置导轨指令，将步骤（2）设置好的轨道绑定到“导轨路径”栏，添加 1 个滑块组，将模型“AGV 运输车”绑定到元素 0，滑块位置填写 0，滑块位置为轨道中“Waypoints”路径点，设置速度为 1 路径点/秒，根据需求勾选“是否沿路径旋转”选项，并设置好旋转区间，如图 2-176 所示。

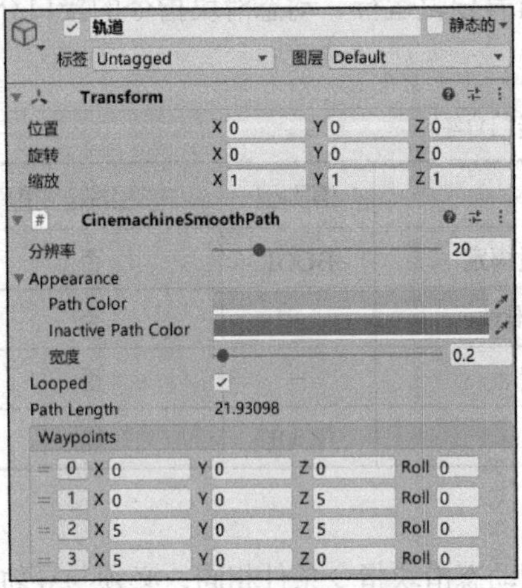

图 2-175　轨道曲线设置

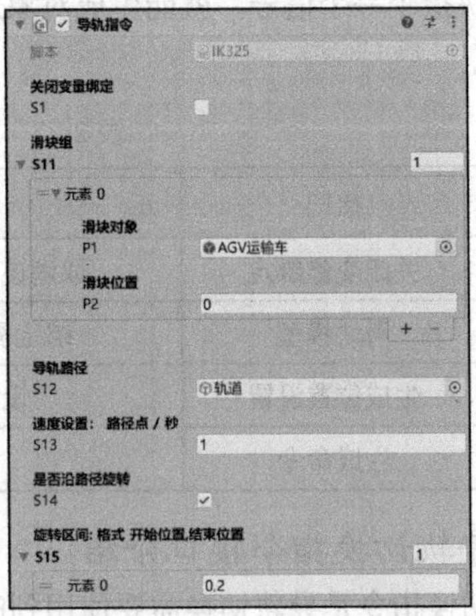

图 2-176　导轨指令具体设置

（4）在后台启动好 PLC3D 工业仿真软件后，单击“播放”按钮，勾选导轨指令的“启动命令”选项，状态栏如图 2-177 所示。

（5）导轨指令调试完成，接下来就是测试指令的变量绑定。在“导轨指令-变量绑定”组件中添加部分变量。根据表 2-25 所示值类型，新建 2 个变量，如图 2-178 所示。具体变量定义如图 2-179 所示。

图 2-177　启动命令和运行状态

图 2-178　新建变量（16）

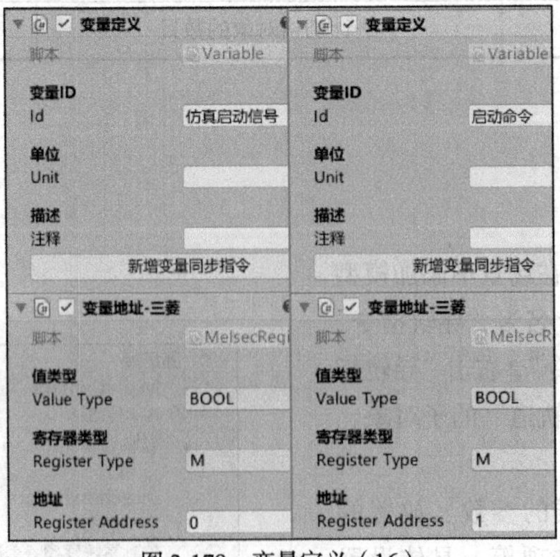

图 2-179　变量定义（16）

（6）将“仿真启动信号”变量绑定到“控制器”→“仿真启动信号”。将“启动命令”绑定到

“导轨指令-变量绑定”，如图 2-180 所示。

（7）编写一段简易的 PLC 程序，如图 2-181 所示。仿真启动信号 M0 启动，启动命令 M1 线圈得电，导轨指令启动。

图 2-180　导轨指令-变量绑定

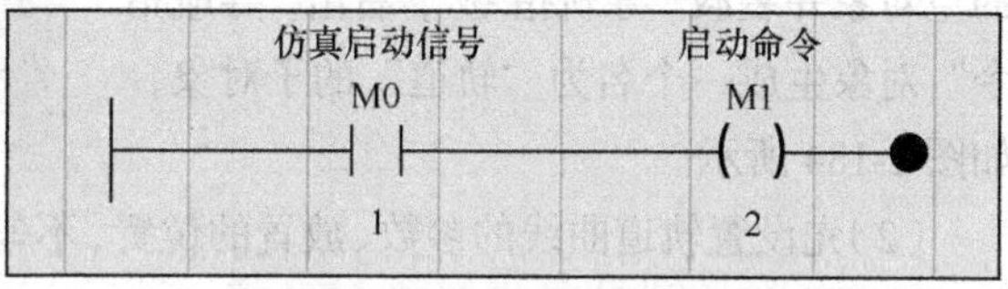

图 2-181　简易 PLC 程序（16）

（8）单击 PLC 程序中的“模拟开始”按钮，回到 Unity 界面，后台启动好 PLC3D 工业仿真软件后单击“播放”按钮，初始场景如图 2-182 所示，勾选“启动命令”选项后的场景如图 2-183 所示。

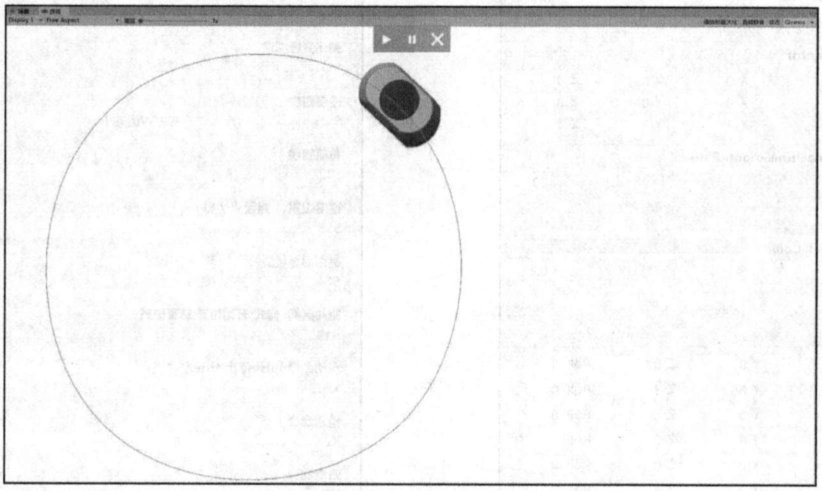

图 2-182　初始场景

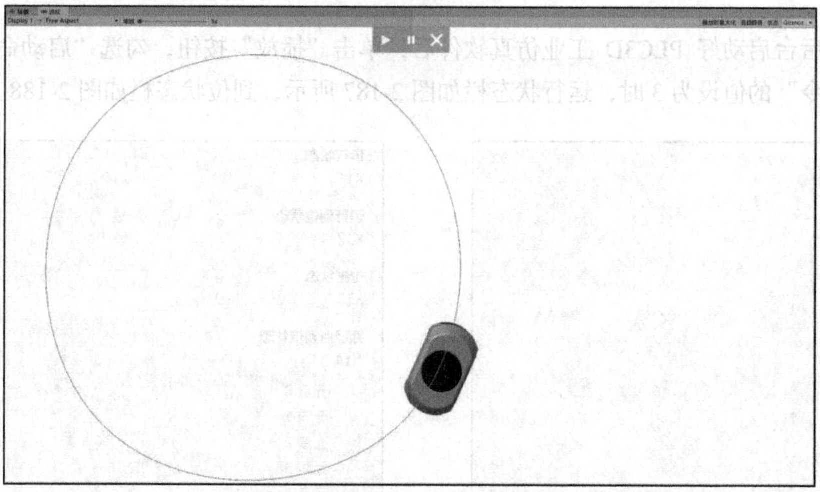

图 2-183　启动命令打开后场景

2. 导航指令

（1）新建一个场景，在场景中添加模型“AGV 运输车”，创建一个名为“导航指令”的空对象并装载“导轨指令”，右击“导航指令”对象生成一个名为“轨道”的子对象，如图 2-184 所示。

导航指令

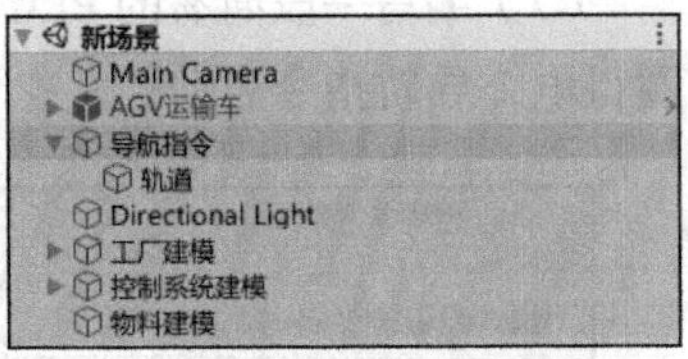

图 2-184 场景层级窗口设置（9）

（2）先设置轨道曲线的参数、放置的位置，不勾选“Looped”选项等，具体设置如图 2-185 所示。

（3）将步骤（2）设置好的轨道绑定到“导轨路径”栏，将模型“AGV 运输车”绑定到控制对象，设置速度为 1 路径点/秒，根据需求勾选“是否沿路径旋转”选项，并设置好旋转区间，如图 2-186 所示。

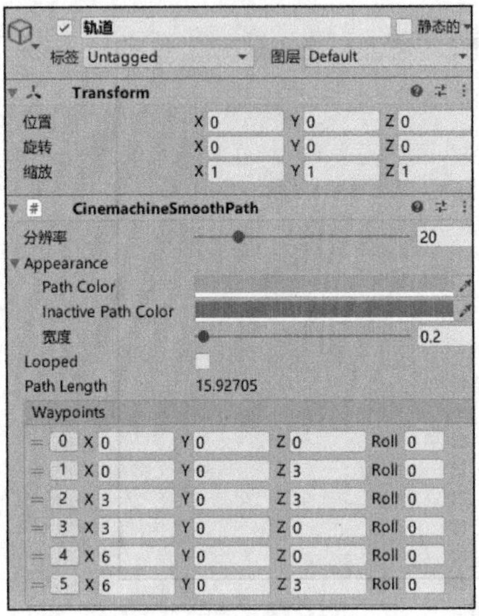

图 2-185 轨道曲线设置

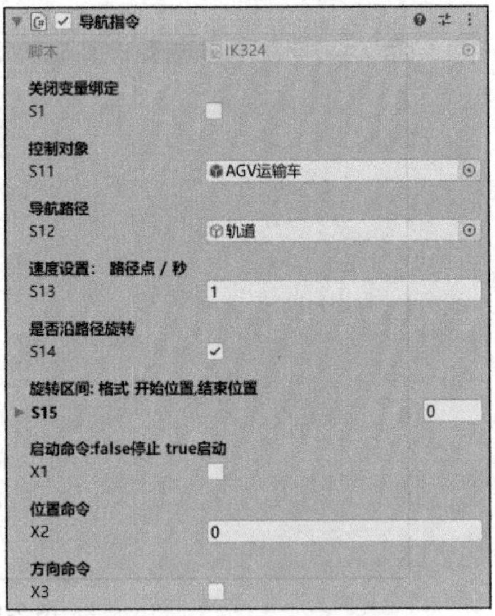

图 2-186 导航指令具体设置

（4）在后台启动好 PLC3D 工业仿真软件后，单击“播放”按钮，勾选“启动命令”选项，将“位置命令”的值设为 3 时，运行状态栏如图 2-187 所示，到位状态栏如图 2-188 所示。

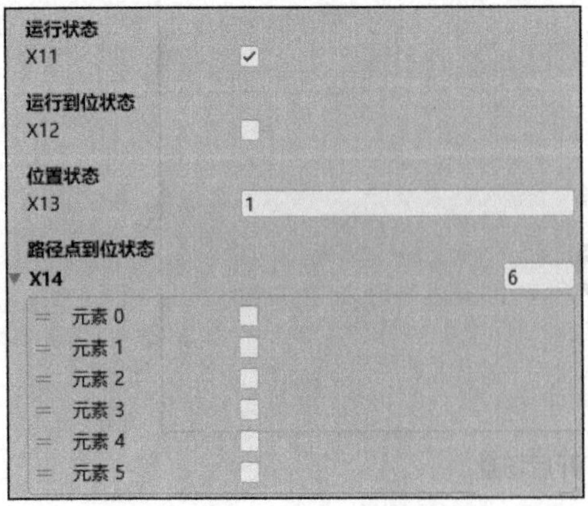

图 2-187 运行状态栏

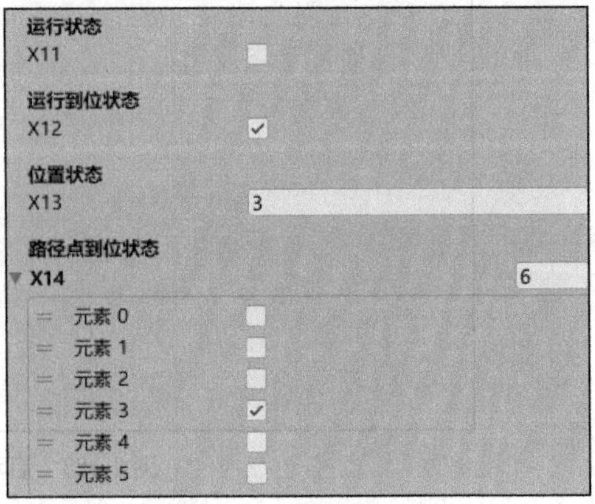

图 2-188 到位状态栏

（5）导航指令调试完成，接下来就是测试指令的变量绑定。在“导航指令-变量绑定”组件中添加部分变量。根据表 2-26 所示值类型，新建 5 个变量，如图 2-189 所示。具体变量定义如图 2-190 所示。

图 2-189 新建变量（17）

图 2-190 变量定义（17）

（6）将“仿真启动信号”变量绑定到“控制器”→“仿真启动信号”，将“启动命令”“位置命令”“路径点 1 到位状态”“路径点 5 到位状态”绑定到“导航指令-变量绑定”，如图 2-191 所示。

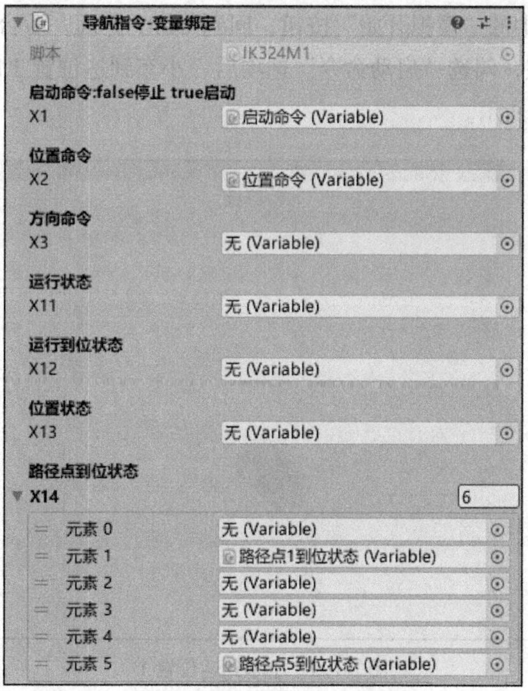

图 2-191 导航指令-变量绑定

（7）编写一段简易的 PLC 程序，如图 2-192 所示。仿真启动信号 M0 启动，启动命令 M1 线圈得电，当启动命令 M1 与路径点 5 到位状态 M3 发出上升沿信号时，赋予位置命令 D0 整数值 K1，此时对象移动到位置 1；当路径点 1 到位状态 M2 发出上升沿信号时，赋予位置命令 D0 整数值 K5，此时对象移动到位置 5。AGV 运输小车在位置 1 和位置 5 循环往返运动。

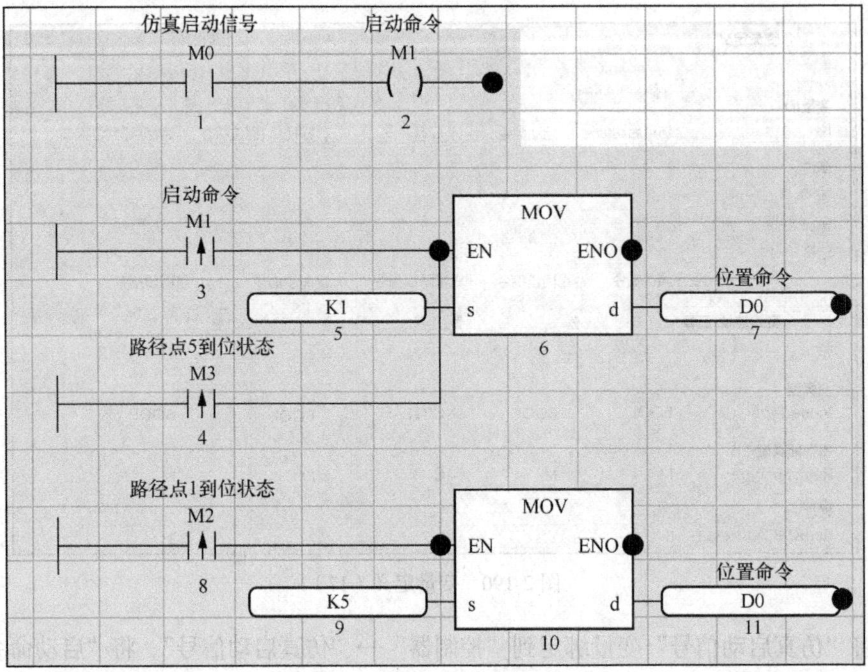

图 2-192　简易 PLC 程序（17）

（8）单击 PLC 程序中的“模拟开始”按钮，回到 Unity 界面，后台启动好 PLC3D 工业仿真软件后单击“播放”按钮，勾选“启动命令”选项后，小车到达位置 1 时如图 2-193 所示，小车到达位置 5 时如图 2-194 所示。

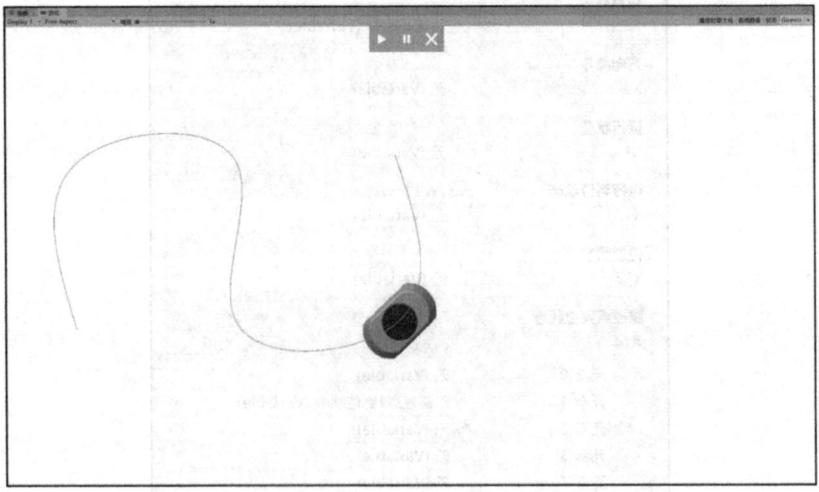

图 2-193　小车到达位置 1

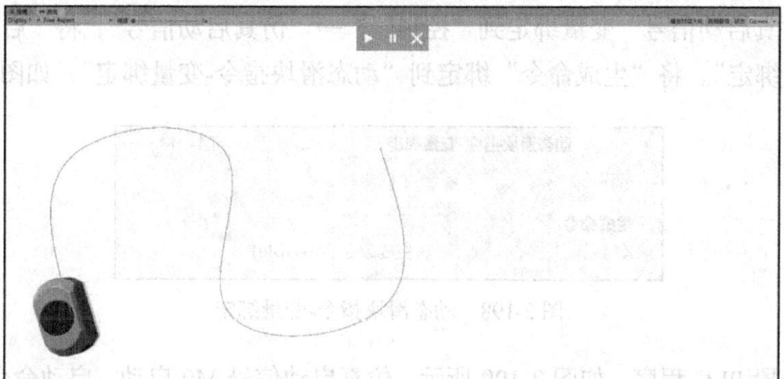

图 2-194　小车到达位置 5

3. 动态滑块指令

动态滑块指令

（1）首先先重复本任务实施中导轨指令的操作，再在导轨指令下方单击“添加组件”按钮，添加动态滑块指令，滑块模型同样选择“AGV 运输车”，生成位置设置为初始位置 0，如图 2-195 所示。

（2）接着测试动态滑块指令的变量绑定。在“动态滑块指令-变量绑定”组件中添加部分变量。根据表 2-27 所示值类型，新建 3 个变量，如图 2-196 所示。具体变量定义如图 2-197 所示。

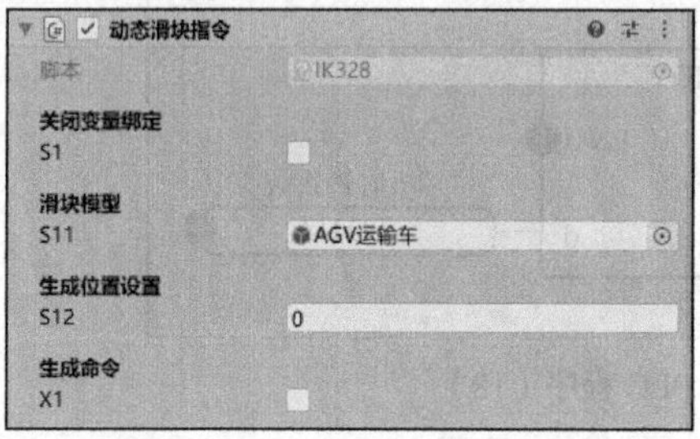

图 2-195　动态滑块指令设置

图 2-196　新建变量（18）

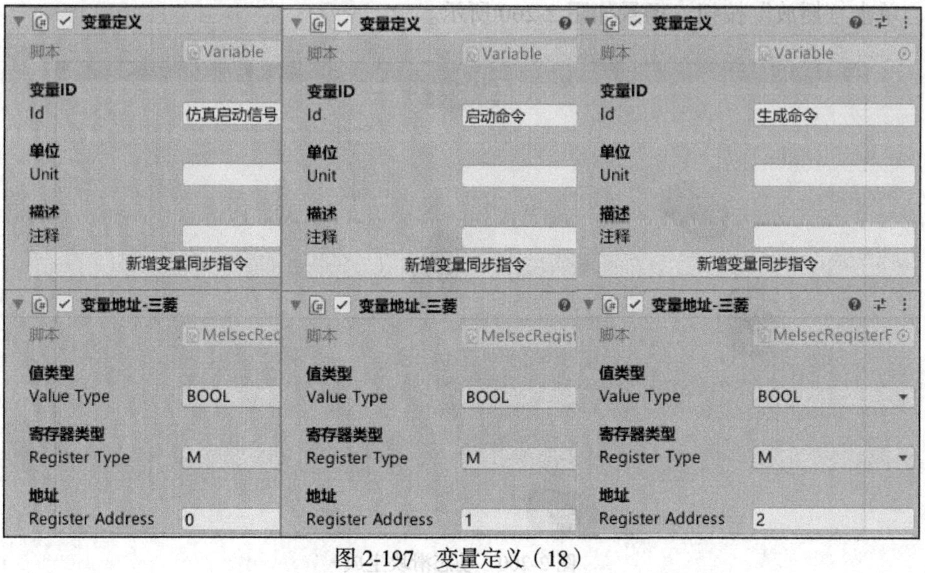

图 2-197　变量定义（18）

（3）将“仿真启动信号”变量绑定到“控制器”→“仿真启动信号”，将“启动命令”绑定到“导轨指令-变量绑定”。将“生成命令”绑定到“动态滑块指令-变量绑定”，如图 2-198 所示。

图 2-198 动态滑块指令-变量绑定

（4）编写一段 PLC 程序，如图 2-199 所示。仿真启动信号 M0 启动，启动命令 M1 线圈得电，设置一个“2*ns* 时钟”SM414 控制生成命令，前 2*ns* 导通生成命令 M2，后 2*ns* 不导通生成命令 M2。SD414 可以设置“2*ns* 时钟”SM414，给 SD414 输入整数值 K2，此时 SM414 为 4s 时钟。

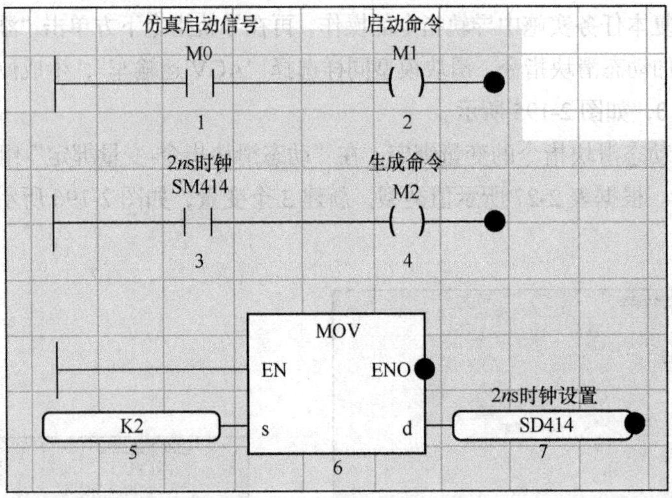

图 2-199 简易 PLC 程序（18）

（5）单击 PLC 程序中的“模拟开始”按钮，回到 Unity 界面，后台启动好 PLC3D 工业仿真软件后，单击“播放”按钮，场景如图 2-200 所示。

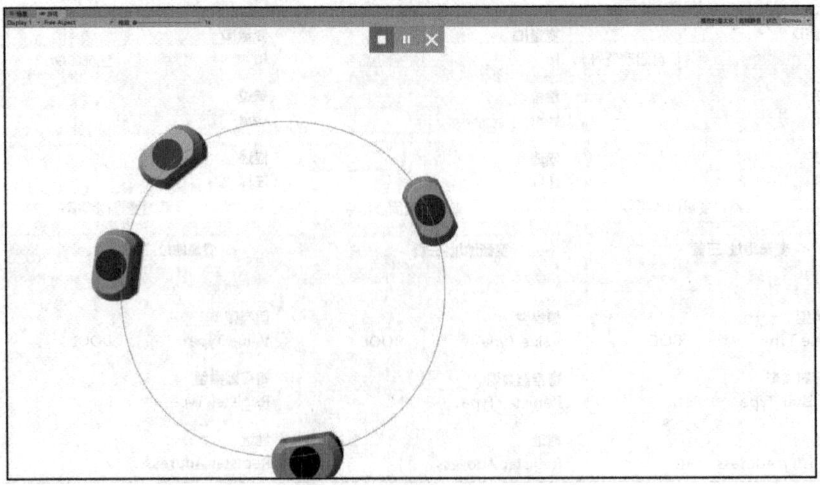

图 2-200 动态滑块生成

4. 导轨切换指令

导轨切换指令

（1）首先先重复本任务实施中导航指令的操作，在层级窗口再次创建一个名为“导轨指令·新”的空对象并装载“导轨指令”，右击“导轨指令·新”对象生成一个名为“新轨道”的子对象，如图 2-201 所示。

图 2-201　场景层级窗口设置（10）

（2）设置新轨道曲线的参数、放置的位置，勾选“Looped”选项等，新轨道参数设置如图 2-202 所示。

（3）再在“导轨指令”中单击“添加组件”按钮，添加导轨切换指令。新导轨设置绑定“导轨指令·新”对象，触发位置和到达位置为两条轨道交接处，触发位置是“导轨指令”对象交接的路径点，到达位置是“导轨指令·新”对象交接的路径点，如图 2-203 所示。

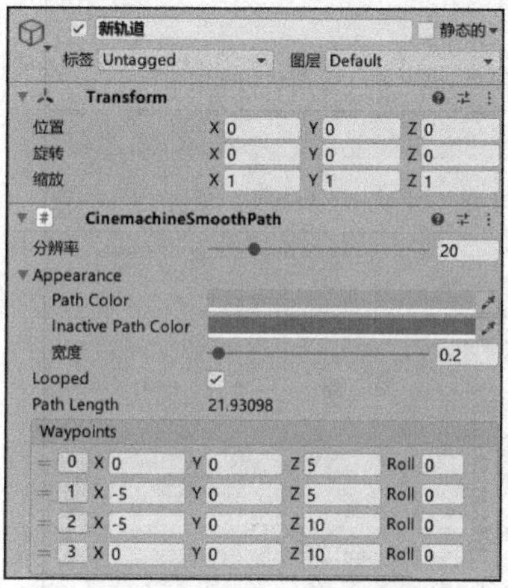

图 2-202　新轨道参数设置

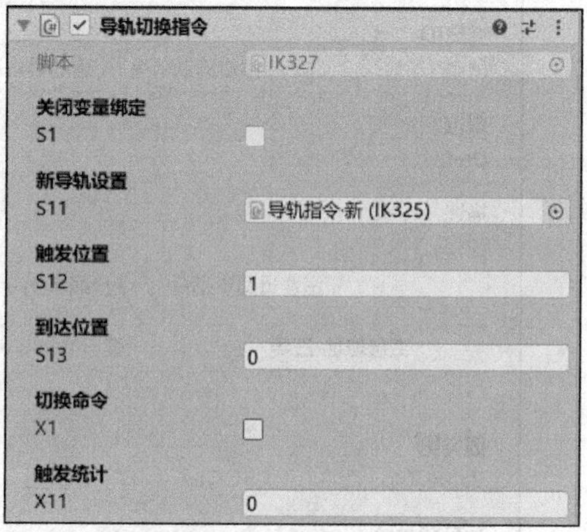

图 2-203　导轨切换指令设置

（4）接着设置“导轨指令·新”对象。将“新轨道”对象绑定到“导轨路径”栏，无须添加滑块组，设置速度为−0.3 路径点/秒，根据需求勾选“是否沿路径旋转”选项，具体设置如图 2-204 所示。

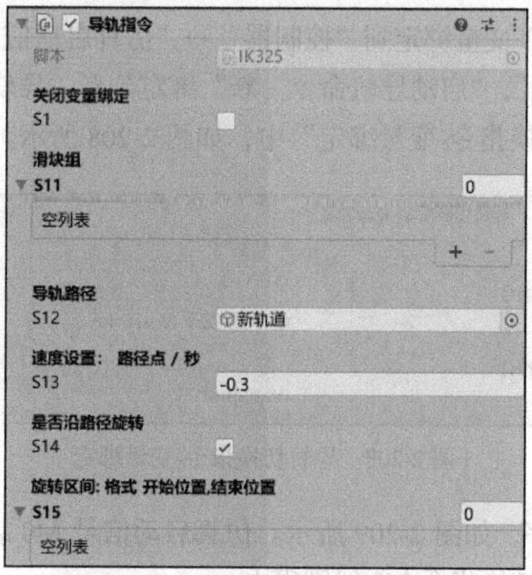

图 2-204　导轨指令·新具体设置

（5）在后台启动好 PLC3D 工业仿真软件后，单击“播放”按钮，将“新旧”两个导轨指令都启动运行起来。勾选导轨切换指令的“切换命令”选项，状态栏如图 2-205 所示。

（6）接着测试导轨切换指令的变量绑定部分。在“导轨切换指令-变量绑定”组件中添加部分变量。根据表 2-28 所示值类型，新建 4 个变量，如图 2-206 所示。具体变量定义如图 2-207 所示。

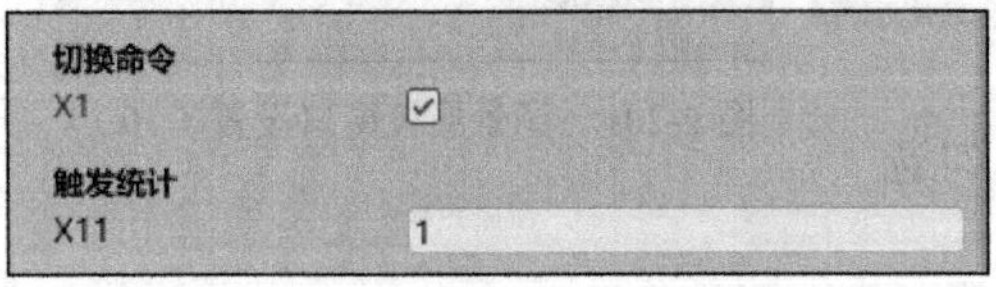

图 2-205　切换命令与触发统计

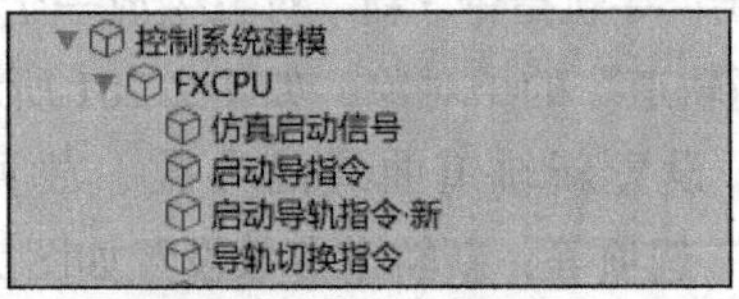

图 2-206　新建变量（19）

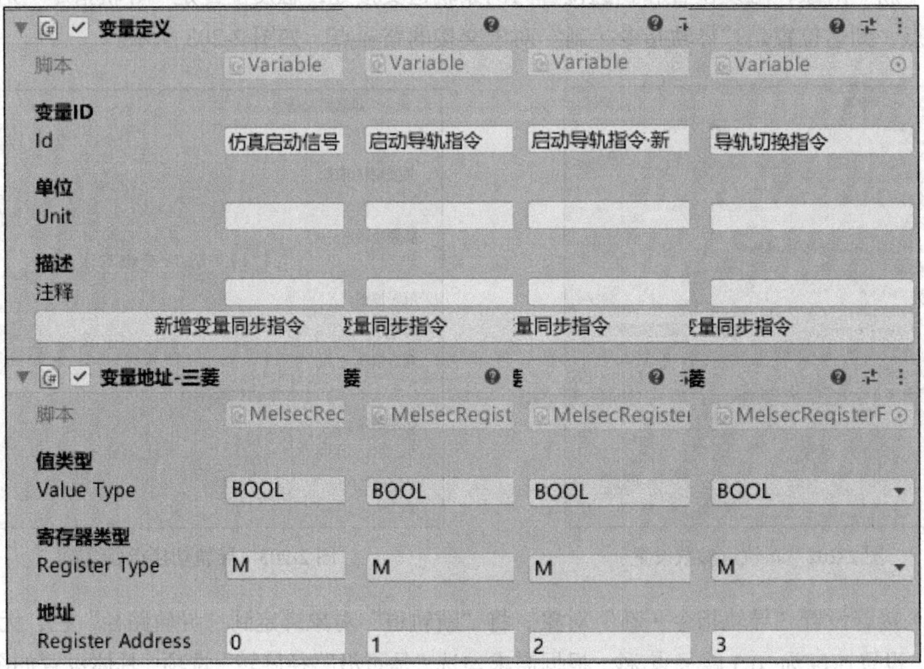

图 2-207　变量定义（19）

（7）将“仿真启动信号”变量绑定到“控制器”→“仿真启动信号”，将“启动导轨命令”绑定到旧“导轨指令-变量绑定”，“启动导轨命令 · 新”绑定到新“导轨指令-变量绑定”。将“导轨切换指令”绑定到“导轨切换指令-变量绑定”中，如图 2-208 所示。

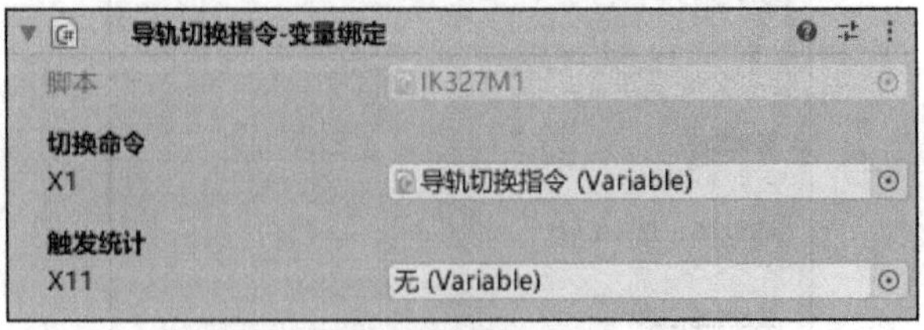

图 2-208　导轨切换指令-变量绑定

（8）编写一段 PLC 程序，如图 2-209 所示。仿真启动信号 M0 启动，启动导轨指令 M1、启动导轨指令 · 新 M2 和导轨切换指令 M3 线圈得电。

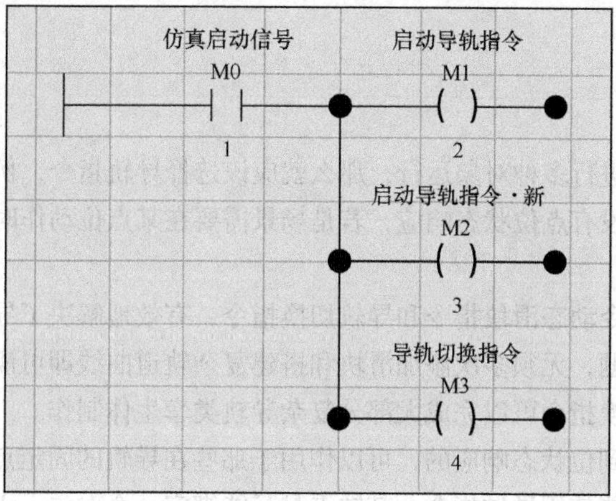

图 2-209　简易 PLC 程序（19）

（9）单击 PLC 程序中的“模拟开始”按钮，回到 Unity 界面，后台启动好 PLC3D 工业仿真软件后单击“播放”按钮，初始场景如图 2-210 所示，导轨切换场景如图 2-211 所示。

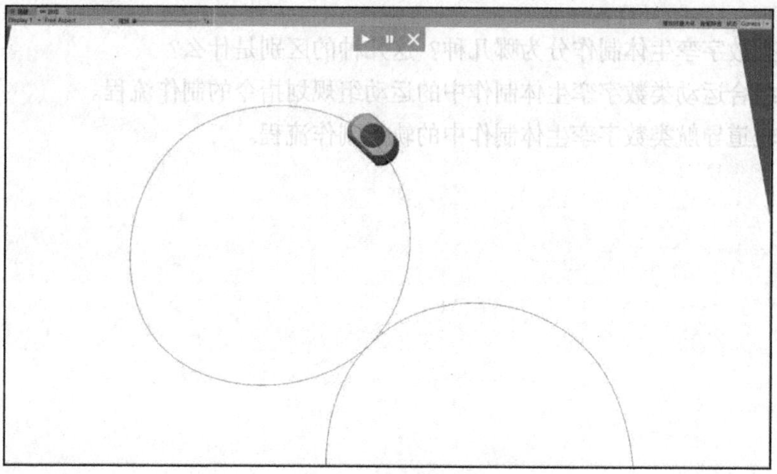

图 2-210　初始场景

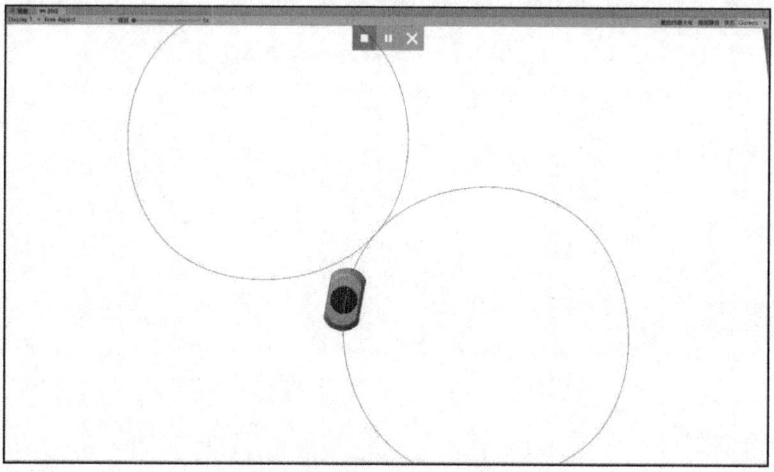

图 2-211　导轨切换场景

任务小结

若是需要在轨道上进行多种对象运行，那么就应该选择导轨指令，例如一条非输送带的生产流水线。但是其弊端是没有点位状态响应，若是场景需要在某点位动作时，可采用传感器的方式进行位置状态响应。

导轨指令的配套指令动态滑块指令和导轨切换指令，有效地解决了导轨滑块过多影响操作和两两导轨便捷切换的问题，无须多次添加滑块和搭建复杂轨道曲线即可满足要求。导轨指令配合动态滑块指令和导轨切换指令可以完成大部分复杂导轨类孪生体制作。

导航指令是有点位到位状态响应的，可以作用于那些在导轨的固定点位动作的场景，例如运输机器人的固定路线就能使用导航指令。其缺点是只能绑定一个对象，无法像导轨指令那样绑定多个对象。

习题

（1）移动类数字孪生体制作分为哪几种？这几种的区别是什么？

（2）简述组合运动类数字孪生体制作中的运动组规划指令的制作流程。

（3）简述轨道导航类数字孪生体制作中的轨道制作流程。

项目3

电气类数字孪生体制作

案例引入

传感器的重要性

传感器与高端芯片、工业软件一起被称为拓展和征战数字世界疆域的三大“利剑”，是衡量一国数字化竞争力的重要关键产品，也是赢得数字时代战略竞争的“撒手锏”。当前我国正在加快数字化转型、推进数字中国建设，传感器产业已经成为支撑万物互联、万物智能的基础产业，各领域数字化转型进程和深度跟传感器产业技术创新水平、产品供给能力等因素息息相关。但我国较多领域传感器技术产品对外依赖度较大，部分领域传感器技术产品供应商选择十分有限，存在严重安全发展隐患，应引起国家高度重视。

传感器是打通物理世界和数字世界的信息流动的桥梁，是虚拟现实、数字孪生、元宇宙等产业发展的基础性技术，是推进信息化和工业化深度融合的关键所在。离开形形色色的传感器，物理世界和数字世界是隔离的，数字技术赋能经济社会发展的作用就会大幅削弱。

任务 3.1 传感器类数字孪生体制作

职业能力目标

（1）能根据传感器的使用方式与需求，装载合适的传感器类数字孪生体，并完成指令的参数设置。

（2）能根据传感器的控制命令与状态响应，对应变量的值类型，建立正确的变量，并绑定到指令的变量绑定栏。

任务描述与要求

1. 任务描述

根据本次传感器类数字孪生体制作任务，学习 4 种不同的传感器数字孪生体制作。根据传感器的使用需求，装载合适的指令，使得对象经过传感器触发范围内时能发出常开信号。同时，学会新建变量，并绑定到指令的变量绑定栏，再根据变量编写出 PLC 程序。在传感器类数字孪生体制作过程中要做到传感器合理布局以及正确设置射线长度，使得后续安装实施的逻辑和步骤清晰明了。

2. 任务要求

（1）实现指令的正确安装。

（2）实现指令的合理设置。

（3）实现指令的变量绑定。

（4）实现在 PLC3D 工业仿真平台和场景播放模式下的指令调试。

（5）实现在简单 PLC 程序控制下的指令调试。

任务分析与实施

1. 任务分析

对射传感器、碰撞传感器、颜色传感器和视觉传感器，这些指令为传感器类数字孪生体制作的 4 种孪生体。本任务会介绍这 4 种孪生体分别在何种场合下使用以及它们的不同之处，判断在某个场景下应如何正确区别、安装合适的指令。

2. 任务实施

根据传感器类数字孪生体制作的要求，制订任务实施计划。任务实施计划的具体内容见表 3-1。

表 3-1 任务实施计划

项目名称	电气类数字孪生体制作
任务名称	传感器类数字孪生体制作
任务描述	在 Unity 平台上实现制作
任务要求	场景布局合理，指令安装和设置正确，步骤规范
任务实施计划	具体内容
	1. 参照传感器类数字孪生体场景图，将场景中的设备准备就绪
	2. 参照指令设置的相关内容，设置好指令参数
	3. 绑定指令变量，设置好变量参数
	4. 设置完成后开始小组互检，查看是否有设置错误情况
	5. 互检完成后，对场景进行调试，确保任务完成

知识储备

1. 对射传感器指令接口介绍

对射传感器的作用是当装载了碰撞体的对象阻挡了对射传感器的射线时就会发出常开信号，

该指令已经绑定在对射传感器中，使用时直接将其拖入场景即可。对射传感器指令的接口介绍见表3-2。

表3-2 对射传感器指令的接口介绍

分类	接口	作用	值类型	能否绑定变量
设置	关闭变量绑定	取消该指令上的所有变量绑定	BOOL	否
	控制对象	绑定传感器射线	–	否
	发射端设置	绑定发射射线的端口	–	否
	接收端设置	绑定接收射线的端口	–	否
	发射方向设置	射线发射的轴方向	–	否
状态	常开信号	射线常开时反馈系统	BOOL	能
	常闭信号	射线常闭时反馈系统	BOOL	能

2. 碰撞传感器指令接口介绍

碰撞传感器指令与对射传感器指令的原理基本相同，在碰撞传感器的控制对象上绑定一个触发器，当触发器触碰到一个装载了碰撞体的对象时，指令就会发出常开信号。碰撞传感器指令的接口介绍见表3-3。

表3-3 碰撞传感器指令的接口介绍

分类	接口	作用	值类型	能否绑定变量
设置	关闭变量绑定	取消该指令上的所有变量绑定	BOOL	否
	控制对象	装载一个带有触发器的对象	–	否
状态	常开信号	碰撞到对象时反馈系统	BOOL	能
	常闭信号	无碰撞时反馈系统	BOOL	能

3. 颜色传感器指令接口介绍

颜色传感器的作用是识别对象的颜色，还可以设置颜色阈值，当颜色传感器感应到颜色阈值里的颜色时就能输出状态。只需将装载了触发器的对象拖入控制对象即可，一般选择传感器上的射线。颜色传感器指令的接口介绍见表3-4。

表3-4 颜色传感器指令的接口介绍

分类	接口	作用	值类型	能否绑定变量
设置	关闭变量绑定	取消该指令上的所有变量绑定	BOOL	否
	控制对象	绑定传感器的射线	–	否
	精度设置	选择精度范围0～1	REAL	否
	颜色阈值设置	填写多个颜色阈值	–	否
状态	检测运行状态	检测到带有碰撞器时反馈系统	BOOL	能
	阈值开关状态	感应到颜色阈值时反馈系统	BOOL	能
	红色通道状态	将感应到的颜色转换为RGB	REAL	否
	绿色通道状态	将感应到的颜色转换为RGB	REAL	否
	蓝色通道状态	将感应到的颜色转换为RGB	REAL	否
	颜色值状态	将感应的颜色存入状态中	BOOL	否

4. 视觉传感器指令接口介绍

视觉传感器的主要功能是获取足够的机器视觉系统要处理的原始图像，通俗地说就是捕获需要的某一画面，视觉传感器将其与内存中存储的基准图像进行比较，以做出分析。例如在包装生产线上，视觉传感器被设定为辨别在正确的位置粘贴正确的包装标签，如果标签位置不规范，视觉传感器需要判断是否拒收。视觉传感器指令的接口介绍见表 3-5。

表 3-5 视觉传感器指令的接口介绍

分类	接口	作用	值类型	能否绑定变量
设置	关闭变量绑定	取消该指令上的所有变量绑定	BOOL	否
	控制对象	绑定装载摄像机的对象	–	否
	图像地址	设置图像缓存的文件地址	–	否
	图像缓存数量	设置图像缓存的数量	DINT	否
	图像尺寸	设置截取的图像尺寸	DINT	否
	采集方式	选择是触发采集还是定时采集	–	否
	采集间隔	定时采集的间隔时间	DINT	否
状态	采集图像命令	启动采集图像	BOOL	能
	采集完成脉冲	采集完成后输出一个 1s 的脉冲	BOOL	能
	采集失败脉冲	采集失败后输出一个 1s 的脉冲	BOOL	能

任务实施

对射传感器指令

1. 对射传感器指令

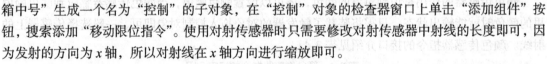

（1）新建一个场景，在场景中添加模型“包装箱中号”和“对射传感器”，如图 3-1 所示。两个模型的场景位置分别设置为(0.5,0,−2)和(0,0,0)。右击“包装箱中号”生成一个名为“控制”的子对象，在“控制”对象的检查器窗口上单击“添加组件”按钮，搜索添加“移动限位指令”。使用对射传感器时只需要修改对射传感器中射线的长度即可，因为发射的方向为 x 轴，所以对射线在 x 轴方向进行缩放即可。

（2）对射传感器的接收端上需要增加一个触发器才会回应系统常开和常闭信号，具体如图 3-2 所示。

图 3-1 场景层级窗口设置（1）

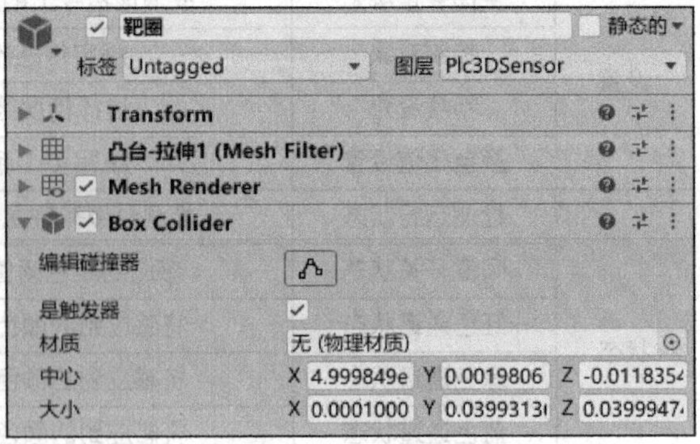

图 3-2 接收端设置

（3）使用对射传感器时，射线能正常达到接收端上时，对射传感器发出常闭信号，如图 3-3 所示。射线如果被阻挡了，不能到达接收端，对射传感器发出常开信号，如图 3-4 所示。

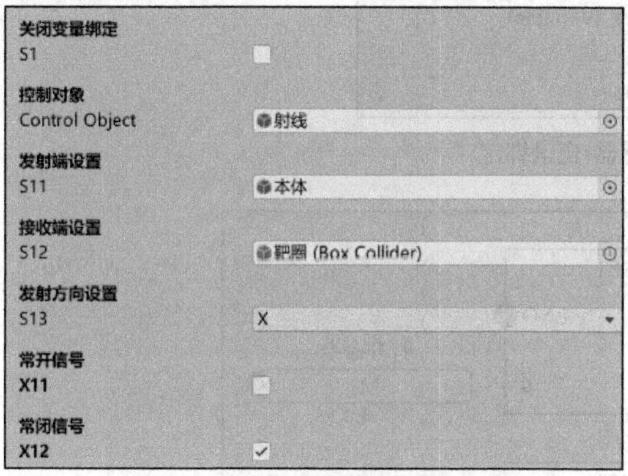

图 3-3　对射传感器发出常闭信号

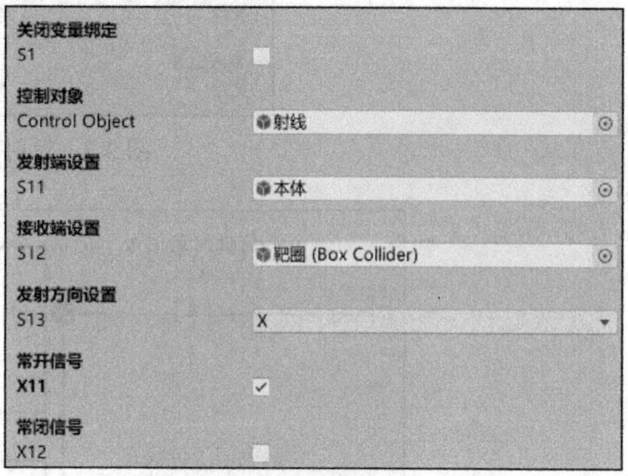

图 3-4　对射传感器发出常开信号

（4）接着使用对射传感器指令的变量绑定来测试对射传感器指令。根据表 3-2 所示值类型，新建 5 个变量，如图 3-5 所示。具体变量定义如图 3-6 所示。

（5）将“仿真启动信号”变量绑定到“控制器”→“仿真启动信号”，将“打开命令”“关闭命令”“关闭限位状态”绑定到“移动限位状态-变量绑定”。将“常开信号”绑定到“对射传感器-变量绑定”，如图 3-7 所示。

图 3-5　新建变量（1）

（6）编写一段 PLC 程序，如图 3-8 所示。仿真启动信号 M0 启动发出上升沿信号，将打开命令 M1 置 1，关闭命令 M2 复 0。当对象未运动到限位点，运动到触发器上时，常开信号 M4 发出上升沿信号，将关闭命令 M2 置 1，打开命令 M1 复 0，此时物体运动去往初始位置；对象回到初始位置时，关闭限位状态 M3 发出上升沿信号，对象进行循环往返运动。

图 3-6　变量定义（1）

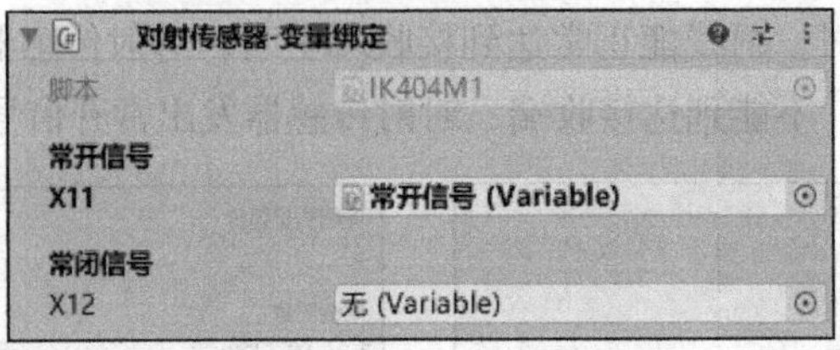

图 3-7　对射传感器-变量绑定

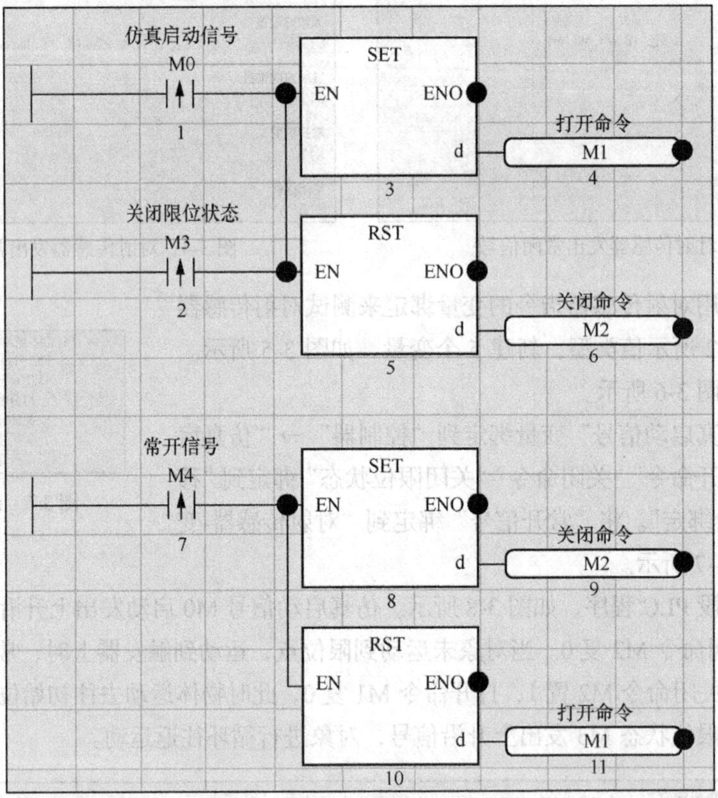

图 3-8　PLC 程序（1）

（7）单击 PLC 程序中的“模拟开始”按钮，回到 Unity 界面，后台启动好 PLC3D 工业仿真软件后，单击“播放”按钮。初始状态如图 3-9 所示。运动到对射传感器位置如图 3-10 所示。

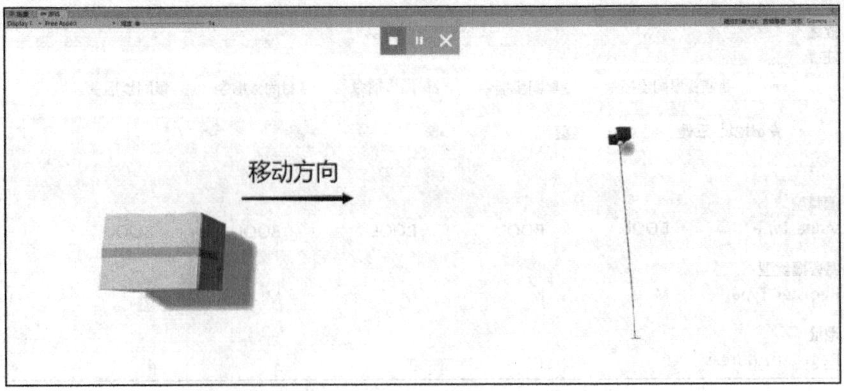

图 3-9　初始状态（1）

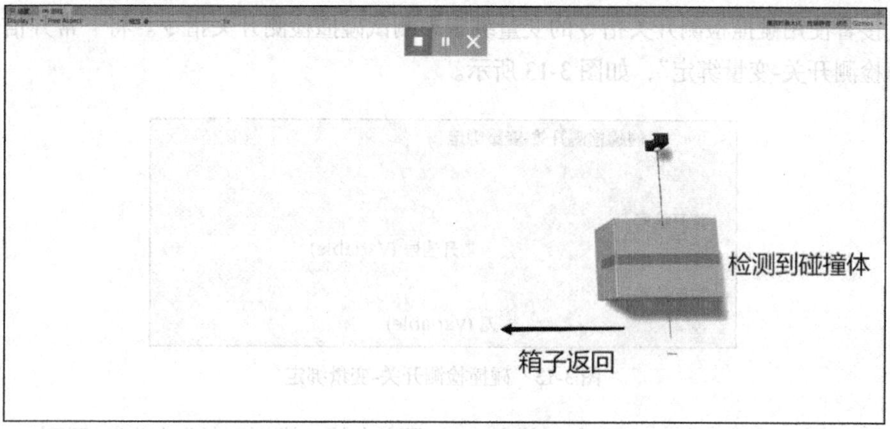

图 3-10　触发对射传感器

2. 碰撞传感器指令

碰撞传感器
指令

（1）碰撞传感器与对射传感器都属于限位传感器，使用图 3-1 中的场景设置，需要改动的地方是删除对射传感器，换成名为“碰撞触发器”的空对象，如图 3-11 所示。位置设置为(0.5,0,0)。

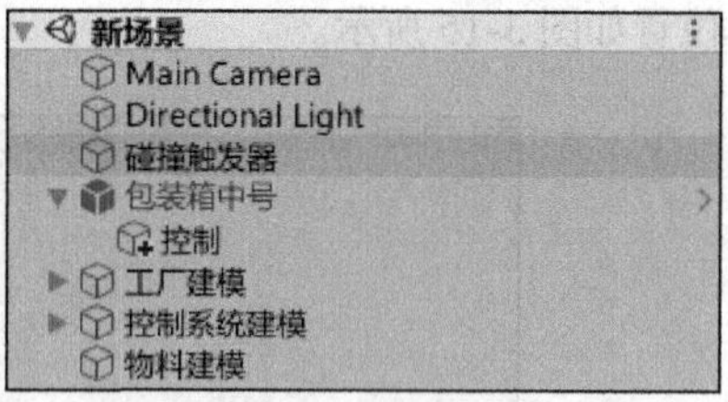

图 3-11　场景层级窗口设置（2）

（2）在碰撞触发器的检查器窗口添加一个触发器和碰撞检测开关指令，在碰撞检测开关指令的控制对象中绑定“碰撞触发器”，具体数据设置如图 3-12 所示。

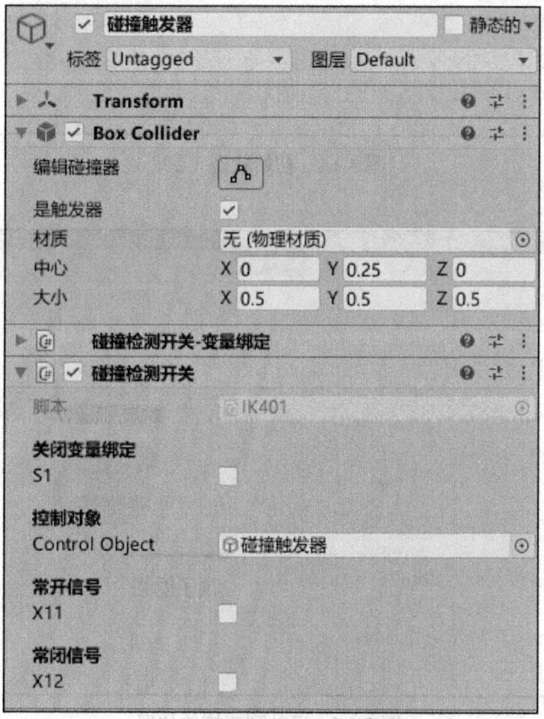

图 3-12　碰撞触发器设置

（3）接着使用碰撞检测开关指令的变量绑定来测试碰撞检测开关指令。将“常开信号”绑定到“碰撞检测开关-变量绑定”，如图 3-13 所示。

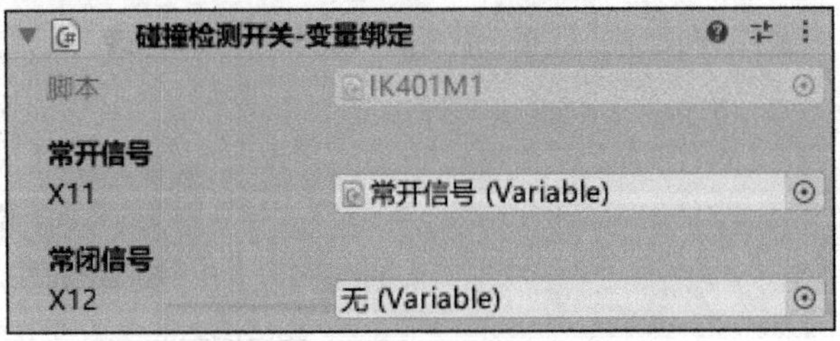

图 3-13　碰撞检测开关-变量绑定

（4）使用图 3-8 所示的 PLC 程序，单击 PLC 程序中的“模拟开始”按钮，回到 Unity 界面，后台启动好 PLC3D 工业仿真软件后，单击“播放”按钮。初始状态如图 3-14 所示。运动到碰撞体位置如图 3-15 所示。

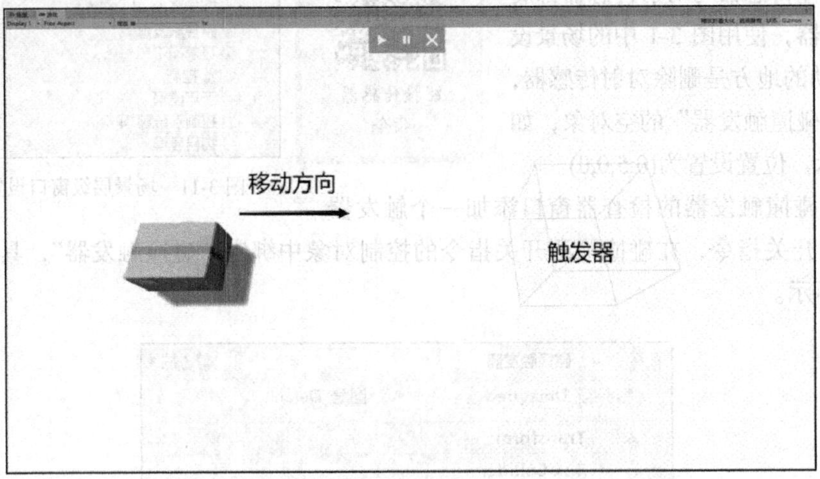

图 3-14　初始状态（2）

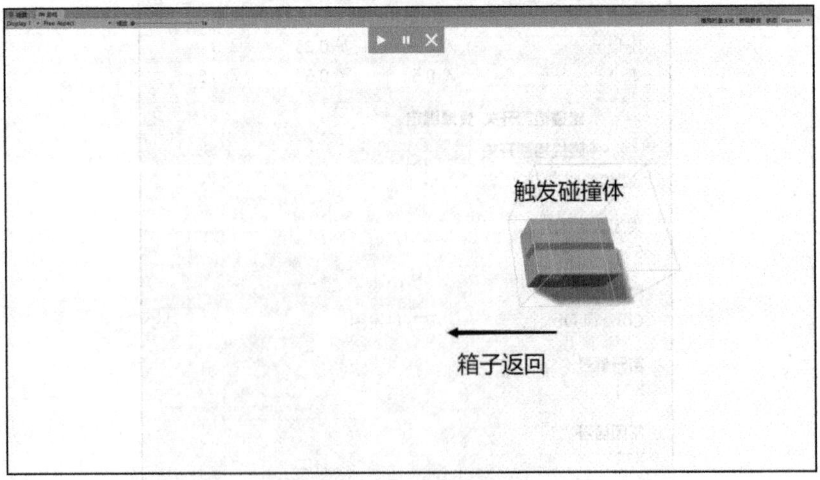

图 3-15　运动到碰撞体位置

3. 颜色传感器指令

颜色传感器
指令

（1）新建一个场景，在场景中添加模型“颜色传感器”、“红色箱子”和“蓝色箱子”，3 个模型的场景位置分别设置为(0,0,0)、(−1,0,1)和(1,0,1)。给“红色箱子”和“蓝色箱子”通过右击生成子对象“控制”，在“控制”中装载移动限位指令，要求箱子需要经过颜色传感器的射线。场景层级窗口设置如图 3-16 所示。

（2）在模型“颜色传感器”上装载“颜色传感器”指令，注意绑定的射线需要添加“网格触发器”，具体设置如图 3-17 所示。

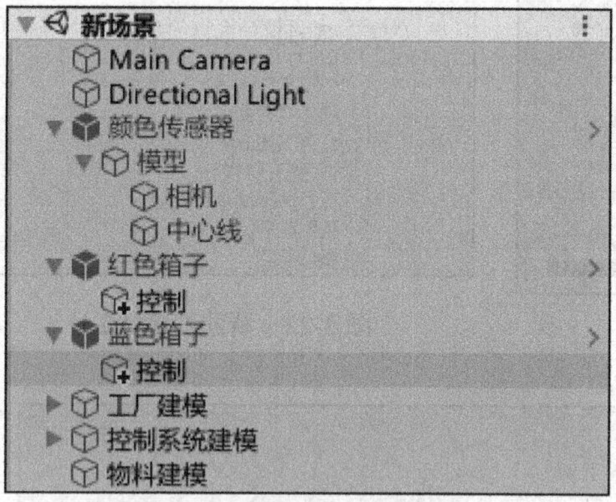

图 3-16　场景层级窗口设置（3）

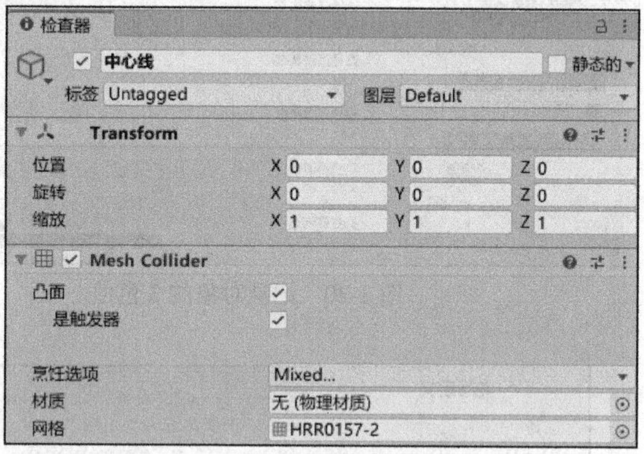

图 3-17　触发器设置

（3）使用颜色传感器时先检测对象颜色，在颜色值状态中记录 RGB 值再填写进颜色阈值设置中。但颜色传感器只检测对象的 Materials 里元素 0 上的材质，且元素 0 的材质只能是单一的颜色，不能是多种颜色贴图，可以是材质上的放射率，所以材质一般选择使用放射率调颜色，如图 3-18 和图 3-19 所示。RGB 是从颜色发光的原理来设计的，简单来说，就是光的 3 种颜色，分别是红色、绿色、蓝色，共分 256 阶，对应数字 0～255，3 个颜色相互叠加，可产生 256×256×256 种颜色。

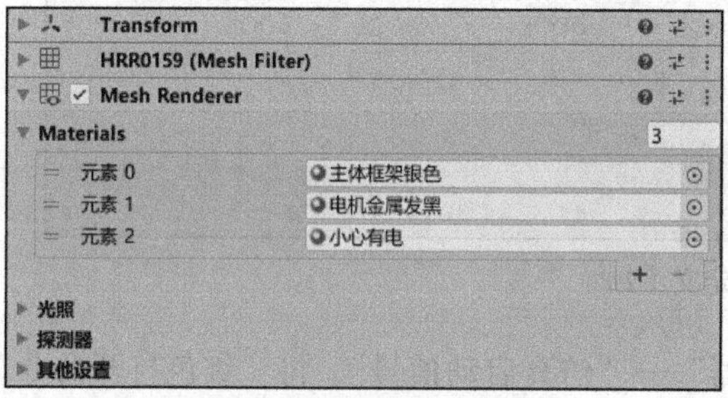

图 3-18　Materials 界面

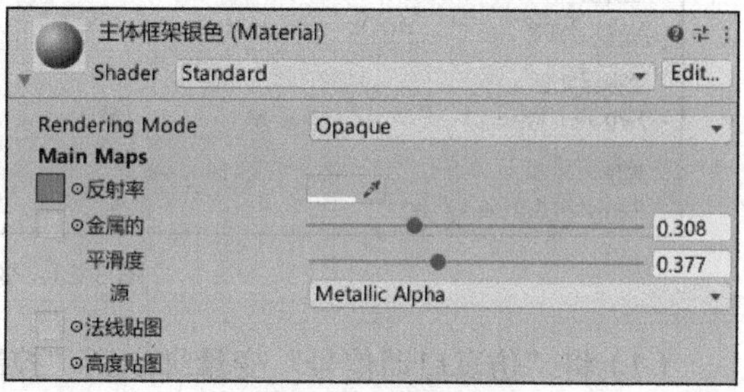

图 3-19　材质的放射率

（4）当“颜色传感器”的“中心线”接触红色纸箱时，就会在颜色值状态上显示红色纸箱的材质放射率，通过这种办法可以提前将对象的 3 色值记录下来，如图 3-20 所示。

（5）记录下来后的数值可以放入颜色阈值设置中，当颜色传感器感应到该颜色时，就能在阈值开关状态上反馈系统，如图 3-21 所示。本任务颜色预制设置红色 RGBA 为“255,0,0,255”，蓝色 RGBA 为“0,0,255,255”。

（6）使用颜色传感器指令的变量绑定来测试颜色传感器指令。根据表 3-4 所示值类型，新建 7 个变量，如图 3-22 所示。具体变量定义如图 3-23 所示。

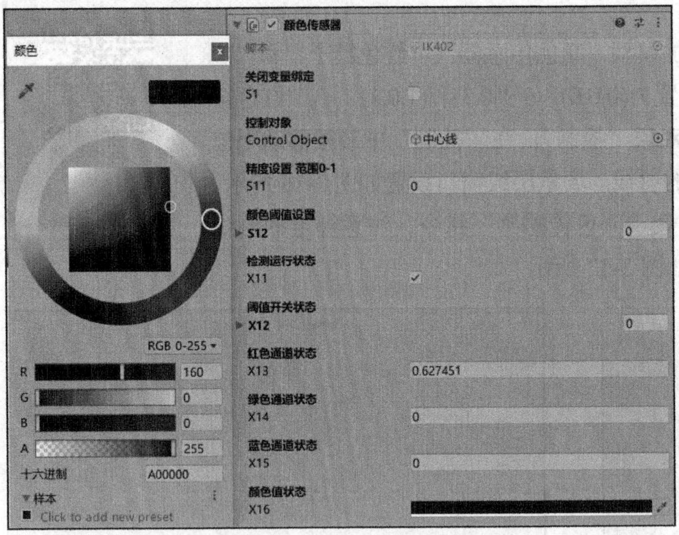

图 3-20　记录对象的 3 色值

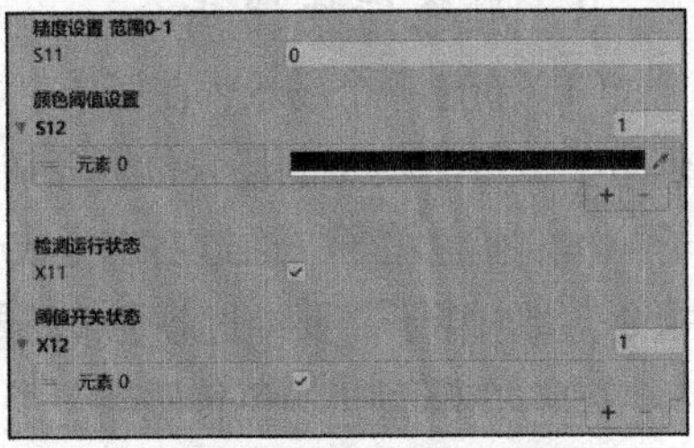

图 3-21　颜色阈值设置

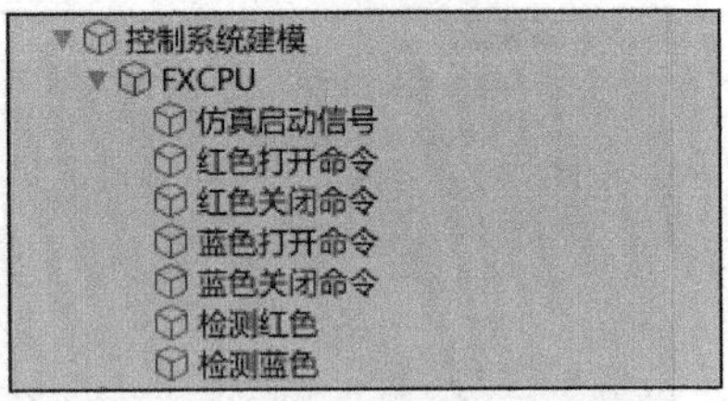

图 3-22　新建变量（2）

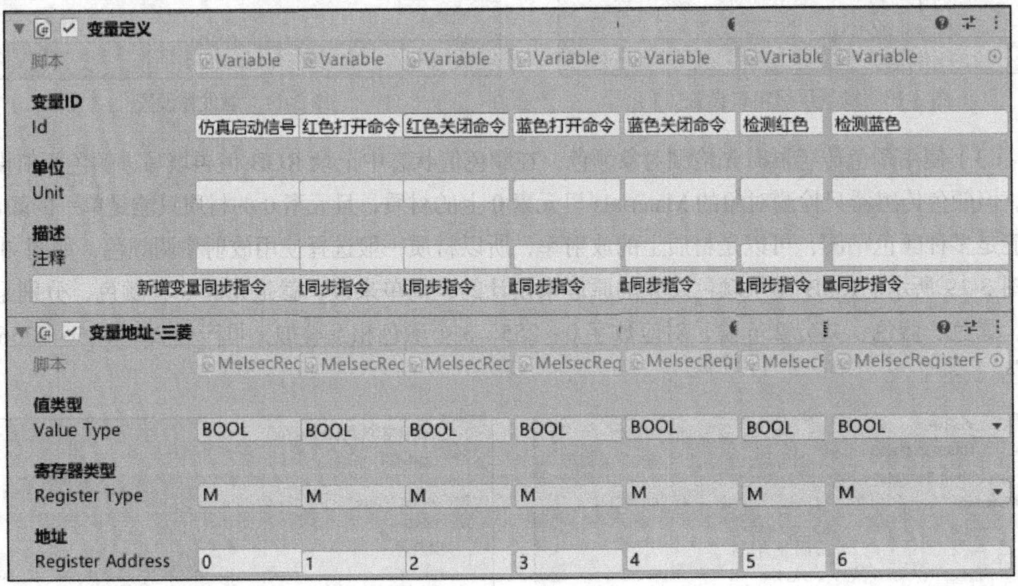

图 3-23　变量定义（2）

（7）将“仿真启动信号”变量绑定到“控制器”→“仿真启动信号”，将“红色打开命令”和“红色关闭命令”绑定到红色箱子的“移动限位状态-变量绑定”，将“蓝色打开命令”和“蓝色关闭命令”绑定到蓝色箱子的“移动限位状态-变量绑定”。将“检测红色”和“检测蓝色”绑定到“颜色传感器-变量绑定”，如图 3-24 所示。

图 3-24　颜色传感器-变量绑定

（8）编写一段 PLC 程序，如图 3-25 所示。仿真启动信号 M0 启动发出上升沿信号，将红色打开命令 M1 置 1，红色关闭命令 M2 复 0，蓝色关闭命令 M4 置 1，蓝色打开命令 M3 复 0。当红色箱子经过颜色传感器射线时，检测红色 M5 发出上升沿信号，将蓝色打开命令 M3 置 1，蓝色关闭命令 M4 复 0，红色关闭命令 M2 置 1，红色打开命令 M1 复 0，此时红色箱子运动回初始位置，蓝色箱子运动到颜色传感器射线位置，检测蓝色 M6 发出上升沿信号，蓝色箱子和红色箱子进行循环往返运动。

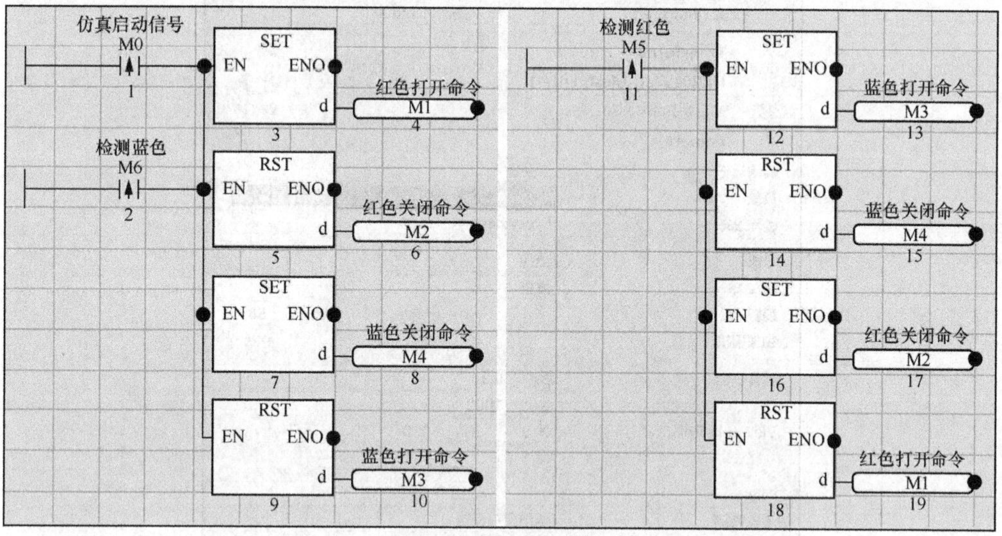

图 3-25　PLC 程序（2）

（9）单击 PLC 程序中的“模拟开始”按钮，回到 Unity 界面，后台启动好 PLC3D 工业仿真软件后，单击“播放”按钮。红色检测如图 3-26 所示，蓝色检测如图 3-27 所示。

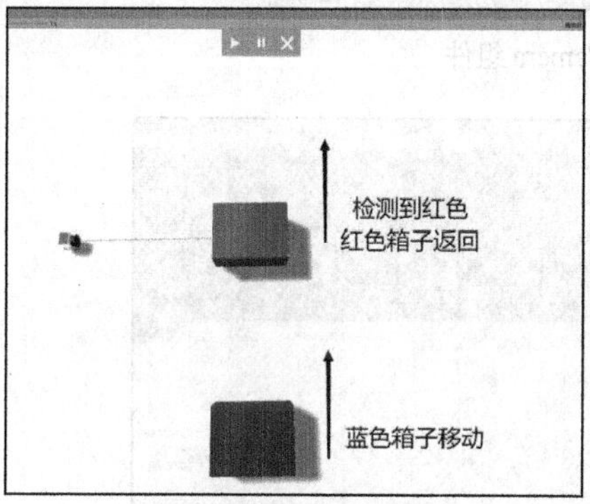

图 3-26　红色检测

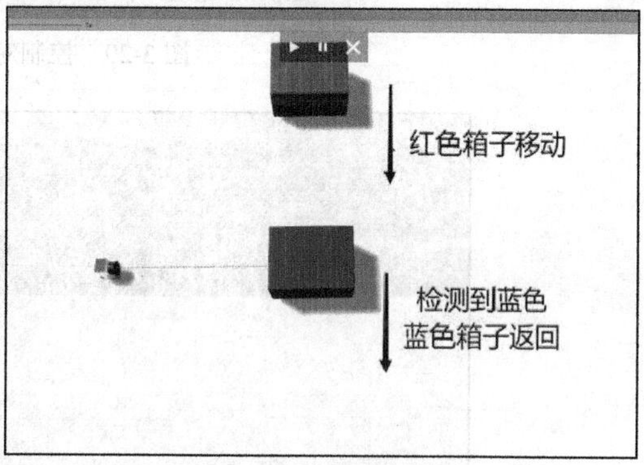

图 3-27　蓝色检测

4. 视觉传感器指令

（1）新建一个场景，在场景中添加模型“包装箱大号”和“视觉传感器”，两个模型的场景位置分别设置为(2,0,2)和(0,0.2,0)。给“包装箱大号”通过右击生成一个子对象“控制”，在“控制”中装载移动限位指令，要求箱子要经过视觉传感器的视线。场景层级窗口设置如图 3-28 所示。

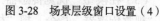

视觉传感器指令

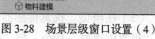

图 3-28　场景层级窗口设置（4）

（2）视觉传感器的控制对象需要绑定一个 Unity 自带的 Camera 组件，目的是给虚拟传感器一个虚拟视觉系统，并将“目标显示”设置为 Display8，不与 Main Camera 上的“目标显示”重复即可，如图 3-29 所示。调整“视野”选项的数值，将场景中需要捕获的画面包含进去即可，可配合场景右下角相机画面进行调整，如图 3-30 所示。

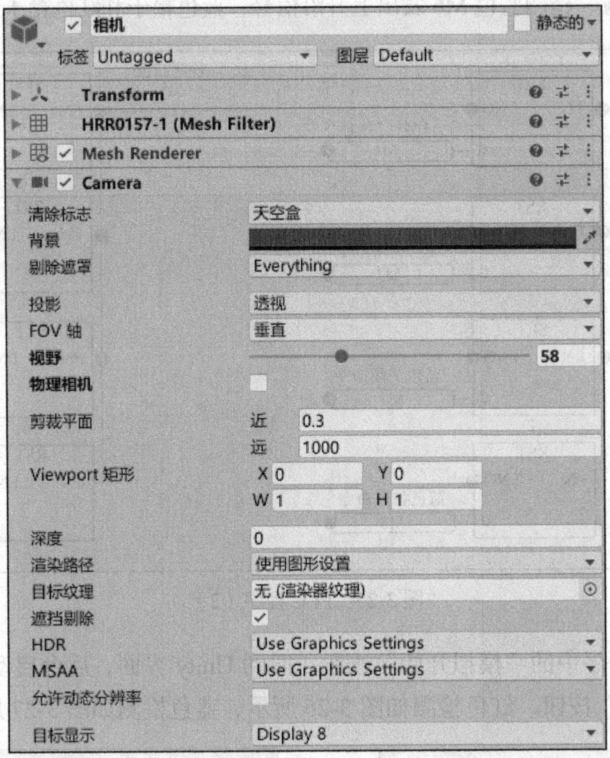

图 3-29　控制对象绑定 Camera 组件

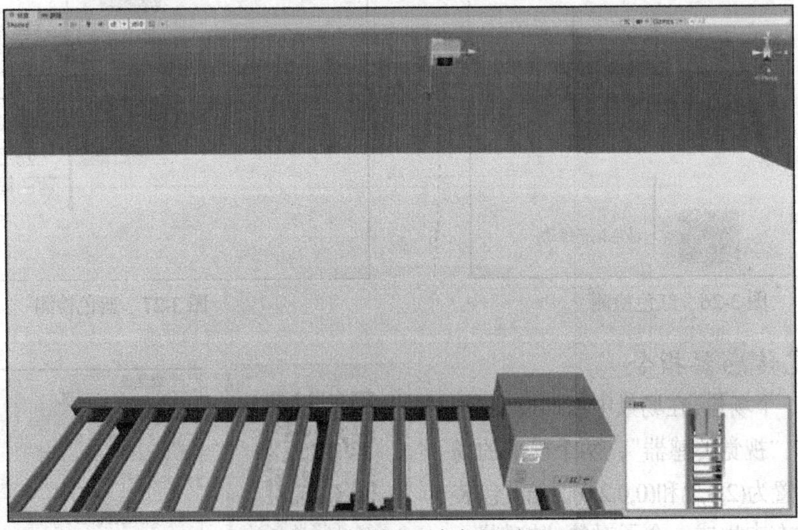

图 3-30　场景右下角相机画面

（3）在模型“视觉传感器”的“相机”上装载组件“Camera”。在模型“视觉传感器”上装载“视觉传感器”指令，把“相机”绑定到控制对象，设置图像保存的地址，设置图像缓存的数量，设置图像尺寸即宽度和高度，如图 3-31 所示。采集方式如果选择触发采集，则需要选中“采集图像命令”选项才能进行采集，采集成功后会有一个 1s 的采集完成脉冲，采集失败同样有一个 1s 的采集失败脉冲；如果选择定时采集，则需要设置好采集间隔，选中“采集图像命令”选项后，就会自动采集图像。

（4）接着使用视觉传感器指令的变量绑定来测试视觉传感器指令。根据表 3-5 所示值类型，新建 6 个变量，如图 3-32 所示。具体变量定义如图 3-33 所示。

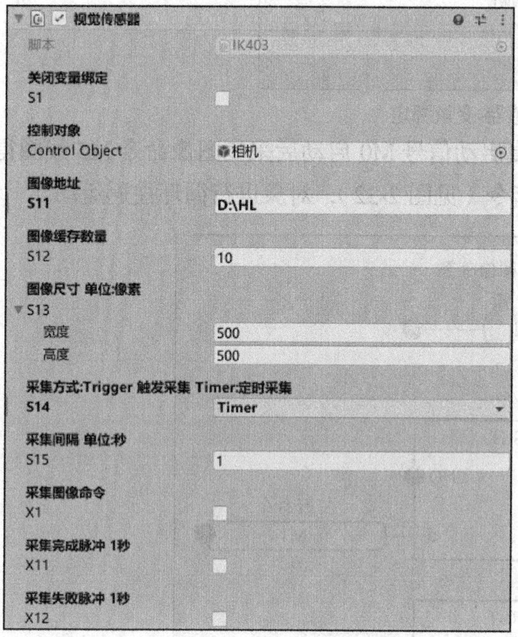

图 3-31　视觉传感器设置

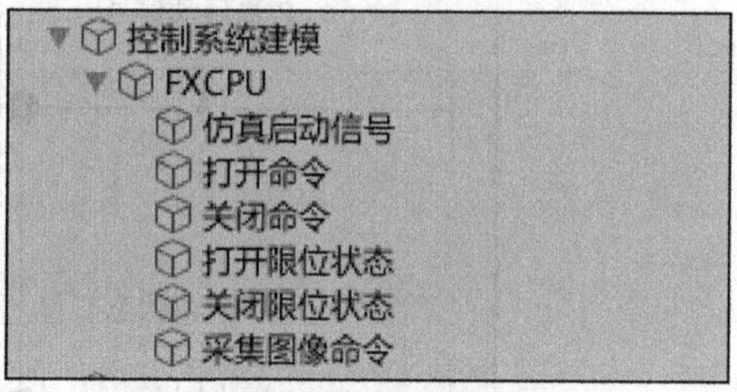

图 3-32　新建变量（3）

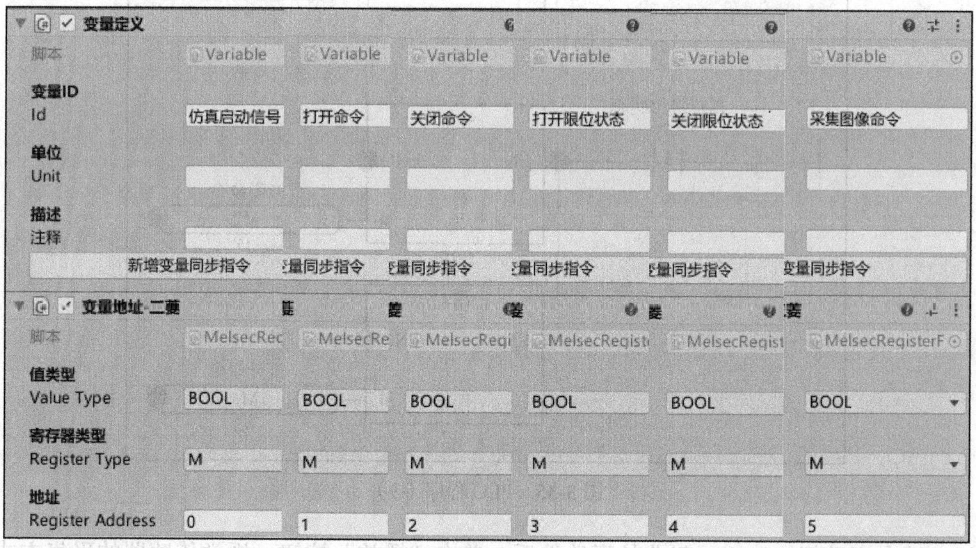

图 3-33　变量定义（3）

（5）将“仿真启动信号”变量绑定到“控制器”→“仿真启动信号”，将“打开命令”“关闭命令”“打开限位状态”“关闭限位状态”绑定到“移动限位状态-变量绑定”。将“采集图像命令”绑定到“视觉传感器-变量绑定”，如图 3-34 所示。

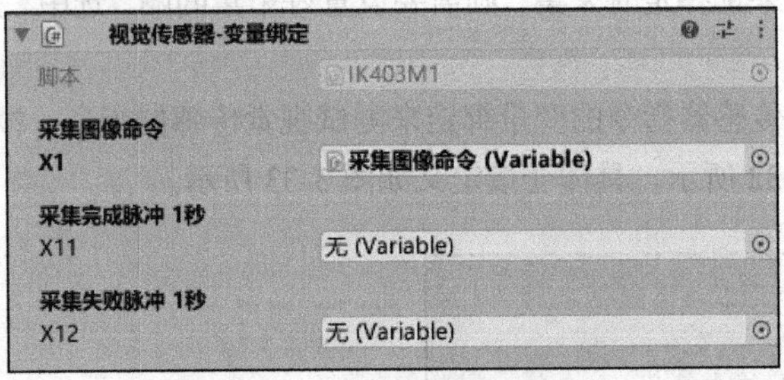

图 3-34　视觉传感器-变量绑定

（6）编写一段 PLC 程序，如图 3-35 所示。仿真启动信号 M0 启动后采集图像命令 M5 线圈得电，视觉传感器开始采集。其余程序为移动限位指令（见图 2-32），对象进行循环往返运动。

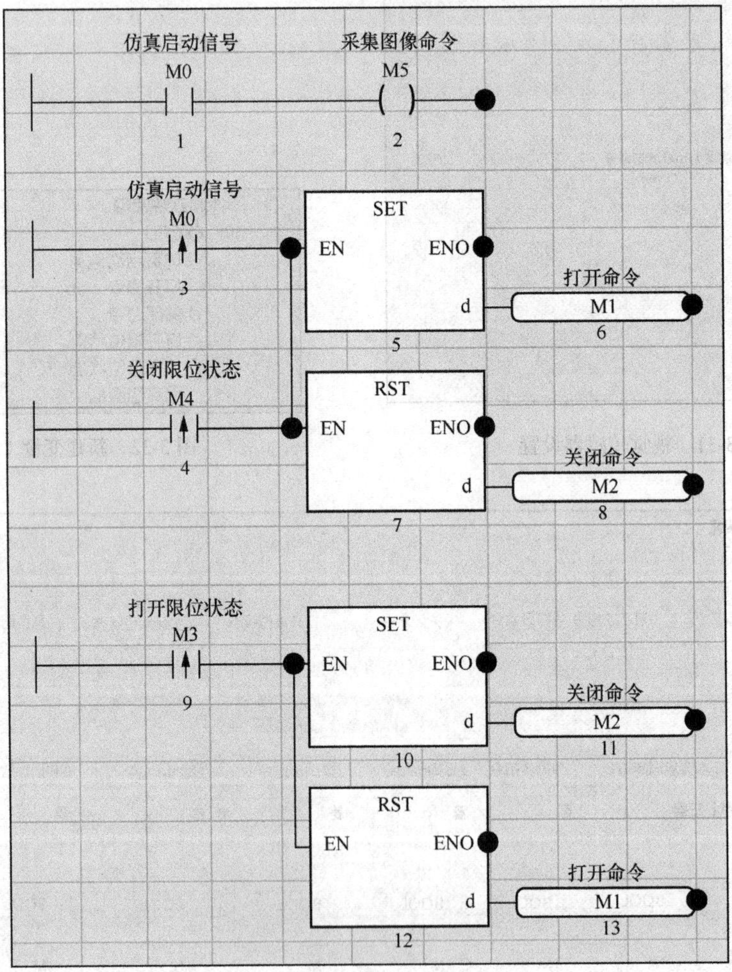

图 3-35　PLC 程序（3）

（7）后台启动好 PLC3D 工业仿真软件后，单击“播放”按钮，视觉传感器的采集方式选择定时采集，可在刚刚选择保存图像的文件地址中找到一个名为“Images”的文件夹，如图 3-36 所示。采集好的图像就保存在该文件夹中。

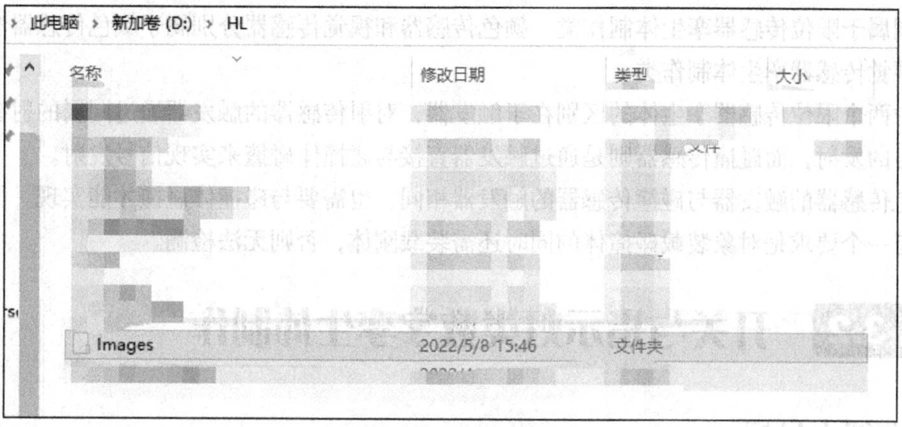

图 3-36　Images 文件夹

（8）在 Images 文件夹中图像数目与指令设置的图像缓存数量是一致的，如图 3-37 所示。当超过缓存数量时新图像将取代最前面的图像，如图 3-38 所示。

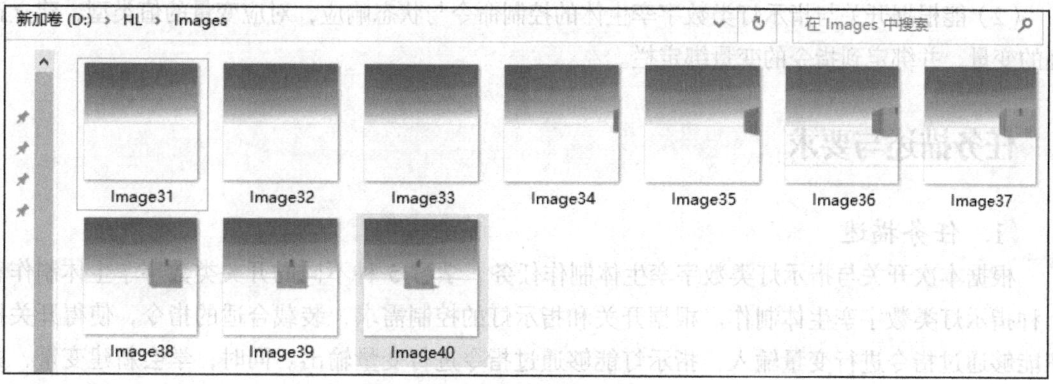

图 3-37　图像数目与缓存数量一致

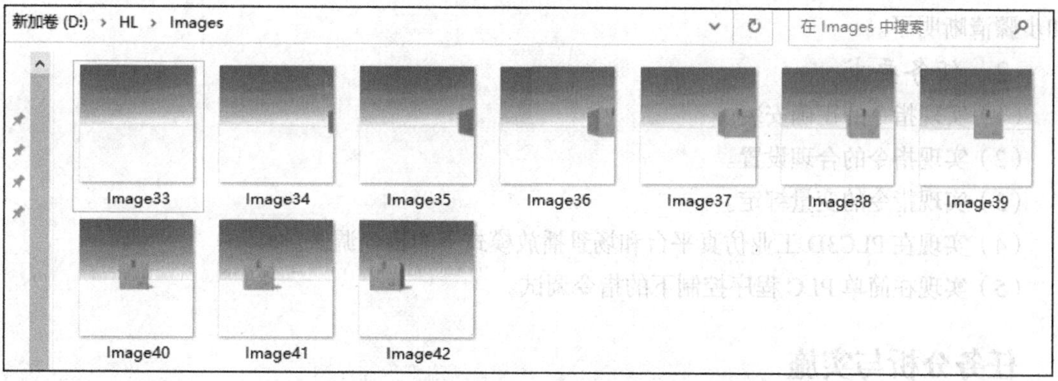

图 3-38　超过缓存数量时新图像将取代最前面的图像

任务小结

在本任务中学习了 4 种类型的传感器，它们同属于传感器类孪生体，其中对射传感器和碰撞传感器同属于限位传感器孪生体制作类，颜色传感器和视觉传感器分别属于颜色传感器孪生体制作类和视觉传感器孪生体制作类。

其中两个限位传感器孪生体的区别在于触发器，对射传感器的触发器通过同属的射线遮挡来实现信号的发射，而碰撞传感器则是通过触发器直接与碰撞体碰撞来实现信号发射。

颜色传感器的触发器与碰撞传感器的触发器相同，也需要与碰撞体碰撞才能实现。但颜色传感器还有一个要求是对象装载碰撞体的同时还需装载刚体，否则无法检测。

任务 3.2 开关与指示灯类数字孪生体制作

职业能力目标

（1）能根据开关和指示灯的控制方式与需求，装载合适的开关与指示灯类数字孪生体，并完成指令的参数设置。

（2）能根据开关与指示灯类数字孪生体的控制命令与状态响应，对应变量的值类型，建立正确的变量，并绑定到指令的变量绑定栏。

任务描述与要求

1. 任务描述

根据本次开关与指示灯类数字孪生体制作任务，学习 5 种不同的开关类数字孪生体制作和 1 种指示灯类数字孪生体制作。根据开关和指示灯的控制需求，装载合适的指令，使得开关按钮能够通过指令进行变量输入，指示灯能够通过指令进行变量输出。同时，学会新建变量，并绑定到指令的变量绑定栏，再根据变量编写出 PLC 程序。在开关与指示灯类数字孪生体制作过程中要做到开关与指示灯合理布局以及正确设置按钮动作的轴方向，使得后续安装实施的逻辑和步骤清晰明了。

2. 任务要求

（1）实现指令的正确安装。

（2）实现指令的合理设置。

（3）实现指令的变量绑定。

（4）实现在 PLC3D 工业仿真平台和场景播放模式下的指令调试。

（5）实现在简单 PLC 程序控制下的指令调试。

任务分析与实施

1. 任务分析

3D 按钮开关、3D 多挡开关、3D 拨动开关、3D 旋转开关和 3D 指示灯，这些指令会运用到开关与指示灯类数字孪生体制作的过程中。本任务会介绍这 5 种孪生体分别在何种场合下使用以及它们的不同之处，判断在某个场景下应如何正确区别、安装合适的指令。

2. 任务实施

根据开关与指示灯类数字孪生体制作的要求，制订任务实施计划。任务实施计划的具体内容见表3-6。

表3-6　任务实施计划

项目名称	电气类数字孪生体制作
任务名称	开关与指示灯类数字孪生体制作
任务描述	在Unity平台上实现制作
任务要求	场景布局合理，指令安装和设置正确，步骤规范
任务实施计划	具体内容
	1. 参照开关与指示灯类数字孪生体场景图，将场景中的设备准备就绪
	2. 参照指令设置的相关内容，设置好指令参数
	3. 绑定指令变量，设置好变量参数
	4. 设置完成后开始小组互检，查看是否有设置错误情况
	5. 互检完成后，对场景进行调试，确保任务完成

知识储备

1. 3D按钮开关指令接口介绍

一些场景中需要使用到电气柜开关控制程序，就需要用到3D按钮开关指令。3D按钮开关指令可以在场景中单击按钮，单击之后会输出一个状态。3D按钮开关指令的接口介绍见表3-7。

表3-7　3D按钮开关指令的接口介绍

分类	接口	作用	值类型	能否绑定变量
设置	关闭变量绑定	取消该指令上的所有变量绑定	BOOL	否
	是否自锁	按钮是否自锁	BOOL	否
	控制对象	绑定对应的按钮	–	否
	坐标轴	按钮开关动画的轴方向	–	否
	光照范围	设置灯光的强弱	–	否
状态	按钮状态	按下按钮开关时反馈系统	BOOL	能

2. 3D多挡开关指令接口介绍

在工业场景中，挡位开关是非常常见的，3D多挡开关可用于控制一些输入的挡位。3D多挡开关指令的接口介绍见表3-8。

表3-8　3D多挡开关指令的接口介绍

分类	接口	作用	值类型	能否绑定变量
设置	关闭变量绑定	取消该指令上的所有变量绑定	BOOL	否
	控制对象	绑定开关的旋钮部分	–	否

续表

分类	接口	作用	值类型	能否绑定变量
设置	坐标轴	挡位响应状态的延迟时间	REAL	否
	挡位设置	设置挡位的位置	REAL	否
	挡位选择	选择挡位	UINT	能
状态	运行状态	挡位运行时反馈系统	BOOL	能
	挡位完成状态	挡位完成时反馈系统	BOOL	能

3. 3D拨动开关指令接口介绍

3D拨动开关指令常用于电闸开关或是断路器等一些利用拨片进行启动、关闭的开关。3D拨动开关指令的接口介绍见表3-9。

表3-9　3D拨动开关指令的接口介绍

分类	接口	作用	值类型	能否绑定变量
设置	关闭变量绑定	取消该指令上的所有变量绑定	BOOL	否
	控制对象	绑定拨动开关的拨片	–	否
	坐标轴	拨动开关动画的轴方向	–	否
	旋转角度	拨片旋转的角度	REAL	否
	打开命令	既能作为命令使用也能视为状态	BOOL	能

4. 3D旋转开关指令接口介绍

3D旋转开关指令可以将角度转换成其他数值进行输出，类似保险柜上的旋转开关。3D旋转开关指令的接口介绍见表3-10。

表3-10　3D旋转开关指令的接口介绍

分类	接口	作用	值类型	能否绑定变量
设置	关闭变量绑定	取消该指令上的所有变量绑定	BOOL	否
	控制对象	绑定旋转开关的旋钮	–	否
	坐标轴	旋转开关动画的轴方向	–	否
	最大旋转角度	设置旋钮最大的旋转角度	REAL	否
	转换率	旋转角度转换成输出的比值	REAL	否
状态	转换角度	此时旋钮的旋转角度	REAL	能
	输出值	转换角度×转换率的数值	REAL	能
	运行状态	旋转开关运行时反馈系统	BOOL	能

5. 3D指示灯指令接口介绍

当场景搭建完成需要显示状态时，就要用到3D指示灯指令，即当某个状态响应时指示灯就会亮。3D指示灯指令的接口介绍见表3-11。

表3-11　3D指示灯指令的接口介绍

分类	接口	作用	值类型	能否绑定变量
设置	关闭变量绑定	取消该指令上的所有变量绑定	BOOL	否

续表

分类	接口	作用	值类型	能否绑定变量
设置	控制对象	绑定状态对应的指示灯	–	否
	光照范围	设置灯光的强弱	–	否
命令	打开命令	打开指示灯指令	BOOL	能

任务实施

3D 按钮开关指令

1. 3D 按钮开关指令

（1）新建一个场景，添加模型“包装箱中号”并右击生成子对象“控制”，按照移动到位指令的任务实施进行设置，“包装箱中号”位置为(0,0,–3)，移动到位指令坐标轴设置为 Z，位置命令设置为 6。在场景中添加模型“绿色按钮”，再装载 3D 按钮开关指令，如图 3-39 所示。

（2）在 3D 按钮开关指令的控制对象上绑定按钮的钮帽，选择钮帽动作的坐标轴，或是设置成 NONE，光照范围设置为 1，如图 3-40 所示。后台启动好 PLC3D 工业仿真软件后，单击“播放”按钮，再在场景中单击模型“绿色按钮”的钮帽部分，按钮就会发光，“按钮状态”就会反馈系统。

图 3-39　场景层级窗口设置（5）

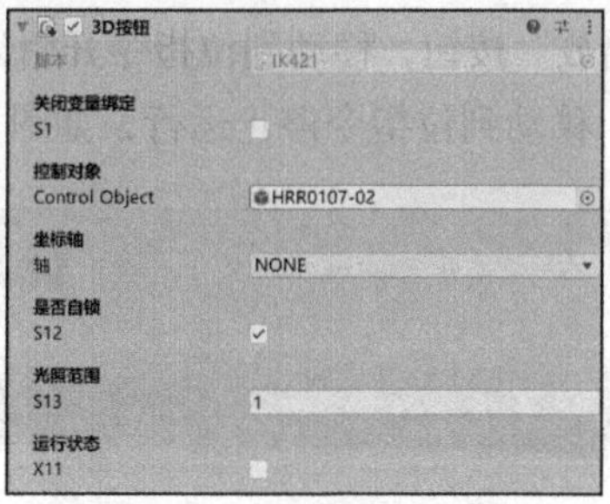

图 3-40　3D 按钮开关设置

（3）接着使用 3D 按钮开关指令的变量绑定来测试 3D 按钮开关指令。根据表 3-7 所示值类型，新建 3 个变量，如图 3-41 所示。具体变量定义如图 3-42 所示。

图 3-41　新建变量（4）

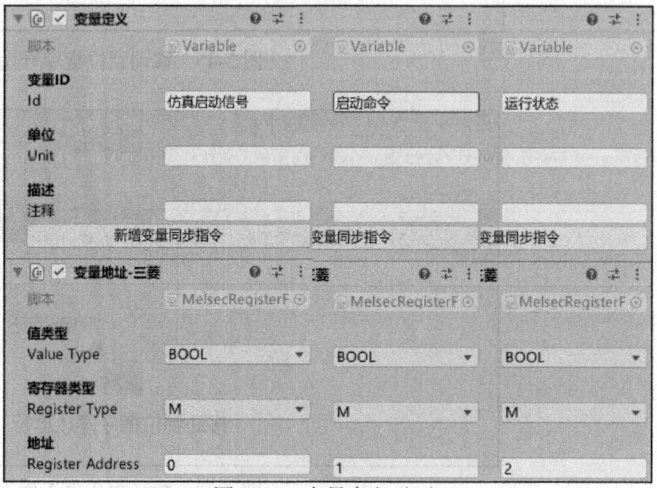

图 3-42　变量定义（4）

（4）将“仿真启动信号”变量绑定到“控制器”→“仿真启动信号”，将“启动命令”绑定到“移动到位指令-变量绑定”。将“运行状态”绑定到“3D按钮-变量绑定”，如图3-43所示。

图3-43　3D按钮-变量绑定

（5）编写一段PLC程序，如图3-44所示。仿真启动信号M0常开和运行状态M2常闭时，启动命令M1线圈得电。

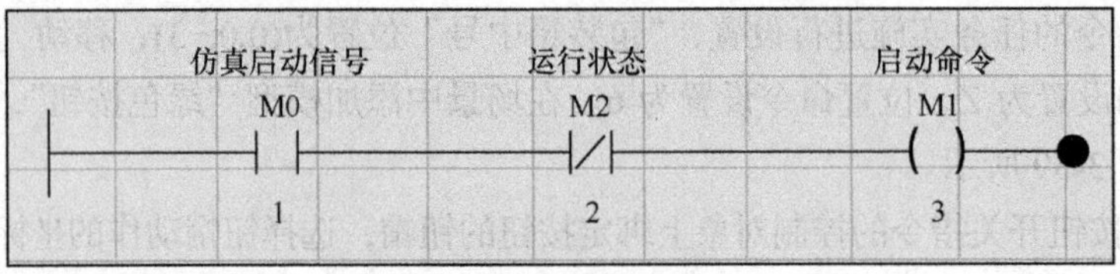

图3-44　PLC程序（4）

（6）单击PLC程序中的“模拟开始”按钮，回到Unity界面，后台启动好PLC3D工业仿真软件后，单击“播放”按钮，移动到位指令开始运行，如图3-45所示。单击场景中模型“绿色按钮”的钮帽部分，移动到位指令停止运行，如图3-46所示。

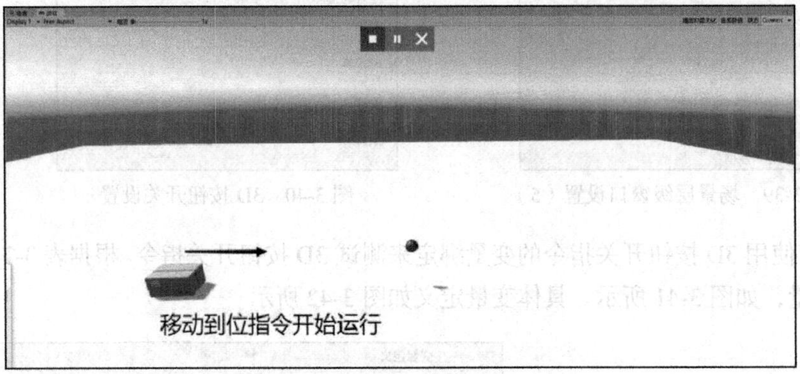

图3-45　移动到位指令开始运行

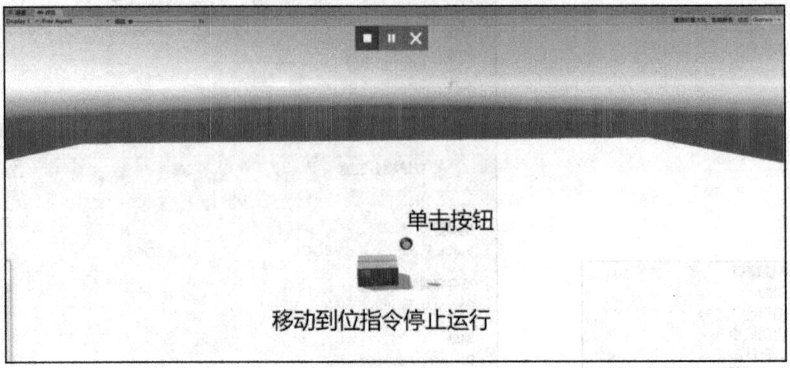

图3-46　移动到位指令停止运行

2. 3D 多挡开关指令

3D 多挡开关指令

（1）新建一个场景，添加模型“包装箱中号”并右击生成子对象“控制”，按照移动定位指令的任务实施进行设置，“包装箱中号”位置为(0,0,−3)，移动定位指令坐标轴设置为 Z，定位点任意设置 3 个。在场景中添加模型“三挡开关”，再装载 3D 多挡开关指令，如图 3-47 所示。

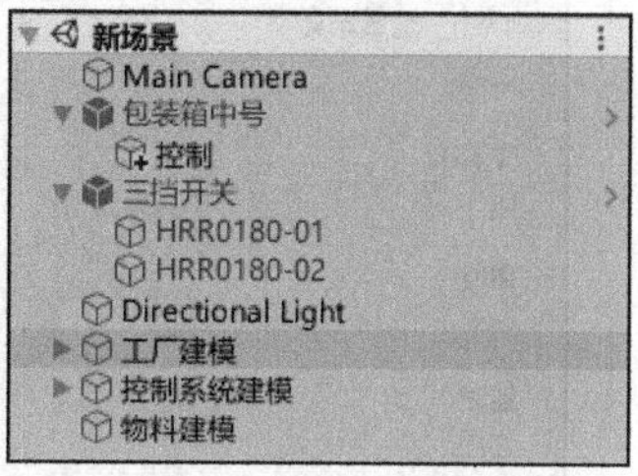

图 3-47　场景层级窗口设置（6）

（2）在 3D 多挡开关指令的控制对象绑定上“3D 多挡开关”的挡位旋钮部件，设置好旋钮旋转的坐标轴，并在“挡位设置”挡中设置挡位的角度，如图 3-48 所示。在后台启动好 PLC3D 工业仿真软件后，单击“播放”按钮，再在场景中单击左键模型旋钮部件平行右滑进入下一元素，单击左键模型旋钮部件平行左滑返回上一元素，初始状态的挡位是元素 0 上的挡位。

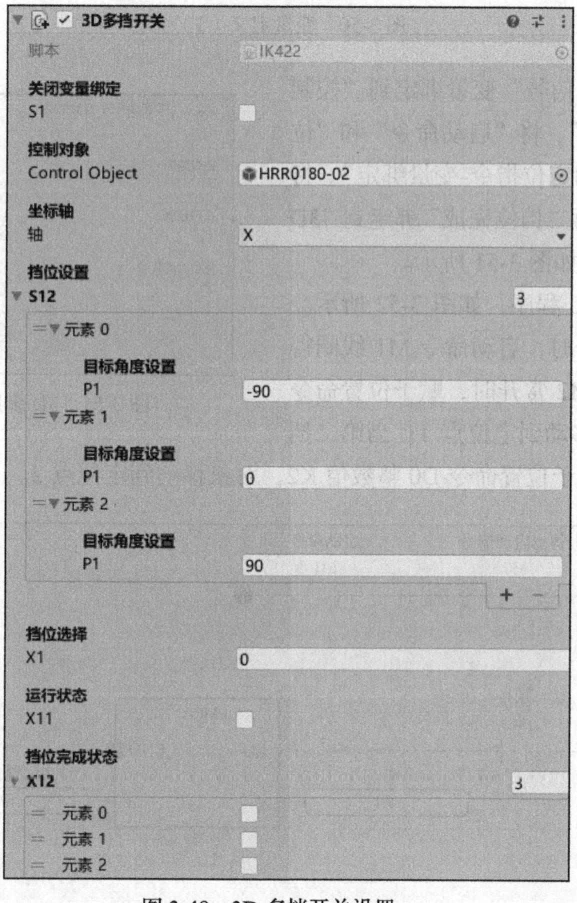

图 3-48　3D 多挡开关设置

（3）使用 3D 多挡开关指令的变量绑定来测试 3D 多挡开关指令。根据表 3-8 所示值类型，新建 5 个变量，如图 3-49 所示。具体变量定义如图 3-50 所示。

图 3-49　新建变量（5）

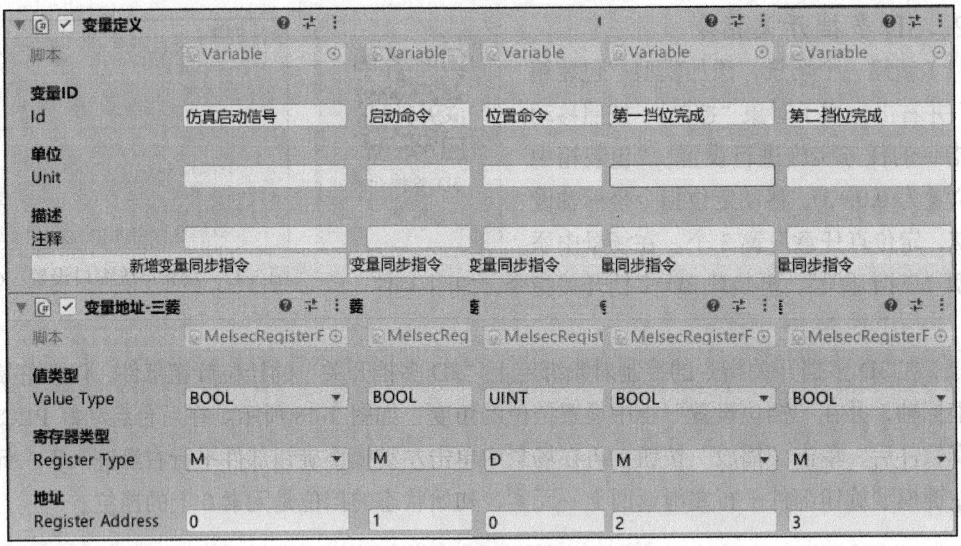

图 3-50　变量定义（5）

（4）将“仿真启动信号”变量绑定到“控制器”→“仿真启动信号”，将“启动命令”和“位置命令”绑定到“移动定位指令-变量绑定”。将“第一挡位完成”和“第二挡位完成”绑定到“3D 多挡开关-变量绑定”，如图 3-51 所示。

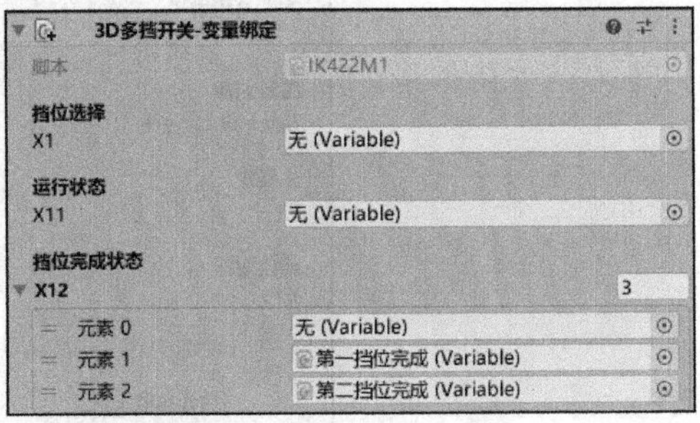

图 3-51　3D 多挡开关-变量绑定

（5）编写一段 PLC 程序，如图 3-52 所示。仿真启动信号 M0 常开时，启动命令 M1 线圈得电。当第一挡位完成 M2 常开时，赋予位置命令 D0 整数值 K1，对象移动到定位点 1；当第二挡位完成 M3 常开时，赋予位置命令 D0 整数值 K2，对象移动到定位点 2。

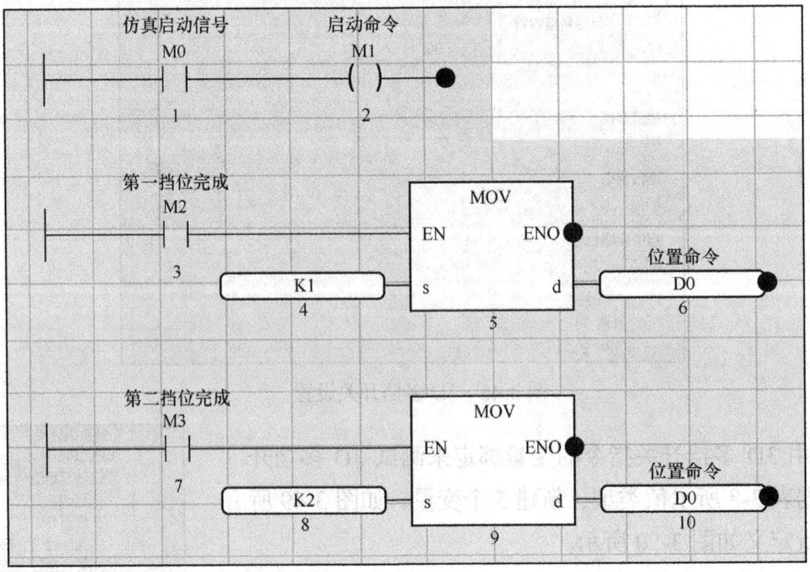

图 3-52　PLC 程序（5）

（6）单击 PLC 程序中的“模拟开始”按钮，回到 Unity 界面，后台启动好 PLC3D 工业仿真软件后，单击“播放”按钮，移动定位指令开始运行。当多挡开关拨动到第一挡位时，对象移动到定位点 1 的位置，如图 3-53 所示。当多挡开关拨动到第二挡位时，对象移动到定位点 2 的位置，如图 3-54 所示。

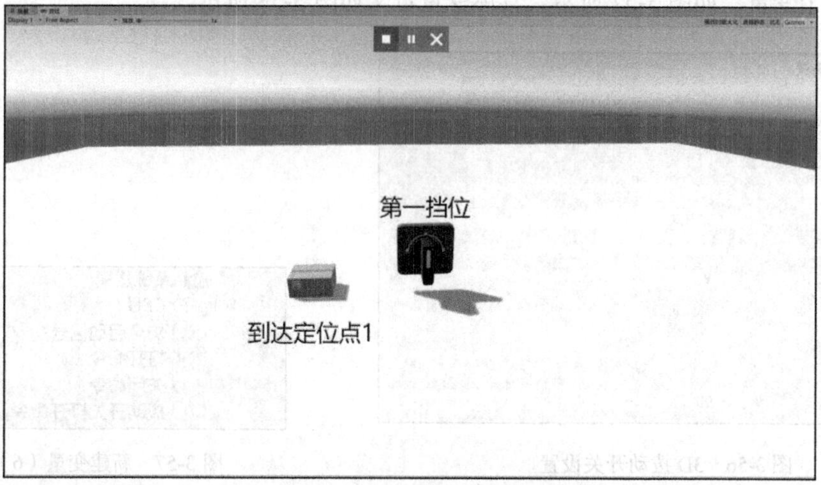

图 3-53 对象移动到定位点 1

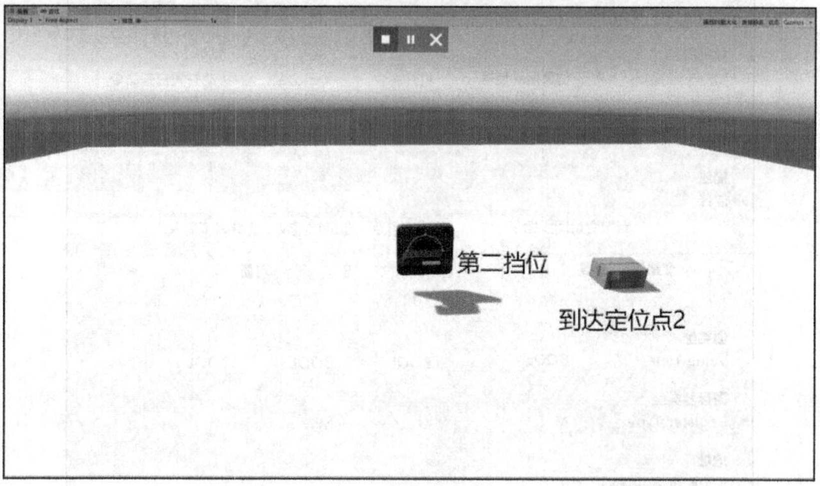

图 3-54 对象移动到定位点 2

3. 3D 拨动开关指令

（1）新建一个场景，添加模型“包装箱中号”并右击生成子对象“控制”，按照移动限位指令的任务实施进行设置，“包装箱中号”位置为(0,0,−3)，移动限位指令坐标轴设置为 Z，限位点设置为 2。在场景中添加模型“断路器”，再装载 3D 拨动开关指令，如图 3-55 所示。

3D 拨动开关指令

图 3-55 场景层级窗口设置（7）

（2）在 3D 拨动开关的控制对象上绑定开关的拨片，选择拨片旋转的轴方向，还有旋转的角度，如图 3-56 所示。在后台启动好 PLC3D 工业仿真软件，单击“播放”按钮，再在场景中单击开关拨片，拨片就能上下拨动。

（3）接着使用 3D 拨动开关指令的变量绑定来测试 3D 拨动开关指令。根据表 3-9 所示值类型，新建 4 个变量，如图 3-57 所示。具体变量定义如图 3-58 所示。

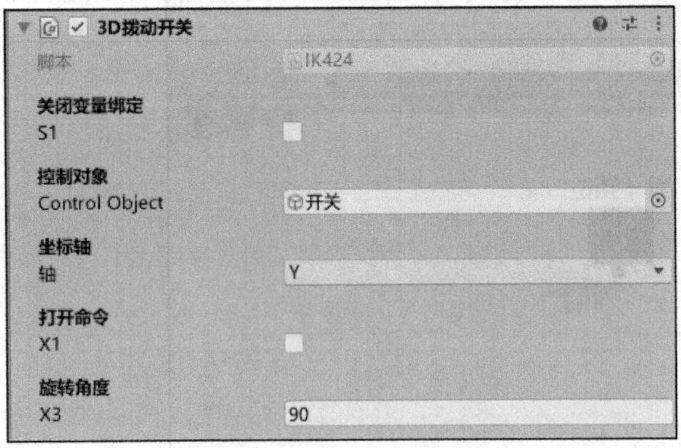

图 3-56　3D 拨动开关设置

图 3-57　新建变量（6）

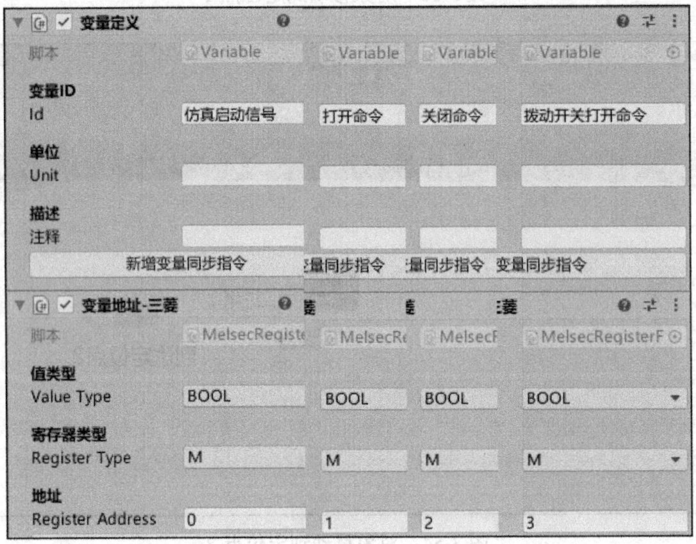

图 3-58　变量定义（6）

（4）将“仿真启动信号”变量绑定到“控制器”→“仿真启动信号”，将“打开命令”和“关闭命令”绑定到“移动限位指令-变量绑定”。将“拨动开关打开命令”绑定到“3D 拨动开关-变量绑定”，如图 3-59 所示。

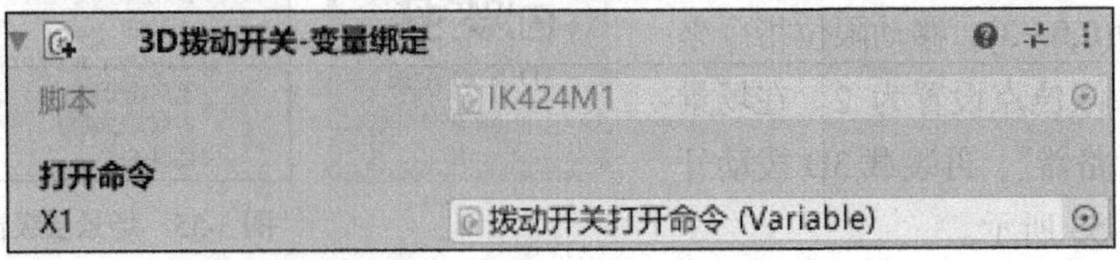

图 3-59　3D 拨动开关-变量绑定

（5）编写一段 PLC 程序，如图 3-60 所示。仿真启动信号 M0 常开和拨动开关打开命令 M3 常开时，打开命令 M1 线圈得电。仿真启动信号 M0 常开和拨动开关打开命令 M3 常闭时，关闭命令 M2 线圈得电。

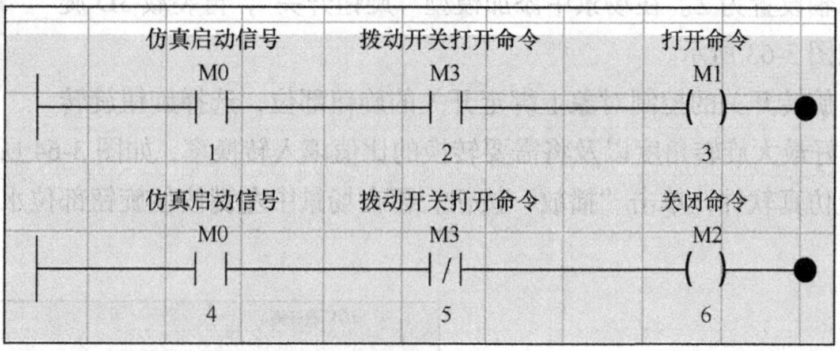

图 3-60　PLC 程序（6）

（6）单击 PLC 程序中的“模拟开始”按钮，回到 Unity 界面，后台启动好 PLC3D 工业仿真软件后，单击“播放”按钮。当拨动开关拨动时，对象移动到限位点的位置，如图 3-61 所示。当拨动开关拨回原位时，对象移动回初始位置，如图 3-62 所示。

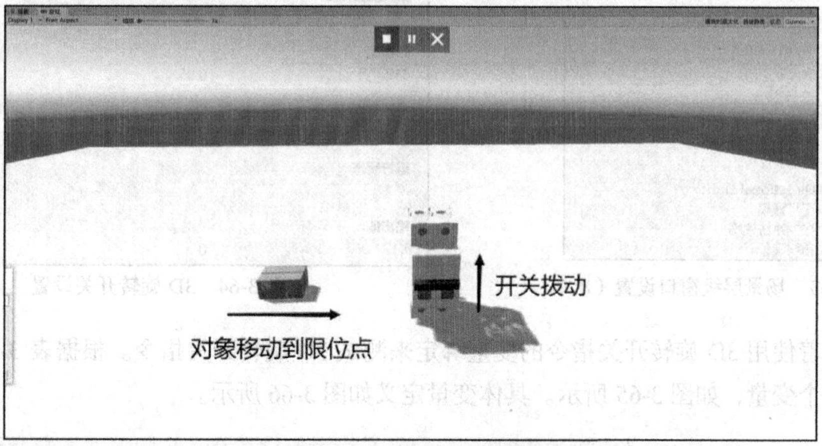

图 3-61　对象移动到限位点

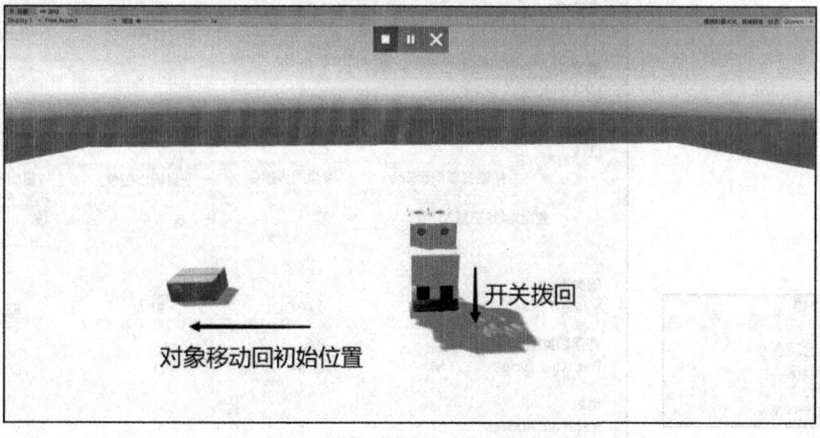

图 3-62　对象移动回初始位置

4. 3D 旋转开关指令

3D 旋转开关指令

（1）新建一个场景，添加模型“包装箱中号”并右击生成子对象“控制”，按照移动到位指令的任务实施进行设置，“包装箱中号”位置为(0,0,−3)，移动到位指令坐标轴设置为 Z。在场景中添加模型“旋钮开关”，再装载 3D 旋转开关指令，如图 3-63 所示。

（2）在 3D 旋转开关的控制对象上绑定开关的旋钮部位，选择旋钮旋转的轴方向，设置好最大旋转角度以及将需要转换的比值填入转换率，如图 3-64 所示。在后台启动好 PLC 3D 工业仿真软件，单击“播放”按钮，再在场景中左键按住旋钮部位水平滑动就能得到对应输出值。

图 3-63　场景层级窗口设置（8）

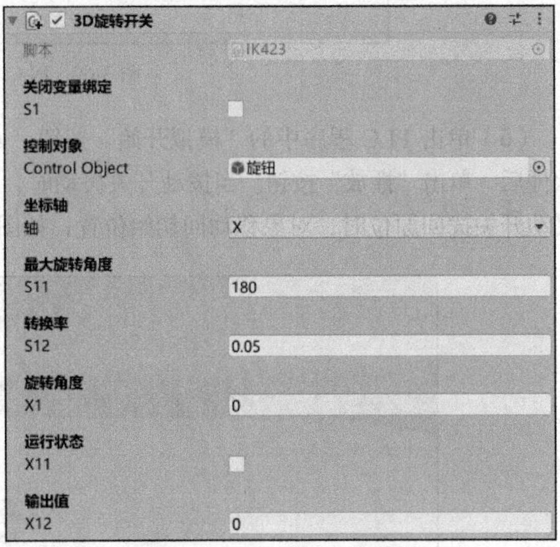

图 3-64　3D 旋转开关设置

（3）接着使用 3D 旋转开关指令的变量绑定来测试 3D 旋转开关指令。根据表 3-10 所示值类型，新建 4 个变量，如图 3-65 所示。具体变量定义如图 3-66 所示。

图 3-65　新建变量（7）

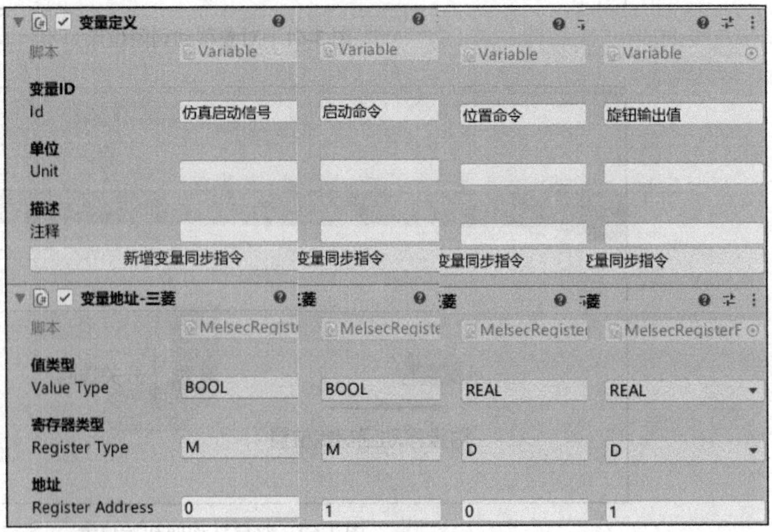

图 3-66　变量定义（7）

（4）将“仿真启动信号”变量绑定到“控制器”→“仿真启动信号”，将“启动命令”和“位置命令”绑定到“移动到位指令-变量绑定”。将“旋钮输出值”绑定到“3D 旋转开关-变量绑定”，如图 3-67 所示。

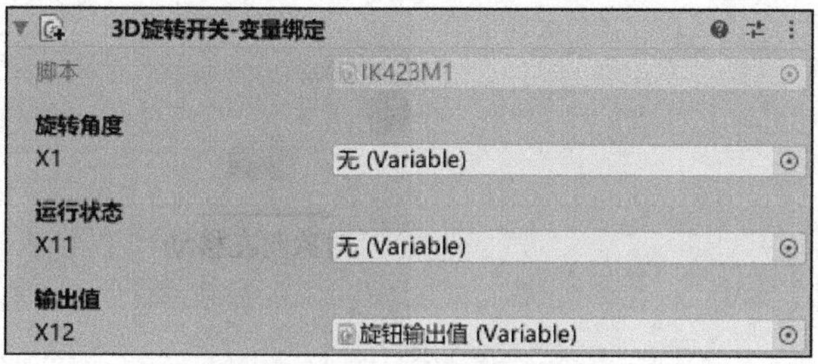

图 3-67　3D 旋转开关-变量绑定

（5）编写一段 PLC 程序，如图 3-68 所示。仿真启动信号 M0 常开时，启动命令 M1 线圈得电。将旋钮输出值 D1 的浮点数转移到位置命令 D0 上，旋钮转动时，移动到位指令位置发生变化。

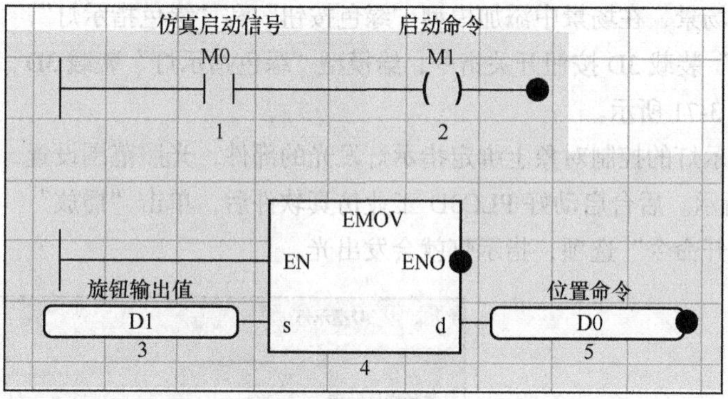

图 3-68　PLC 程序（7）

（6）单击 PLC 程序中的“模拟开始”按钮，回到 Unity 界面，后台启动好 PLC3D 工业仿真软件后，单击“播放”按钮。当旋钮开关向右旋转时，对象向右移动，如图 3-69 所示。当旋钮开关向左旋转时，对象向左移动，如图 3-70 所示。

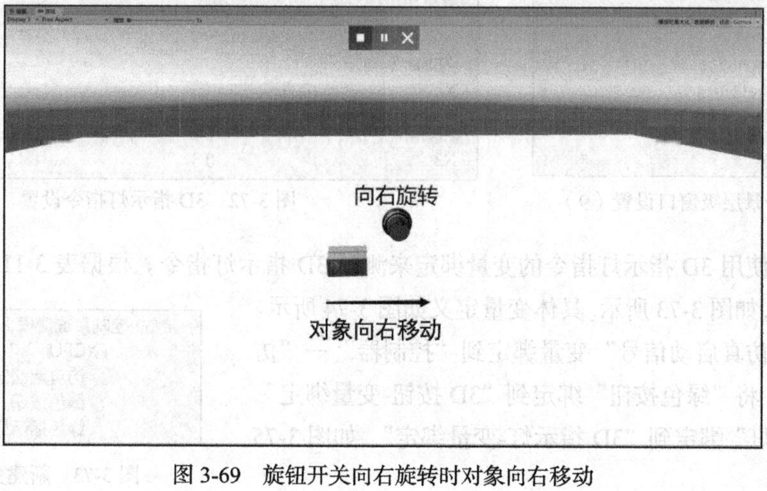

图 3-69　旋钮开关向右旋转时对象向右移动

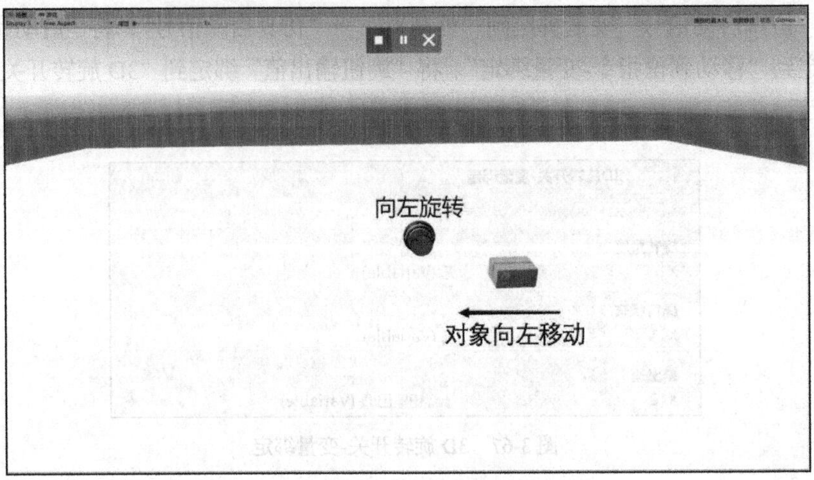

图 3-70　旋钮开关向左旋转时对象向左移动

5. 3D 指示灯指令

（1）新建一个场景，在场景中添加模型“绿色按钮”和“绿色指示灯”，给模型“绿色按钮”装载 3D 按钮开关指令，给模型“绿色指示灯”装载 3D 指示灯指令，如图 3-71 所示。

（2）在 3D 指示灯的控制对象上绑定指示灯发光的部件，光照范围设置为 1，如图 3-72 所示。后台启动好 PLC3D 工业仿真软件后，单击“播放”按钮，再勾选“打开命令”选项，指示灯就会发出光。

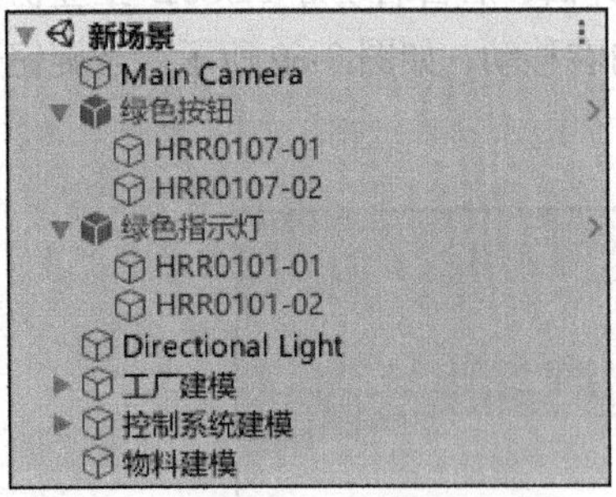

图 3-71　场景层级窗口设置（9）

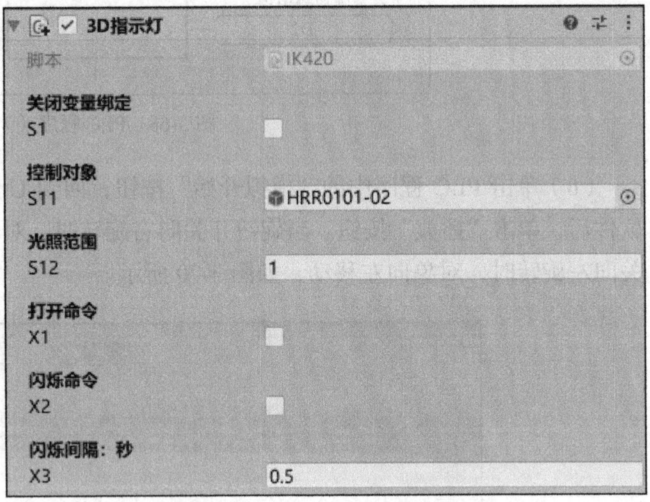

图 3-72　3D 指示灯指令设置

（3）接着使用 3D 指示灯指令的变量绑定来测试 3D 指示灯指令。根据表 3-11 所示值类型，新建 3 个变量，如图 3-73 所示。具体变量定义如图 3-74 所示。

（4）将“仿真启动信号”变量绑定到“控制器”→“仿真启动信号”，将“绿色按钮”绑定到“3D 按钮-变量绑定”。将“绿色指示灯”绑定到“3D 指示灯-变量绑定”，如图 3-75 所示。

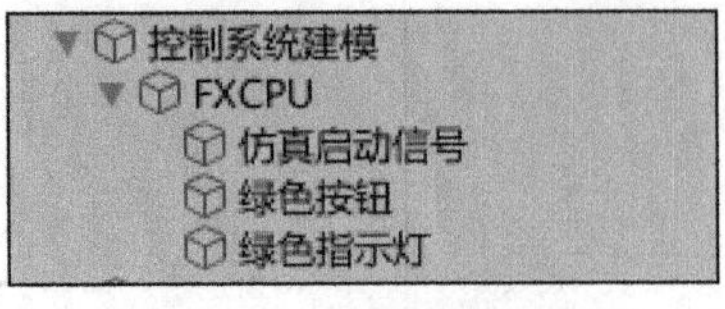

图 3-73　新建变量（8）

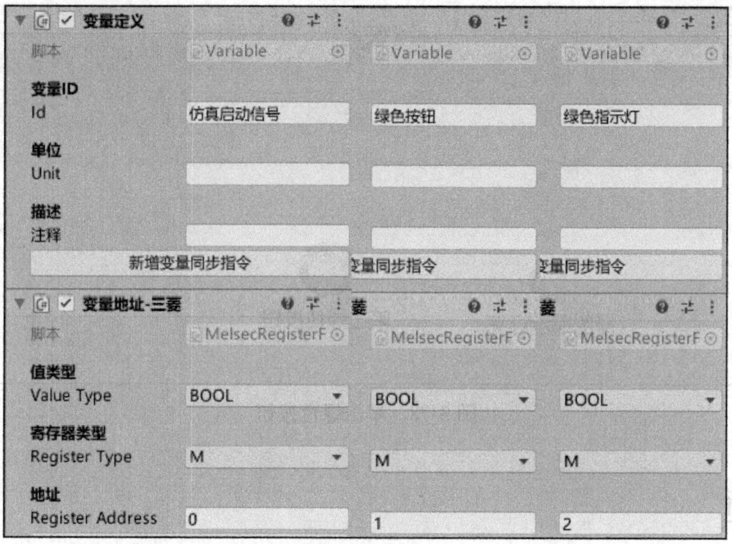

图 3-74　变量定义（8）

图 3-75　3D 指示灯-变量绑定

（5）编写一段 PLC 程序，如图 3-76 所示。当仿真启动信号 M0 常开和绿色按钮 M1 常开的时候，绿色指示灯 M2 线圈得电。

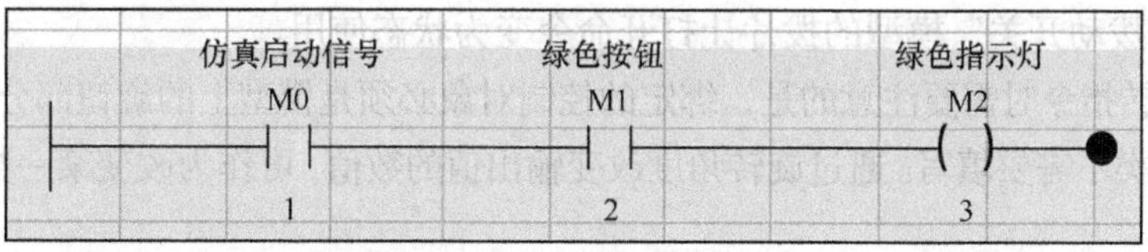

图 3-76　PLC 程序（8）

（6）单击 PLC 程序中的“模拟开始”按钮，回到 Unity 界面，后台启动好 PLC3D 工业仿真软件后，单击“播放”按钮，初始状态如图 3-77 所示。当单击“绿色按钮”模型后，“绿色指示灯”模型亮起来了，如图 3-78 所示。

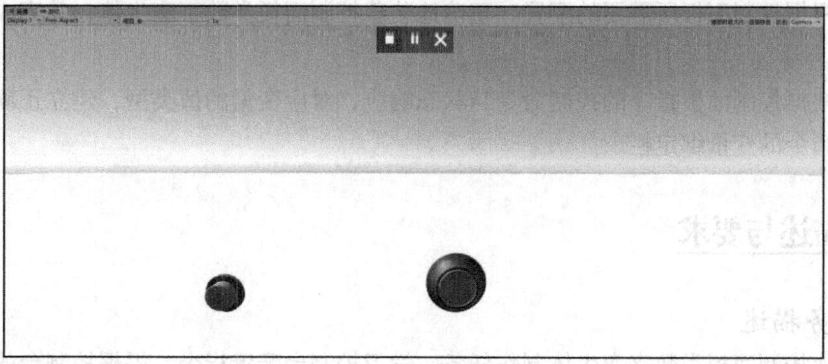

图 3-77　初始状态（3）

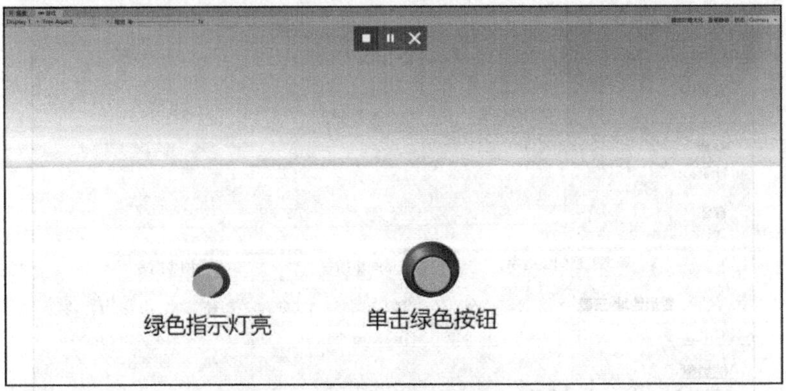

图 3-78　单击绿色按钮

任务小结

使用 3D 按钮开关指令和 3D 指示灯指令时需要注意的是，控制对象必须是带有 Mesh Renderer 网格渲染器才行。而且 Material 材质中的反射率选项里的颜色才是灯光的颜色，如果使用指令时出现白光则是反射率里的颜色没有设置到位。

使用 3D 多挡开关指令时需要注意的是，挡位设置的顺序得按数值从小到大排序，因为多挡开关的设置是单击左键控制对象平行右滑进入下一元素，单击左键控制对象平行左滑返回上一元素，初始状态的挡位是元素 0 上的挡位，所以需要注意填写元素 0 上的挡位时必须填写这个开关的初始挡位。

使用 3D 拨动开关指令时需要注意的是，绑定的控制对象必须是模型上的拨片部分。打开命令既能作为命令使用也能视为状态的意思是，既能通过勾选“打开命令”选项让拨动开关进行动作，也能单击“拨动开关”模型的拨片让打开命令变为状态使用。

使用 3D 旋转指令时需要注意的是，绑定的控制对象必须是模型上的旋钮部分，转换角度和输出值作为状态分类不需要填写。通过旋转角度改变输出值的数值，可作为改变某一数值的控制开关。

任务 3.3　控制面板类数字孪生体制作

职业能力目标

（1）能根据控制面板所需要的配置，正确地装载控制面板类数字孪生体，并完成指令的参数设置。

（2）能根据控制面板指令的控制命令与状态响应，对应变量的值类型，建立正确的变量，并将之绑定到指令的变量绑定栏。

任务描述与要求

1. 任务描述

根据本次控制面板类数字孪生体制作任务，学习控制台配置指令。根据控制台的控制需求，装载合适的指令，使得能够在控制台上完成相应的功能。同时，学会新建变量，并将之绑定到指令的变量绑定栏，再根据变量编写出 PLC 程序。在控制面板类数字孪生体制作过程中要做到面板布局合理，正确设置数显表，使得后续安装实施的逻辑和步骤清晰明了。

2. 任务要求

（1）实现指令的正确安装。

（2）实现指令的合理设置。

（3）实现指令的变量绑定。

（4）实现在 PLC3D 工业仿真平台和场景播放模式下的指令调试。

（5）实现在简单 PLC 程序控制下的指令调试。

任务分析与实施

1. 任务分析

本次控制面板类数字孪生体制作任务主要介绍控制台配置指令的使用方法，以及介绍控制台配置指令衍生的配套指令：控制台配置-指示灯、控制台配置-按钮和控制台配置-数显表。介绍这 3 个配套指令的使用方法，以及整个控制台配置的具体使用，判断如何在某个场景下正确地安装指令。

2. 任务实施

根据控制面板类数字孪生体制作的要求，制订任务实施计划。任务实施计划的具体内容见表 3-12。

表 3-12　任务实施计划

项目名称	电气类数字孪生体制作
任务名称	控制面板类数字孪生体制作
任务描述	在 Unity 平台上实现制作
任务要求	场景布局合理，指令安装和设置正确，步骤规范
任务实施计划	具体内容
	1. 参照控制面板类数字孪生体场景图，将场景中的设备准备就绪
	2. 参照指令设置的相关内容，设置好指令参数
	3. 绑定指令变量，设置好变量参数
	4. 设置完成后开始小组互检，查看是否有设置错误情况
	5. 互检完成后，对场景进行调试，确保任务完成

知识储备

1. 控制台配置指令接口介绍

控制台就像是电气控制柜一样，使用者可通过控制台配置指令生成场景中所要用到的指示灯、按钮和数显表，再绑定相应的变量使用，实现如控制变量的开关、监控数据等功能。控制台配置指令的接口介绍见表 3-13。

表 3-13　控制台配置指令的接口介绍

分类	接口	作用	值类型	能否绑定变量
设置	标题设置	设置文字内容标题	–	否
	控制台模型	绑定 2D 模型中的控制台	–	否

2. 控制台配置-指示灯接口介绍

在控制台配置中单击“新建指示灯”选项，会在下方出现一个名为“控制台配置-指示灯”的脚本。控制台配置-指示灯的接口介绍见表 3-14。

表 3-14　控制台配置–指示灯的接口介绍

分类	接口	作用	值类型	能否绑定变量
设置	标题	设置指示灯的标题	–	否
	指示灯模型	绑定 2D 模型中的指示灯	–	否
	是否闪烁	指示灯是否闪烁	BOOL	否
	闪烁间隔	闪烁的时间间隔	REAL	否
	位置	在控制台上摆放的位置	UINT	否
	变量绑定	绑定变量	BOOL	能

3. 控制台配置-按钮接口介绍

在控制台配置中单击“新建按钮”选项，就会在下方出现一个名为“控制台配置-按钮”的脚本。控制台配置-按钮的接口介绍见表 3-15 所示。

表 3-15　控制台配置–按钮的接口介绍

分类	接口	作用	值类型	能否绑定变量
设置	标题	设置按钮的标题	–	否
	按钮模型	绑定 2D 模型中的按钮	–	否
	是否自锁	按钮是否自锁	BOOL	否
	位置	在控制台上摆放的位置	UINT	否
	变量绑定	绑定变量	BOOL	能

4. 控制台配置-数显表接口介绍

在控制台配置中单击“新建数显表”选项，就会在下方出现一个名为“控制台配置-数显表”的脚本。控制台配置-数显表的接口介绍见表 3-16。

表 3-16　控制台配置–数显表的接口介绍

分类	接口	作用	值类型	能否绑定变量
设置	标题	设置数显表的标题	–	否
	数显表模型	绑定 2D 模型中的数显表	–	否
	位置	在控制台上摆放的位置	UINT	否
	变量绑定	绑定变量	BOOL	能

任务实施

控制台配置
具体使用

控制台配置具体使用。

（1）在新场景中拖入模型“AGV 运输车”和“明装配电箱”，如图 3-79 所示。右击模型“AGV 运输车”生成一个名为“控制”的子对象，并在子对象上装载“移动到位指令”，绑定好控制对象，设置好坐标轴和速度命令即可。给模型“明装配电箱”装载盒状触发器和控制台配置指令，其中控制台模型在项目窗口的“模型库”→“2D”→“控制台”中，将文件拖入指令中即可，如图 3-80 所示。

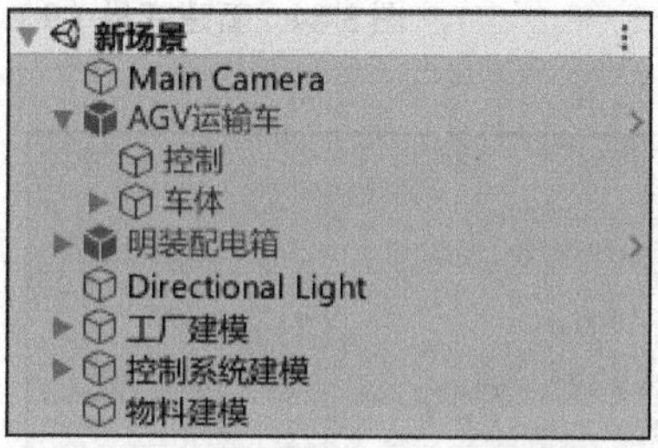

图 3-79　场景层级窗口设置（10）

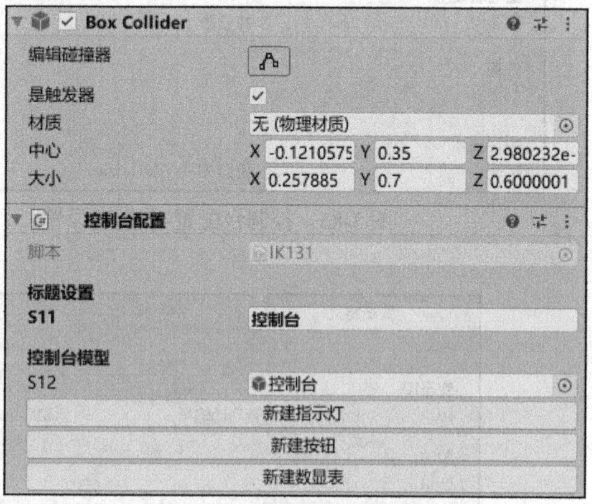

图 3-80　盒状触发器和控制台配置

（2）单击“新建指示灯”“新建按钮”“新建数显表”这 3 个按钮。并对“控制台配置-指示灯”“控制台配置-按钮”“控制台配置-数显表”进行设置。

指示灯部分：将项目窗口的“模型库”→“2D”→“指示灯”文件中的模型拖入 “指示灯模型”中，设置是否闪烁、闪烁间隔时间以及位置，如图 3-81 所示。

按钮部分：将项目窗口的“模型库”→“2D”→“按钮”文件中的模型拖入“按钮模型”中，设置是否自锁和位置，注意指示灯的位置和按钮的位置不能重复，如图 3-82 所示。

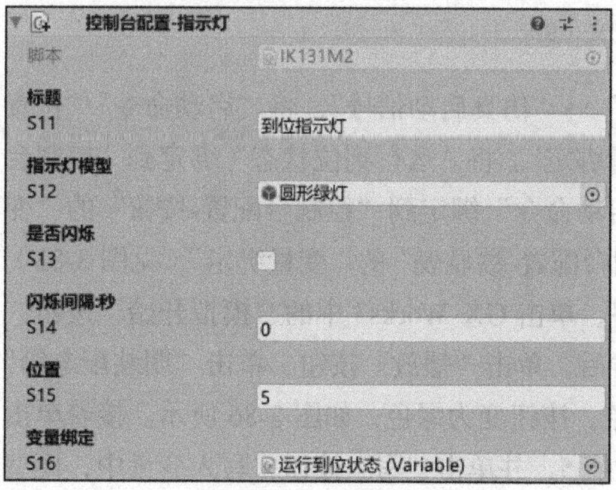

图 3-81　控制台配置-指示灯设置

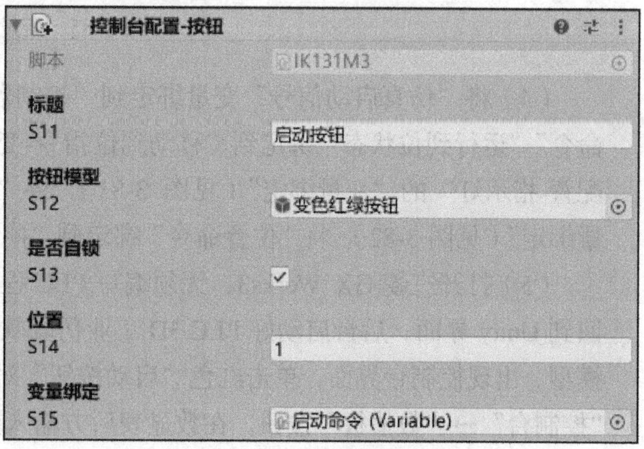

图 3-82　控制台配置-按钮设置

数显表部分：将项目窗口的“模型库”→“2D”→“数显表”文件中的模型拖入“数显表模型”中，设置好位置，可以与指示灯和按钮的位置重合，但是数显表之间的位置不能重合，如图 3-83 所示。

（3）接着使用控制台配置指令的变量绑定来测试控制台配置指令。根据表 3-13 ~ 表 3-16 所示值类型，新建 4 个变量，如图 3-84 所示。具体变量定义如图 3-85 所示。

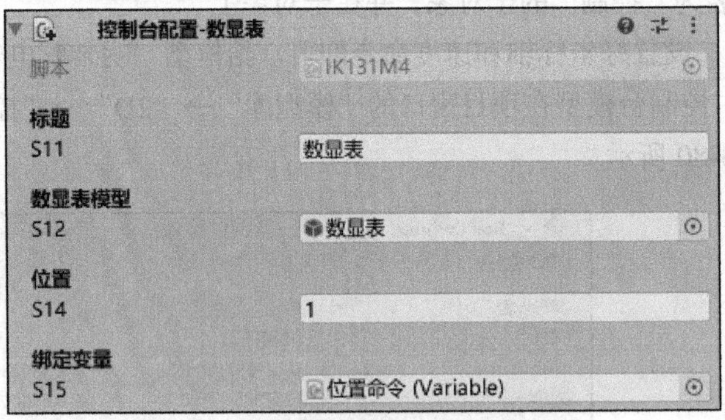

图 3-83 控制台配置-数显表设置

图 3-84 新建变量（9）

图 3-85 变量定义（9）

（4）将“仿真启动信号”变量绑定到“控制器”→“仿真启动信号”，将“启动命令”“位置命令”“运行到位状态”绑定到“移动到位指令-变量绑定”。将“运行到位状态”绑定到“控制台配置-指示灯”的“变量绑定”（见图 3-81）。将“启动命令”绑定到“控制台配置-按钮”的“变量绑定”（见图 3-82）。将“位置命令”绑定到“控制台配置-数显表”的“变量绑定”（见图 3-83）。

（5）打开三菱 GX Works3，无须编写 PLC 程序，单击 GX Works3 中的“模拟开始”按钮，回到 Unity 界面，后台启动好 PLC 3D 工业仿真软件后，单击“播放”按钮。单击“明装配电箱”模型，出现控制台界面，单击红色“启动按钮”对象，按钮变为绿色，如图 3-86 所示。接着单击“控制台”→“数值板”按钮，在数显表后方输入数值 5，并单击“写”按钮，写入变量中，模型“AGV 运输车”开始运行，如图 3-87 所示。

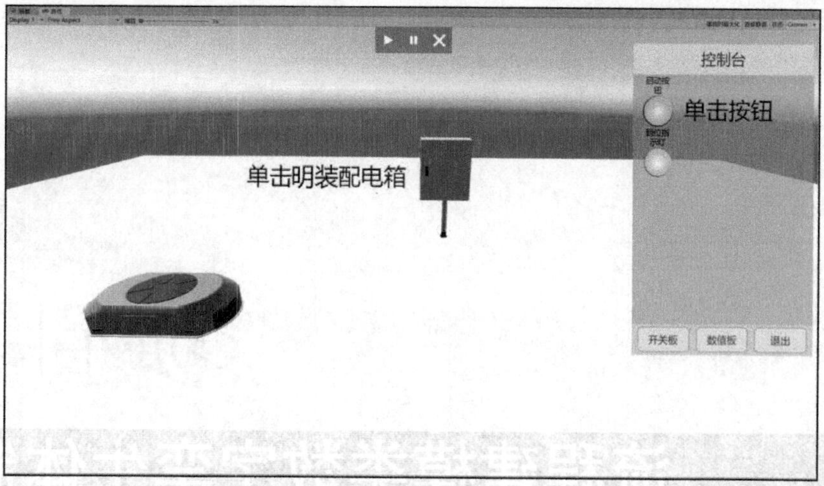

图 3-86　打开控制台

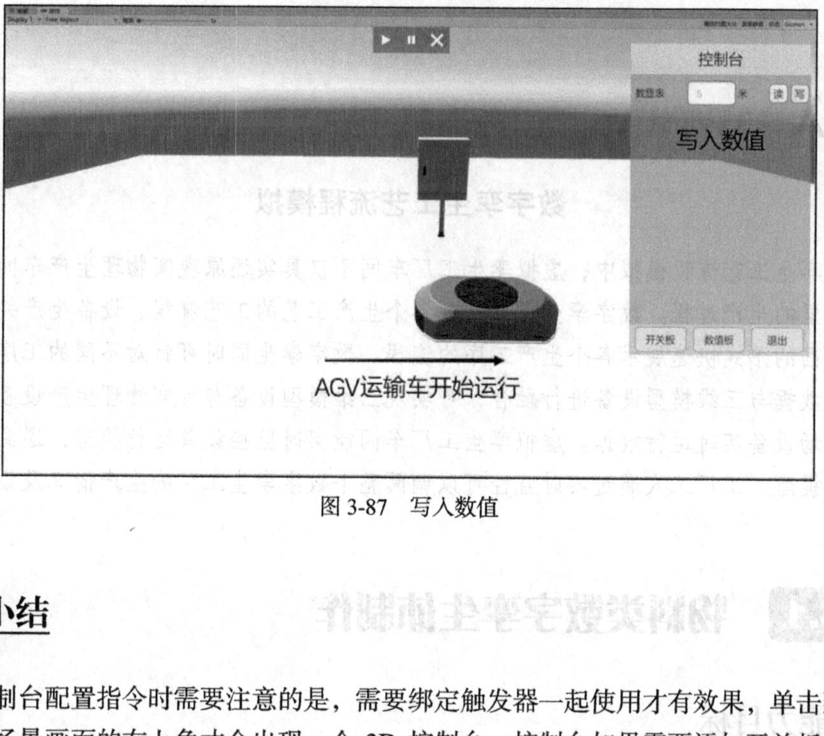

图 3-87　写入数值

任务小结

使用控制台配置指令时需要注意的是，需要绑定触发器一起使用才有效果，单击到触发器的范围内时，场景画面的右上角才会出现一个 2D 控制台。控制台如果需要添加开关板和数值板就需要单击配置当中的“新建指示灯”“新建按钮”“新建数显表”等选项。

习题

（1）简述传感器类数字孪生体制作的几种指令类型。

（2）简述开关指令与指示灯指令的制作流程。

（3）简述在控制面板上实现 2D 指示灯、2D 按钮和数显表的制作流程。

项目4 流程建模类数字孪生体制作

案例引入

数字孪生工艺流程模拟

在数字孪生工艺流程模拟中，虚拟孪生工厂车间不仅真实还原现实物理生产车间的全貌，还能模拟车间里的生产过程。数字孪生可通过对各个生产工艺的工艺流程、设备生产关键动作进行模拟，以动画的形式快速展示各个生产工序的流程。数字孪生同时可针对不同的工序进行深度开发，将生产数据与三维模型设备进行融合，可实现三维模型设备与现实物理生产设备的联动和控制，展示现场设备实时运行数据。虚拟孪生工厂车间能实时监控设备运行状态，遇到超出预设值时进行警告提醒。工厂工人通过实时监控可以调阅整个数字孪生工厂的生产情况及设备安装变更情况等。

任务 4.1 物料类数字孪生体制作

职业能力目标

（1）能根据物料的使用功能与需求，装载合适的物料类数字孪生体，并完成指令的参数设置。

（2）能根据物料类指令的控制命令与状态响应，对应变量的值类型，建立正确的变量，并绑定到指令的变量绑定栏。

任务描述与要求

1. 任务描述

根据本次物料类数字孪生体制作任务，学习 4 类不同的物料类数字孪生体制作。根据物料的功能需求，装载合适的指令，使物料能够满足一些特需场合的使用要求。同时，学会新建变量，并绑定到指令的变量绑定栏，再根据变量编写出PLC程序。在物料类数字孪生体制作过程中要做到物料放置合理布局以及正确设置指令参数，使后续安装实施的逻辑和步骤清晰明了。

2. 任务要求

（1）实现指令的正确安装。

（2）实现指令的合理设置。

（3）实现指令的变量绑定。

（4）实现在PLC3D工业仿真平台和场景播放模式下的指令调试。

（5）实现在简单PLC程序控制下的指令调试。

任务分析与实施

1. 任务分析

物料定位指令、物料生成指令、物料消除指令和物料识别指令，这些指令会运用到物料类数字孪生体制作的过程中，本任务会介绍这4类孪生体分别在何种场合下使用以及它们的不同之处，判断在某个场景下应如何正确区别、安装合适的指令。

2. 任务实施

根据物料类数字孪生体制作的要求，制订任务实施计划。任务实施计划的具体内容见表4-1。

表4-1　任务实施计划

项目名称	流程建模类数字孪生体制作
任务名称	物料类数字孪生体制作
任务描述	在Unity平台上实现制作
任务要求	场景布局合理，指令安装和设置正确，步骤规范
任务实施计划	具体内容
	1. 参照物料类数字孪生体场景图，将场景中的设备准备就绪
	2. 参照指令设置的相关内容，设置好指令参数
	3. 绑定指令变量，设置好变量参数
	4. 设置完成后开始小组互检，查看是否有设置错误情况
	5. 互检完成后，对场景进行调试，确保任务完成

知识储备

1. 物料定位指令接口介绍

物料定位指令就是将物料固定在一个位置。物料定位指令运用到了前文中提到的父子关系，举个例子：物料移动到转向台时，触发了触发器，物料定位指令启动，物料被固定在转向台上，如果不解除物料定位指令的话，这个物料就会一直都是转向台的子对象。表4-2所示是物料定位指令的接口介绍。

表 4-2 物料定位指令的接口介绍

分类	接口	作用	值类型	能否绑定变量
设置	关闭变量绑定	取消该指令上的所有变量绑定	BOOL	否
	延迟设置	指令响应延迟时间	–	否
	物料识别码过滤	设置过滤能识别出来的物料	–	否
	位置设置	设置物料固定的位置	–	否
命令	解除定位指令	启动解除定位指令	BOOL	能

2. 物料生成指令接口介绍

物料生成指令的作用是在特定位置生成物料。在工业流水线上的仿真场景中，物料的生成频率尤为重要，场景中的机械时刻围绕着物料的位置做出变化，过快过慢都会打乱顺序。物料生成指令一般和物料生成箭头绑定使用，只需在模型库中把物料生成箭头拖入场景，并在指令上绑定需要生成物料模型和生成的位置即可。表 4-3 所示是物料生成指令的接口介绍。

表 4-3 物料生成指令接口介绍

分类	接口	作用	值类型	能否绑定变量
设置	关闭变量绑定	取消该指令上的所有变量绑定	BOOL	否
	物料模型	绑定需要生成的物料模型	–	否
	物料识别码	添加物料识别码	–	否
	生成位置设置	设置物料生成的位置	–	否
命令	物料生成命令	启动物料生成指令	BOOL	能

3. 物料消除指令接口介绍

物料消除指令的作用是当一个物料到达指定位置时，触发该位置的触发器后，让这个物料消失。一些特定场景需要让物料到达某处时消失。例如：流水线成品生成后运输至外，或是物料分拣时不让物料堆积等。表 4-4 所示是物料消除指令的接口介绍。

表 4-4 物料消除指令接口介绍

分类	接口	作用	值类型	能否绑定变量
设置	关闭变量绑定	取消该指令上的所有变量绑定	BOOL	否

4. 物料识别指令接口介绍

物料识别指令的作用是给物料添加物料识别码，以方便其他指令识别物料。物料识别指令一般添加在物料的组件中，只需在“物料识别码”这个接口上设置即可。例如：一条输送带上运输不止一种物料，需要将物料分拣出来，那么就需要给物料添加物料码，这样就能分辨出物料的归属。表 4-5 所示是物料识别指令的接口介绍。

表 4-5 物料识别指令接口介绍

分类	接口	作用	值类型	能否绑定变量
设置	物料识别码	设置物料识别码	–	否
	初始父对象	初始时的父对象	–	否
	当前父对象	运行时的父对象	–	否

任务实施

1. 物料定位指令

（1）新建一个场景，在场景中添加模型“包装箱中号”并右击生成一个名为“控制”的子对象，在这个子对象中装载移动到位指令，控制对象绑定“包装箱中号”，坐标轴设置为 z 轴。创建一个名为“物料定位”的空对象，装载物料定位指令并右击生成两个子对象，分别名为“定位点”和“控制”，在“控制”子对象中装载旋转指令，控制对象绑定“物料定位”，坐标轴设置为 y 轴。场景层级窗口设置如图 4-1 所示。将空对象和定位点的位置都设置为(0,0,0)，将模型“包装箱中号”的位置设置为(0,0,−3)。物料模型需要 3D 对象标记为物料，还需要加上刚体和盒状碰撞器，如图 4-2 所示。

图 4-1　场景层级窗口设置（1）

（2）在对象“物料定位”的检查器窗口中勾选盒状碰撞器的“是触发器”选项，延迟设置为 0.5s，将子对象“定位点”绑定到位置设置，如图 4-3 所示。

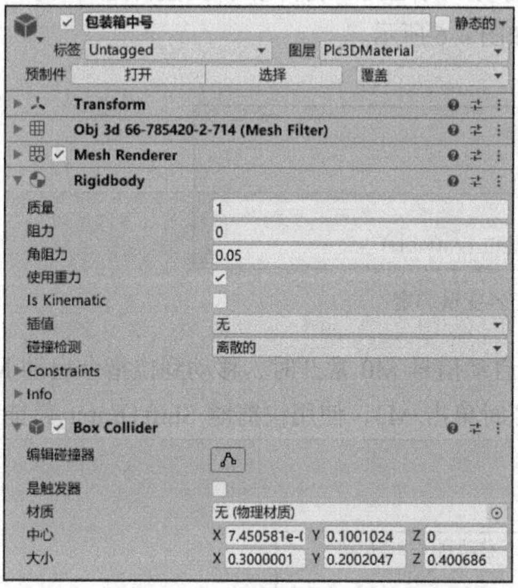

图 4-2　“包装箱中号”设置

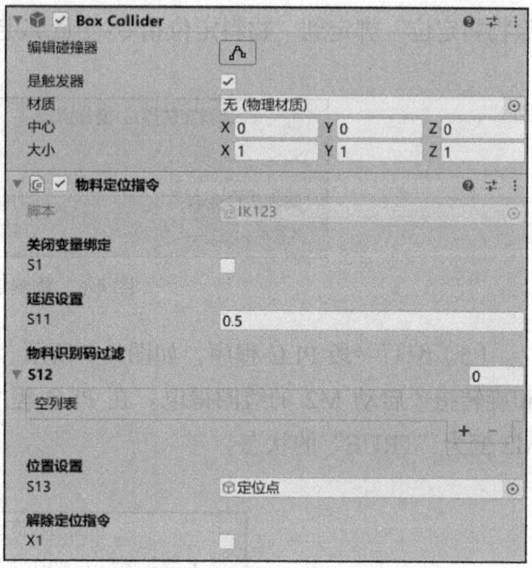

图 4-3　物料定位指令设置

（3）接着使用物料定位指令的变量绑定来测试物料定位指令。根据表 4-2 所示值类型，新建 4 个变量，如图 4-4 所示。具体变量定义如图 4-5 所示。

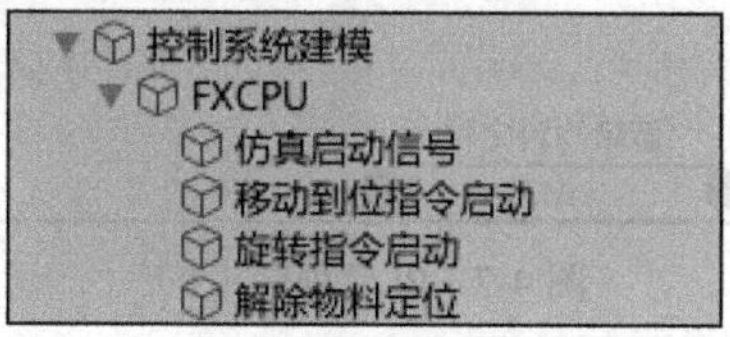

图 4-4　新建变量（1）

图 4-5　变量定义（1）

（4）将“仿真启动信号”变量绑定到“控制器”→“仿真启动信号”，将“移动到位指令启动”绑定到“移动到位指令-变量绑定”，将“旋转指令启动”绑定到“旋转指令-变量绑定”。将“解除物料定位”绑定到“物料定位指令-变量绑定”，如图 4-6 所示。

图 4-6　物料定位指令-变量绑定

（5）编写一段 PLC 程序，如图 4-7 所示。仿真启动信号 M0 常开时，移动到位指令启动 M1 和旋转指令启动 M2 的线圈得电。在 PLC 程序模拟时单击 M3，使用快捷键 Shift+Enter 就能使 M3 变为“TRUE”的状态。

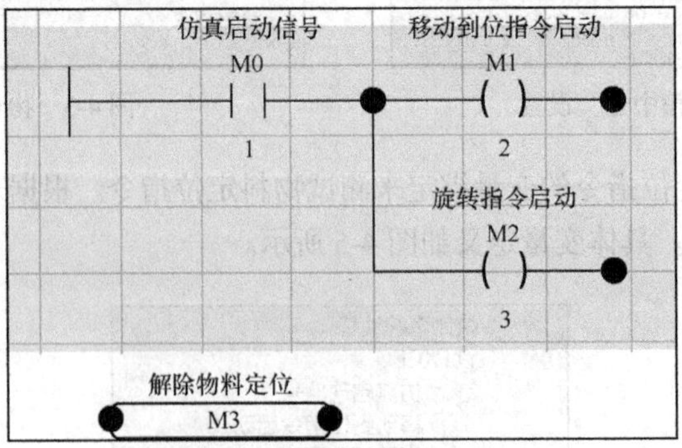

图 4-7　PLC 程序（1）

（6）单击 PLC 程序中的“模拟开始”按钮，回到 Unity 界面，后台启动好 PLC3D 工业仿真软件后，单击“播放”按钮。模型“包装箱中号”开始移动，对象“物料定位”开始旋转，如图 4-8 所示。当模型“包装箱中号”到“物料定位”的触发器范围内时，模型“包装箱中号”会成为“物料定位”的子对象，如图 4-9 所示。模型“包装箱中号”也会跟着“物料定位”一起旋转，如图 4-10 所示。

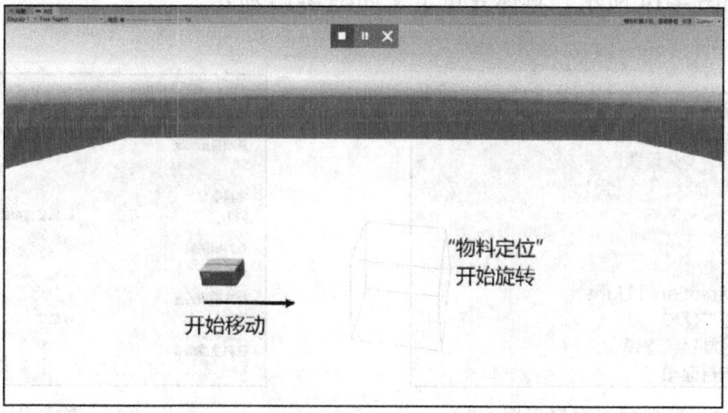

图 4-8　开始运行

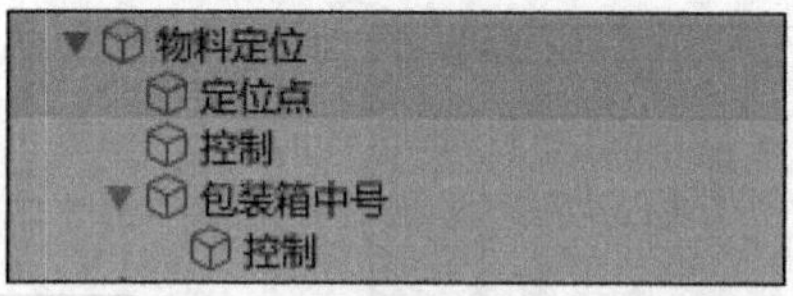

图 4-9　“包装箱中号”变为子对象

图 4-10　“包装箱中号”跟着旋转

2. 物料生成指令与物料消除指令

物料生成指令　　物料消除指令

（1）新建一个场景，在场景中分别添加模型“包装箱中号”“物料消失箭头”“物料生成箭头”“轻载输送带大号 3 米”，如图 4-11 所示。其中“物料消失箭头”的场景位置设置为 (0,0.8,1.3)。“物料生成箭头”的场景位置设置为 (0,1.1,−1.3)，它的子对象“位置”的位置设置为(0, −0.285,0)。“轻载输送带大号 3 米”的场景位置设置在(0,0,0)，在预制体中已经绑定好了直线传送指令，勾选“方向命令”选项。物料模型需要 3D 对象标记为物料，还需要加上刚体和盒状碰撞器。

（2）在物料生成指令的脚本栏，将刚刚设置好的生成位置拖入生成位置设置，需要生成的模型“包装箱中号”也拖入脚本栏的物料模型，如图 4-12 所示。在模型“物料消失箭头”的检查器窗口中，物料消除指令要配合触发器使用，如图 4-13 所示。

（3）接着使用物料生成指令的变量绑定来测试物料生成指令。根据表 4-3、表 4-4 所示值类型，新建 3 个变量，如图 4-14 所示。具体变量定义如图 4-15 所示。

图 4-11　场景层级窗口设置（2）

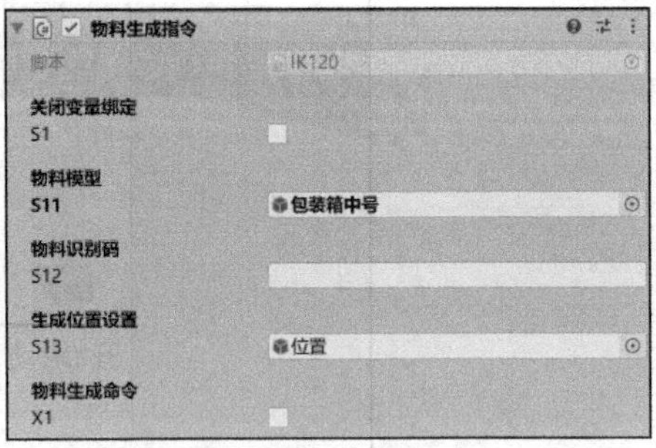

图 4-12　物料生成指令设置

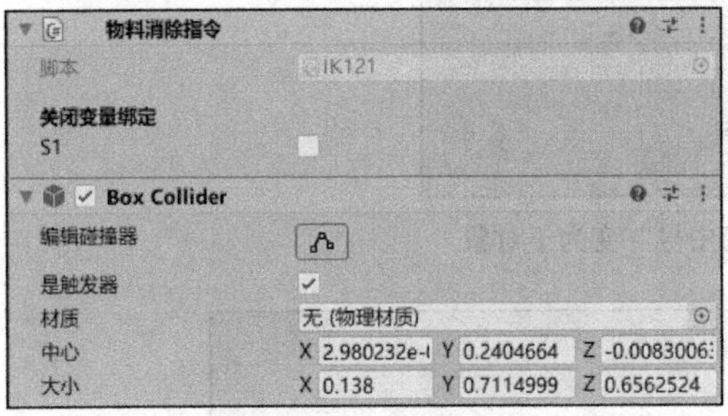

图 4-13　物料消除指令

图 4-14　新建变量（2）

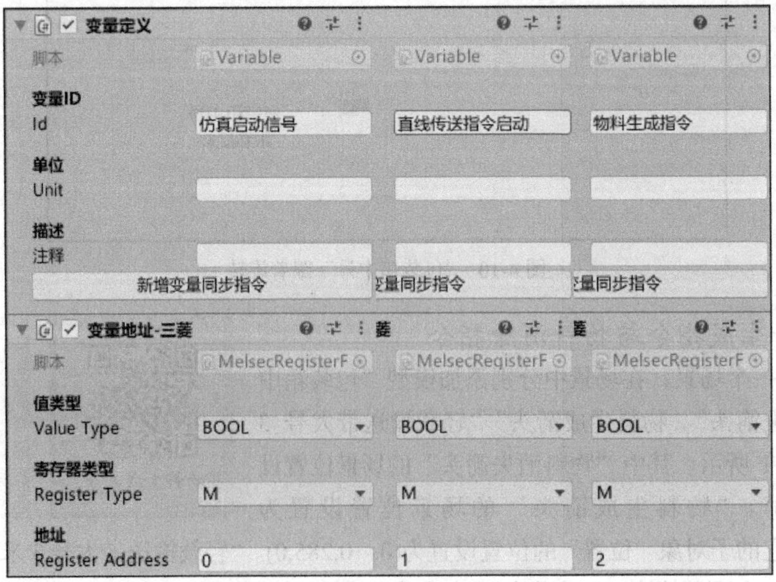

图 4-15　变量定义（2）

（4）将“仿真启动信号”变量绑定到“控制器”→“仿真启动信号”，将“直线传送指令启动”绑定到“直线传送指令-变量绑定”。将“物料生成指令”绑定到“物料生成指令-变量绑定”，如图 4-16 所示。

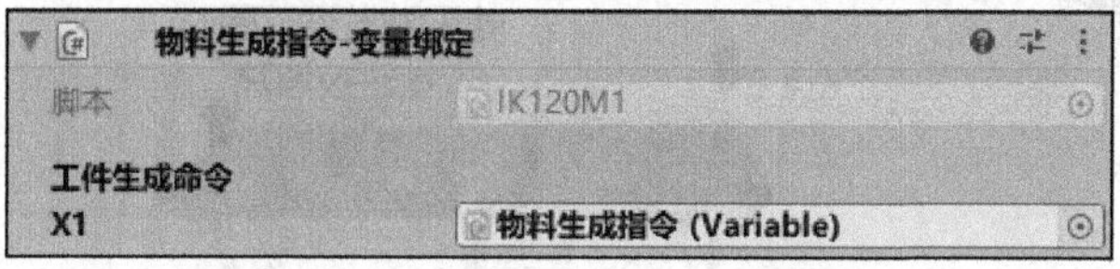

图 4-16　物料生成指令-变量绑定

（5）编写一段 PLC 程序，如图 4-17 所示。当仿真信号启动 M0 常开时，直线传送指令启动 M1 线圈得电。设置一个“2*ns* 时钟”SM414 控制物料生成指令 M2，前 2*ns* 导通物料生成指令 M2，后 2*ns* 不导通物料生成指令 M2，SD414 可以设置“2*ns* 时钟”SM414，给 SD414 输入整数值 K2，此时 SM414 为 4s 时钟。

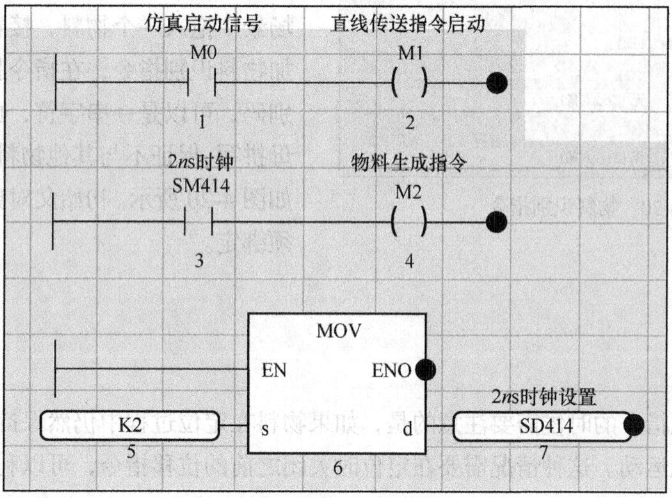

图 4-17　PLC 程序（2）

（6）单击 PLC 程序中的“模拟开始”按钮，回到 Unity 界面，后台启动好 PLC3D 工业仿真软件后，单击“播放”按钮。传送带启动，物料生成指令开始生成物料模型，如图 4-18 所示。当物料传送到物料消除指令触发器范围内时，物料被消除，如图 4-19 所示。

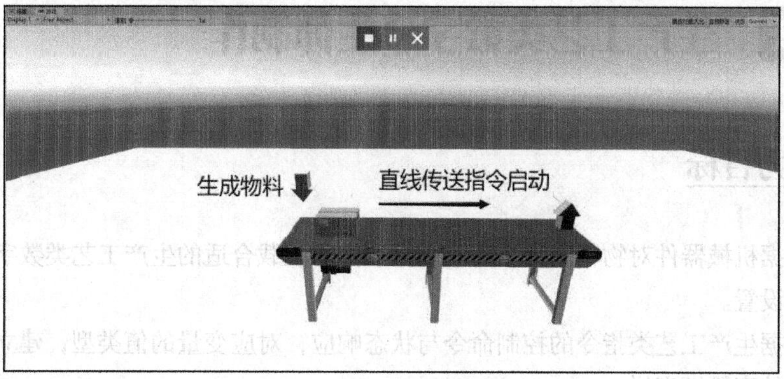

图 4-18　物料生成指令启动

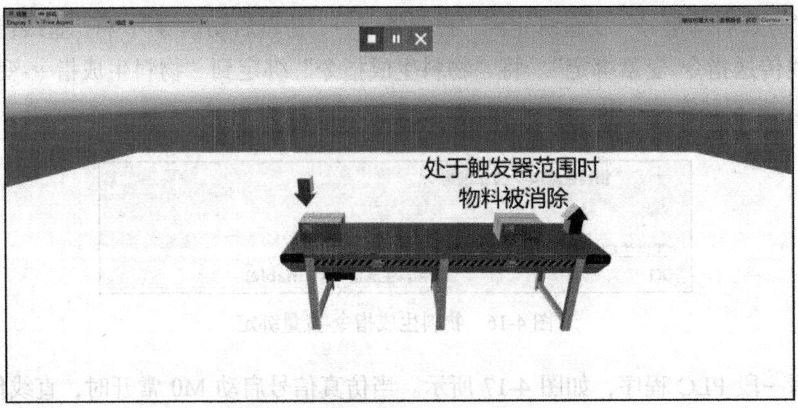

图 4-19　物料消除指令消除物料

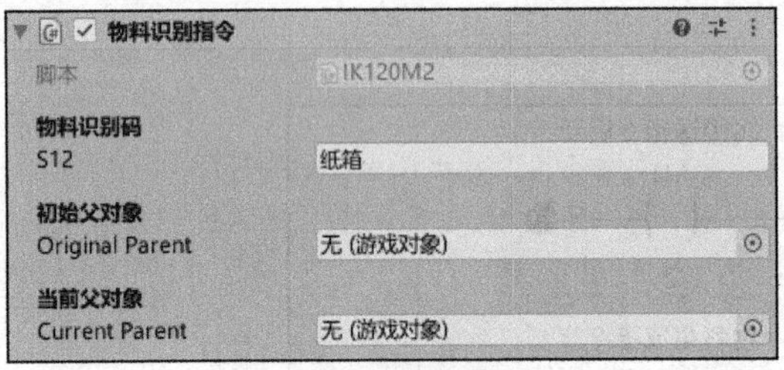

图 4-20　物料识别指令

3. 物料识别指令

物料识别指令常用于物料组件中。先在场景中拖入一个物料，接着在物料组件中添加物料识别指令，在指令脚本中设置物料识别码，可以是一串字符，也可以是物料首字母拼写，保证不与其他物料识别码冲突即可，如图 4-20 所示。初始父对象和当前父对象无须绑定。

任务小结

使用物料定位指令的时候需要注意的是，如果物料在定位过程中仍然保持位移，是因为子对象仍可以半独立地运动。这种情况需要在定位时关闭之前的位移指令，可以利用传感器的指令作为配合。

物料生成命令接口是一个布尔量，打开物料生成命令后，如果还想再次生成物料，必须先将物料生成命令复 0。

使用物料消除指令时，需要配合触发器来进行。

任务 4.2　生产工艺类数字孪生体制作

职业能力目标

（1）能根据机械器件对物料的加工需求和抓取需求装载合适的生产工艺类数字孪生体，并完成指令的参数设置。

（2）能根据生产工艺类指令的控制命令与状态响应，对应变量的值类型，建立正确的变量，并绑定到指令的变量绑定栏。

任务描述与要求

1. 任务描述

根据本次生产工艺类数字孪生体制作任务，学习2类不同的生产工艺类数字孪生体制作。根据机械器件对物料的工序或抓取需求，装载合适的指令，使物料在特定场合下能够进行加工与筛检。在生产工艺类数字孪生体制作过程中要做到物料摆放位置合理以及正确设置指令参数，使后续安装实施的逻辑和步骤清晰明了。

2. 任务要求

（1）实现指令的正确安装。

（2）实现指令的合理设置。

（3）实现指令的变量绑定。

（4）实现在PLC3D工业仿真平台和场景播放模式下的指令调试。

任务分析与实施

1. 任务分析

工序指令和抓取指令，这2个指令会运用到生产工艺类数字孪生体制作的过程中。本任务会介绍这2类孪生体分别在何种场合下使用以及它们的不同之处，判断在某个场景下应如何正确区别、安装合适的指令。

2. 任务实施

根据生产工艺类数字孪生体制作的要求，制订任务实施计划。任务实施计划的具体内容见表4-6。

表4-6　任务实施计划

项目名称	流程建模类数字孪生体制作
任务名称	生产工艺类数字孪生体制作
任务描述	在Unity平台上实现制作
任务要求	场景布局合理，指令安装和设置正确，步骤规范
任务实施计划	具体内容
	1. 参照生产工艺类数字孪生体场景图，将场景中的设备准备就绪
	2. 参照指令设置的相关内容，设置好指令参数
	3. 绑定指令变量，设置好变量参数
	4. 设置完成后开始小组互检，查看是否有设置错误情况
	5. 互检完成后，对场景进行调试，确保任务完成

知识储备

1. 工序指令接口介绍

工序指令的作用是在一个触发器的范围内，将物料识别码对应的物料进行加工，加工时间一到，物料立即消失，在指定位置生成新的工件，常用于立式加工中心、硫化机等这些需要将模胚加工成成品的机械中。工序指令的接口介绍见表 4-7。

表 4-7　工序指令的接口介绍

分类	接口	作用	值类型	能否绑定变量
设置	关闭变量绑定	取消该指令上的所有变量绑定	BOOL	否
	控制对象	绑定触发器对象	–	否
	工艺模型设置	设置绑定多个需要生成的成品	UINT	否
	加工时间设置	设置加工时间	REAL	否
	物料识别码设置	设置需要加工的物料识别码	–	否
	生成位置设置	设置成品生成的位置	–	否
命令	工序开始命令	启动工序指令	BOOL	能
	工序暂停命令	暂停工序指令	BOOL	能
	工艺命令	填写工艺模型里的元素	UINT	能
状态	运行状态	指令运行时反馈系统	BOOL	能
	加工完成状态	物料加工完成时反馈系统	BOOL	能
	加工时间	加工的时间反馈系统	REAL	能

2. 抓取指令接口介绍

抓取指令就是让对象一抓取对象二的指令。对象一上需要设置一个刚体取消“使用重力”并勾选“Is Kinematic”选项，还需要设置一个盒状触发器，并装载“抓取指令”，如图 4-21 所示。对象二上需要装载正常的刚体和盒状碰撞器，还得单击右键“对象二”，在“3D 对象标记”选项中单击“标记为物料”选项。“对象二”设置如图 4-22 所示。

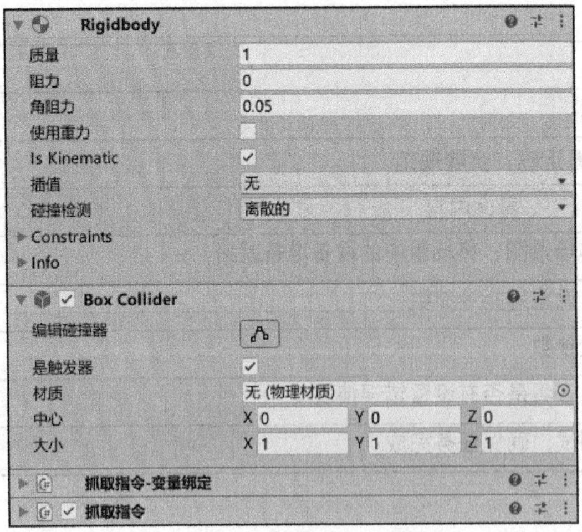

图 4-21　“对象一”设置

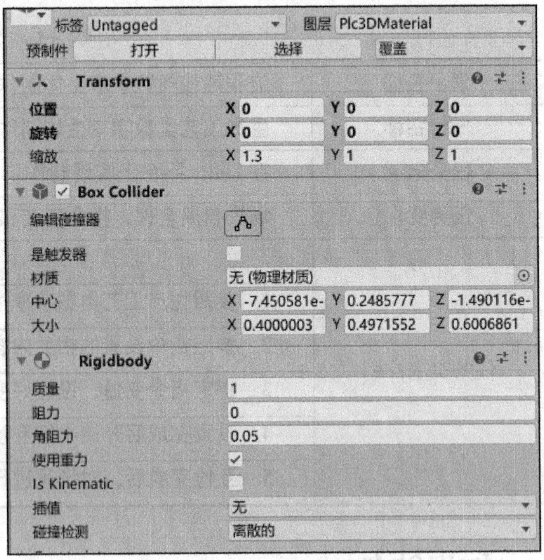

图 4-22　“对象二”设置

指令的原理是，当对象二的碰撞器触碰到了对象一的触发器时，指令会检测到物料，这时按下抓取按钮即可抓取对象二到设置的工件设置，抓取指令的接口介绍见表 4-8。

表 4-8　抓取指令的接口介绍

分类	接口	作用	值类型	能否绑定变量
设置	关闭变量绑定	取消该指令上的所有变量绑定	BOOL	否
	控制对象	绑定装载抓取指令的对象	–	否
	工件位置矫正位置	设置抓取后位置	–	否
命令	抓取命令	启动抓取命令	BOOL	能
	释放命令	启动释放命令	BOOL	能
状态	抓取限位状态	抓取命令启动时反馈系统	BOOL	能
	释放限位状态	释放命令启动时反馈系统	BOOL	能
	物料检测状态	检测到物料时反馈系统	BOOL	能

任务实施

工序指令（上）　工序指令（下）

1. 工序指令

（1）新建一个场景，在场景中添加模型“轮胎成品”和“轮胎胎胚”，右击生成空对象“工序控制”，如图 4-23 所示。其中，“轮胎成品”的场景位置设置为(0,0,−3)，“轮胎胎胚”的场景位置设置为(0,0,0)，空对象“工序控制”的位置设置为(0,0,0)。物料模型都需要将 3D 对象标记为物料，加上刚体和盒状碰撞器，并填写物料识别码。图 4-24 所示为采用物料模型首字母作为识别码。

（2）在对象“工序控制”的检查器窗口中勾选盒状碰撞器的“是触发器”选项。工序指令的控制对象绑定对象“工序控制”，必须绑定带有触发器的对象，工艺模型设置添加模型“轮胎成品”，设置好加工时间。因为需要加工模型“轮胎胎胚”，所以物料识别码设置填写图 4-24 中的“lttp”。生成位置就选择在(0,0,0)生成，绑定对象“工序控制”就行。工序控制设置如图 4-25 所示。

图 4-23　场景层级窗口设置（3）

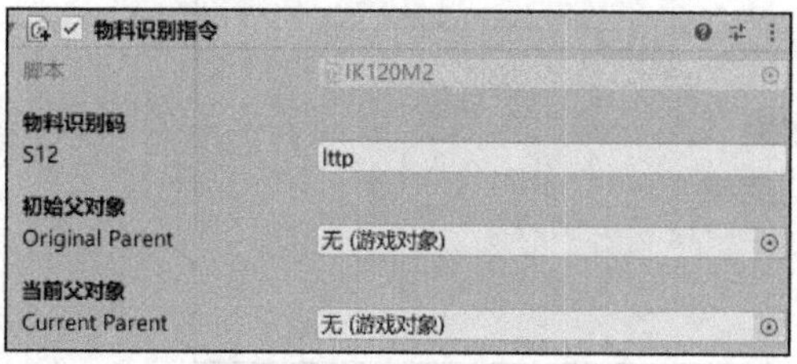

图 4-24　物料识别指令设置

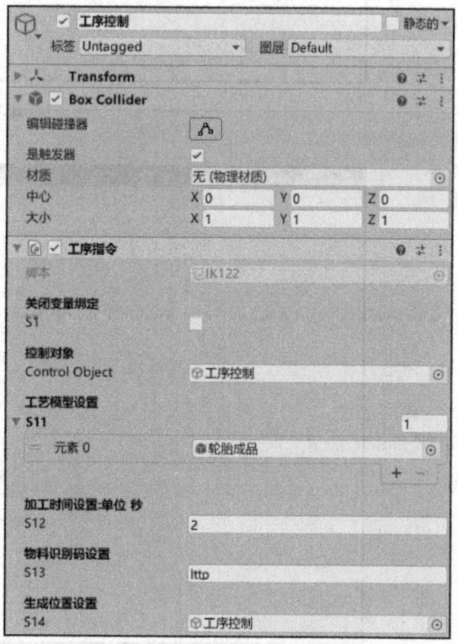

图 4-25　工序控制设置

（3）后台启动好 PLC3D 工业仿真软件后，单击“播放”按钮，再勾选“工序开始命令”选项，运行时的状态栏如图 4-26 所示。运行完毕的状态栏如图 4-27 所示。

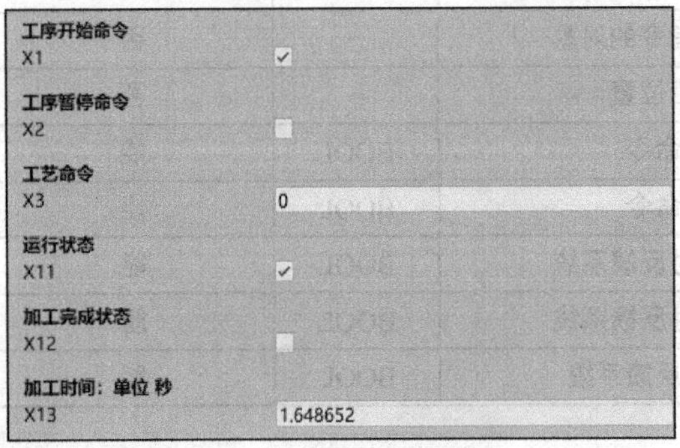

图 4-26　运行时的状态栏

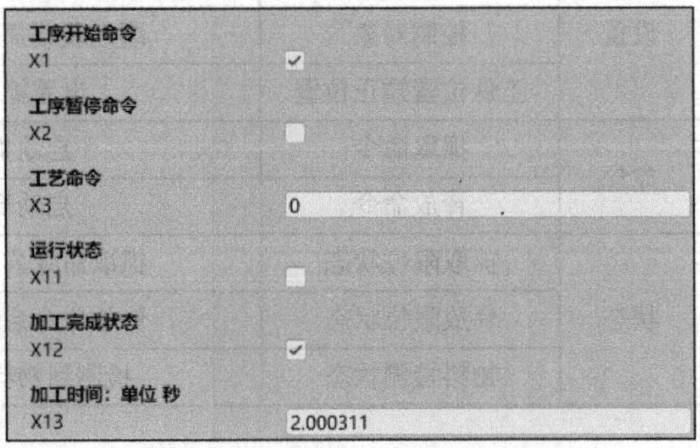

图 4-27　运行完毕的状态栏

（4）工序指令启动前的物料模型和指令启动后的加工完成模型分别如图 4-28 和图 4-29 所示。

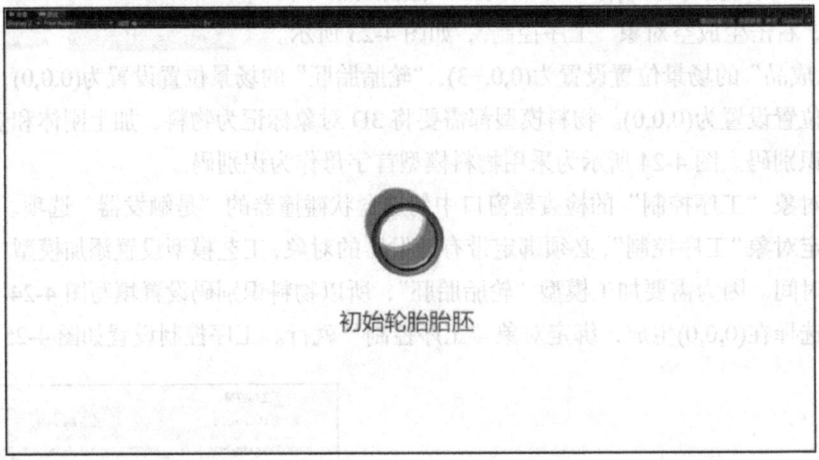

图 4-28　初始轮胎胎胚

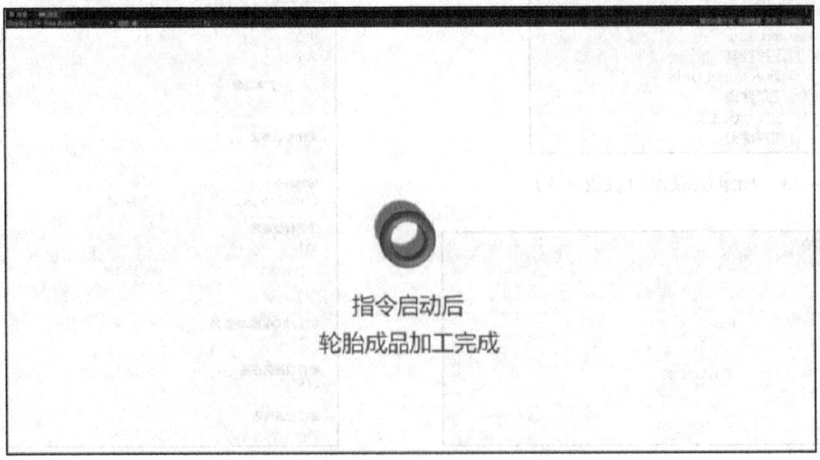

图 4-29　指令启动后轮胎成品加工完成

2. 抓取指令

抓取指令

（1）在新场景中拖入模型“包装箱大号”和创建一个名为“抓取控制”的空对象，如图 4-30 所示。物料模型需要装载盒状碰撞器和刚体。右击“抓取控制”对象创建一个名为“定位点”的子对象，并给抓取控制对象装载“抓取指令”、设置一个刚体，取消“使用重力”并勾选“Is Kinematic”选项，还需要设置一个盒状触发器。将物料模型和抓取指令对象的位置都设置为(0,0,0)，“位置”设置为(0,0.4,0)。注意修改触发器的范围，需要触碰到对象的碰撞器才行，也需要把“位置”的范围包括进去。

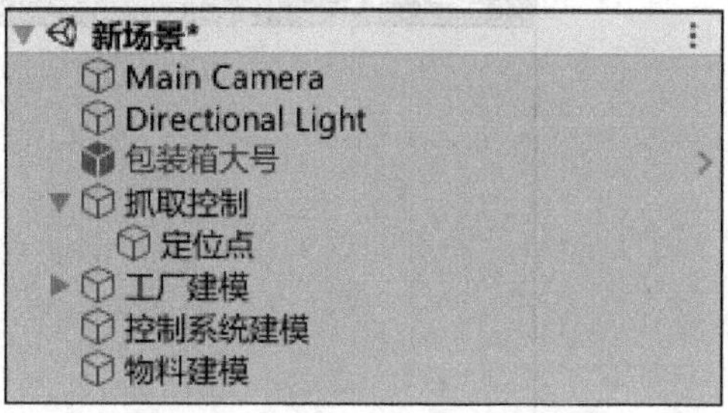

图 4-30　场景层级窗口设置（4）

（2）设置好触发器范围后，将“抓取控制”拖入控制对象，将“位置”拖入工件位置矫正设置，如图 4-31 所示。

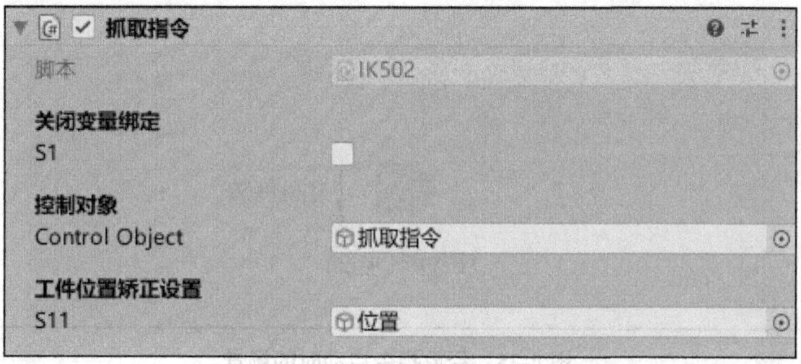

图 4-31　抓取指令设置

（3）后台启动好 PLC3D 工业仿真软件后，单击“播放”按钮，观察物料检测状态是否勾选上了，如果没勾选上说明碰撞器和触发器没有接触，或是没给“抓取控制”的刚体勾选上“Is Kinematic”选项。如果物料检测状态勾选上，就可以勾选“抓取命令”选项。要勾选“释放命令”选项，需要取消勾选“抓取命令”选项。图 4-32 所示为抓取动作时的状态栏，图 4-33 所示为释放动作时的状态栏。

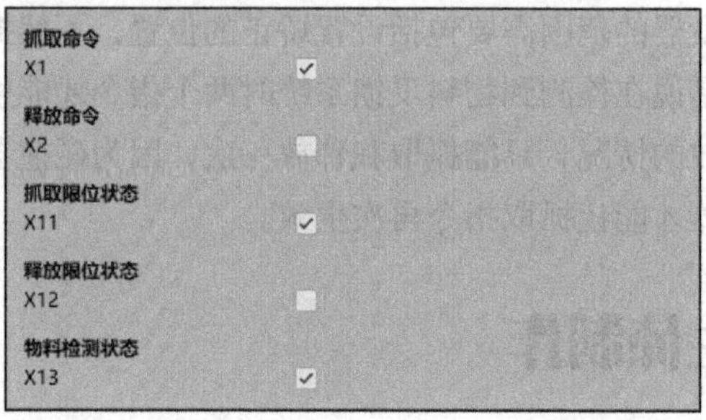

图 4-32　抓取动作时的状态栏

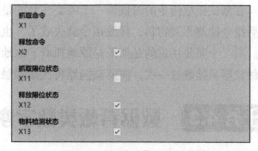

图 4-33　释放动作时的状态栏

（4）图 4-34 和图 4-35 所示分别是抓取指令启动时和释放指令启动时的场景。

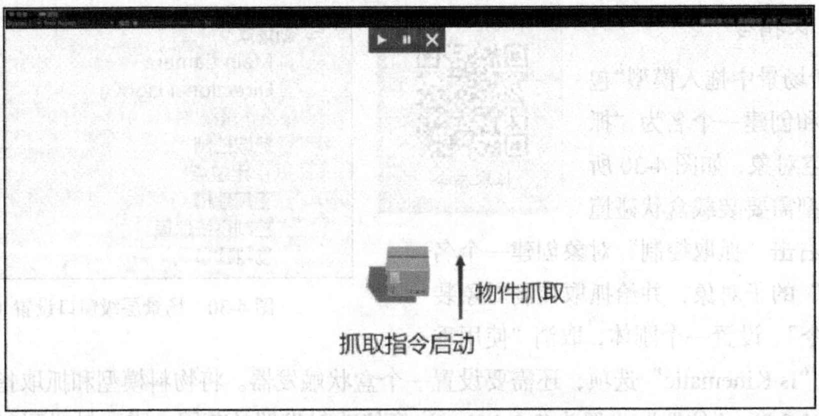

图 4-34　抓取指令启动时的场景

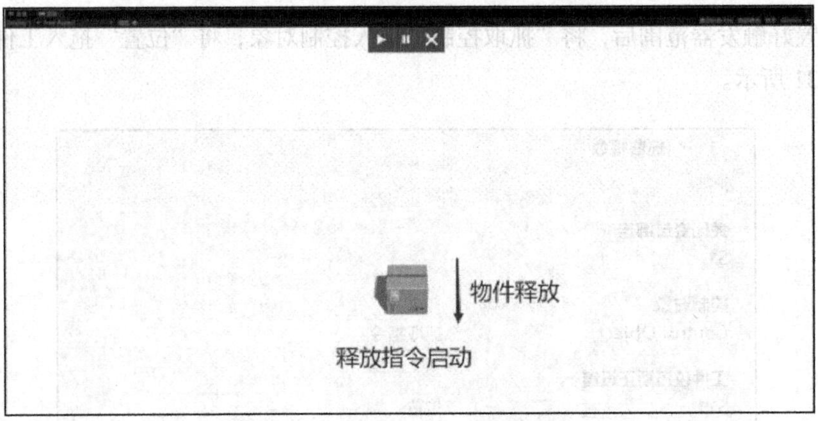

图 4-35　释放指令启动时的场景

任务小结

使用工序指令需要注意的是设置好触发器的范围，物料也必须设置好碰撞器，这样才能触发指令。工序指令中的"工序开始命令"启动后，经过加工时间才能加工好成品，其间可以使用"工序暂停命令"停止计时，暂停工序指令的运行。

在测试抓取指令的时候第一个需要注意的是触发器的范围需要包括设置矫正的位置，不然抓取后指令检测不到物料，释放指令就失效了，也就是说在检测到物料反馈系统时两个指令才能生效。第二个需要注意的是如果是原地抓取、原地释放的情况，只能抓取和释放一次，因为碰撞器和触发器只接触过一次，需要碰撞器再次接触触发器才能让抓取指令再次生效。

任务 4.3　数据看板类数字孪生体制作

职业能力目标

（1）能根据数据看板中的变量定义和描述，正确地装载数据看板类数字孪生体，并完成指令的参数设置。

（2）能根据数据看板指令的控制命令与状态响应，对应变量的值类型，建立正确的变量，并绑定到指令的变量绑定栏。

任务描述与要求

1. 任务描述

根据本次数据看板类数字孪生体制作任务，学习数据看板指令。根据变量的定义与描述，正确设置指令参数，使得变量定义的数值能实时展示在数据看板上。同时，学会新建变量，并绑定到指令的变量绑定栏，再根据变量编写出 PLC 程序。在数据看板类数字孪生体制作过程中要做到正确地将变量绑定到指令上并合理设置变量定义的单位，使得后续安装实施的逻辑和步骤清晰明了。

2. 任务要求

（1）实现指令的正确安装。

（2）实现指令的合理设置。

（3）实现指令的变量绑定。

（4）实现在 PLC3D 工业仿真平台和场景播放模式下的指令调试。

（5）实现在简单 PLC 程序控制下的指令调试。

任务分析与实施

1. 任务分析

本次数据看板类数字孪生体制作任务主要介绍数据看板指令的使用方法。数据看板是一个可视化工具，其作用是将对象上的变量进行数据可视化，然后将数据显示在数据看板上，以方便使用者观察变量的变化，快速发现问题。

2. 任务实施

根据数据看板类数字孪生体制作的要求，制订任务实施计划。任务实施计划的具体内容见表 4-9。

表 4-9　任务实施计划

项目名称	流程建模类数字孪生体制作
任务名称	数据看板类数字孪生体制作
任务描述	在 Unity 平台上实现制作
任务要求	场景布局合理，指令安装和设置正确，步骤规范
任务实施计划	具体内容
	1. 参照数据看板类数字孪生体场景图，将场景中的设备准备就绪
	2. 参照指令设置的相关内容，设置好指令参数
	3. 绑定指令变量，设置好变量参数
	4. 设置完成后开始小组互检，查看是否有设置错误情况
	5. 互检完成后，对场景进行调试，确保任务完成

知识储备

1. 数据看板指令接口介绍

数据看板指令的接口介绍见表 4-10。

表 4-10　数据看板指令的接口介绍

分类	接口	作用	值类型	能否绑定变量
设置	关闭变量绑定	取消该指令上的所有变量绑定	BOOL	否
	控制对象	绑定看板上的文字内容部分	–	否
	标题设置	设置文字内容标题	–	否
	数据列表设置	绑定对象变量	–	能
命令	隐藏命令	隐藏和显示看板命令	BOOL	能

2. 看板模型

模型库中的模型“看板”已经装载“数据看板指令”，具体层级结构如图 4-36 所示。使用看板模型时，需要注意的是数据列表设置中绑定的变量需要设置好单位，如图 4-37 所示，当数据列表设置中绑定了小车速度变量，在场景运行的过程中就会显示小车正在以多少 m/s 的速度移动。

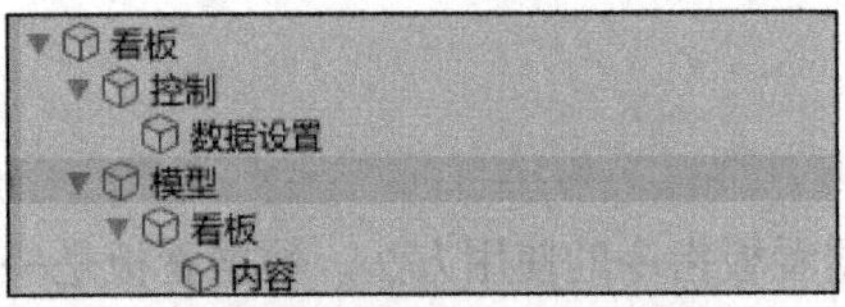

图 4-36　模型看板的层级结构

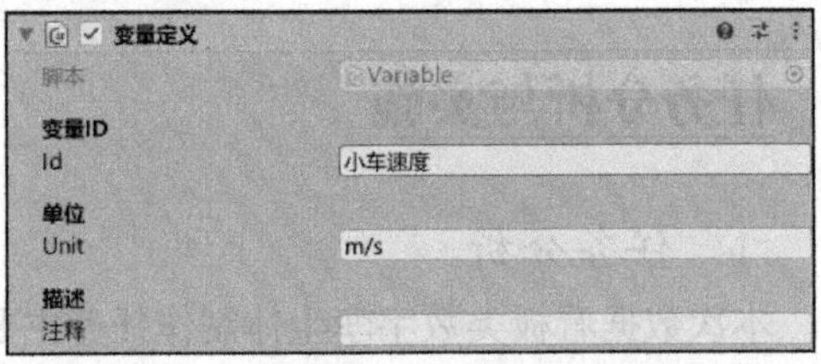

图 4-37　设置变量单位

3. Text Mesh

模型“看板”的数据看板指令绑定的控制对象是“内容”，“内容”中的“Text Mesh”可以编辑看板上的文字，例如文本内容、字符大小、行间距等，如图 4-38 所示。

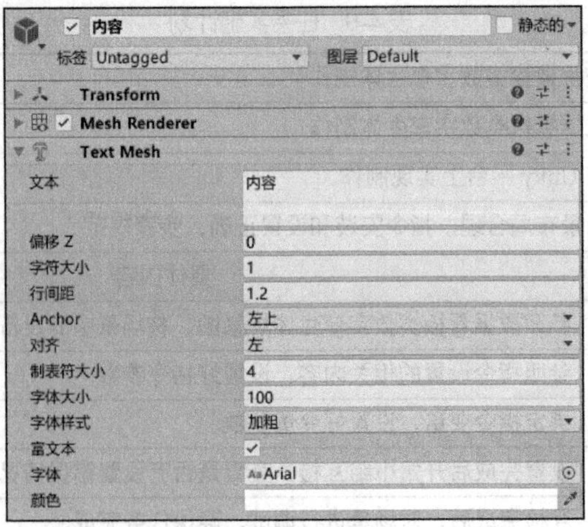

图 4-38　文本设置

任务实施

数据看板指令

数据看板指令。

（1）在新场景中拖入一个模型“AGV 运输车”和模型“看板”，将模型“看板”变为模型“AGV 运输车”→“车体”的子对象，如图 4-39 所示。给模型“AGV 运输车”→“控制”装载移动指令，设置好各项数值。

（2）在“数据设置”的检查器窗口中，设置好数据看板指令的数值，控制对象绑定模型“看板”的子对象“内容”，标题设置修改为“小车数值”，将“小车速度”和“小车位移”绑定到数据列表设置，如图 4-40 所示。

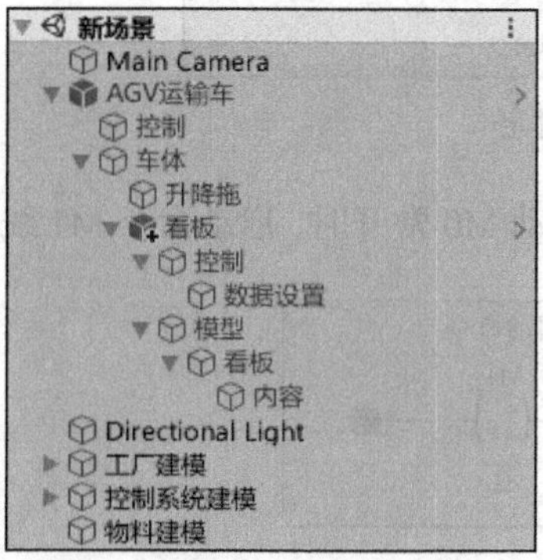

图 4-39　场景层级窗口设置（5）

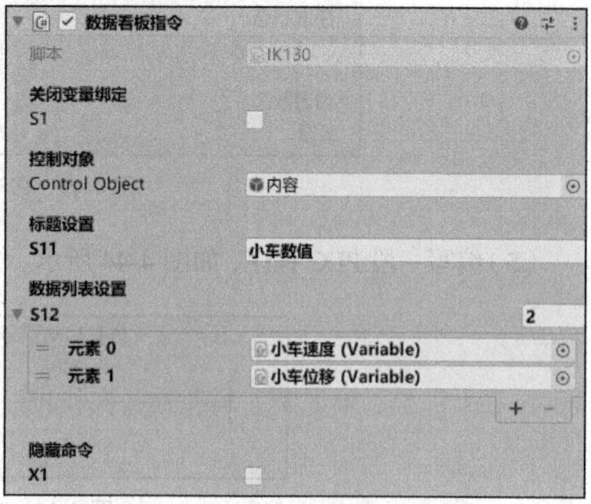

图 4-40　数据看板指令设置

（3）接着使用数据看板指令的变量绑定来测试物料定位指令。根据表 4-10 所示值类型，新建 4 个变量，如图 4-41 所示。具体变量定义如图 4-42 所示。

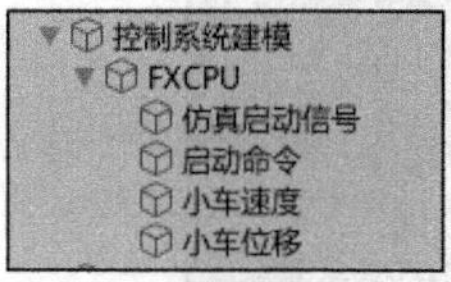

图 4-41　新建变量（3）

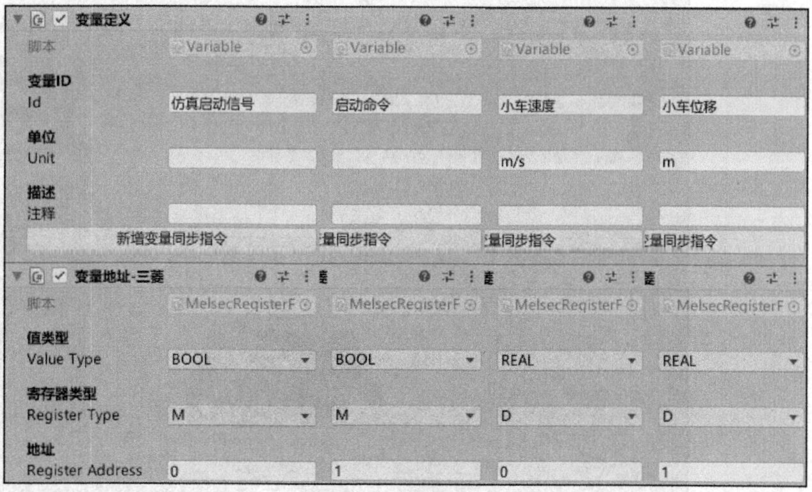

图 4-42　变量定义（3）

（4）将“仿真启动信号”变量绑定到“控制器”→“仿真启动信号”。将“启动命令”“小车速度”“小车位移”绑定到“移动指令-变量绑定”，如图 4-43 所示。

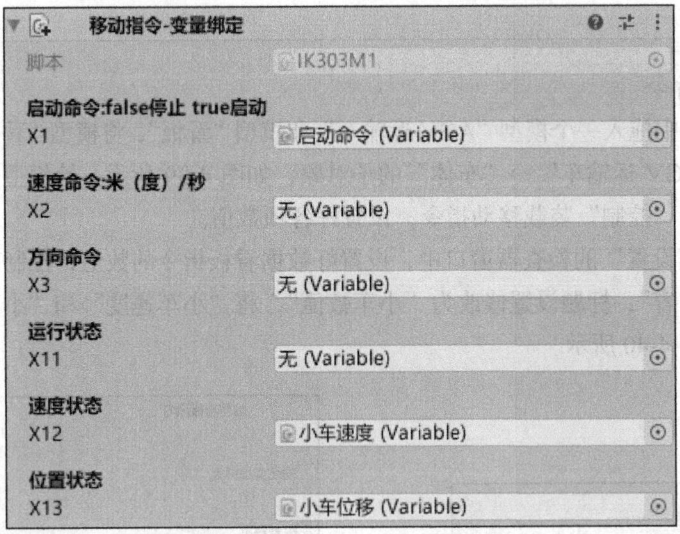

图 4-43　移动指令-变量绑定

（5）编写一段 PLC 程序，如图 4-44 所示。仿真信号启动 M0 常开时，启动命令 M1 线圈得电。

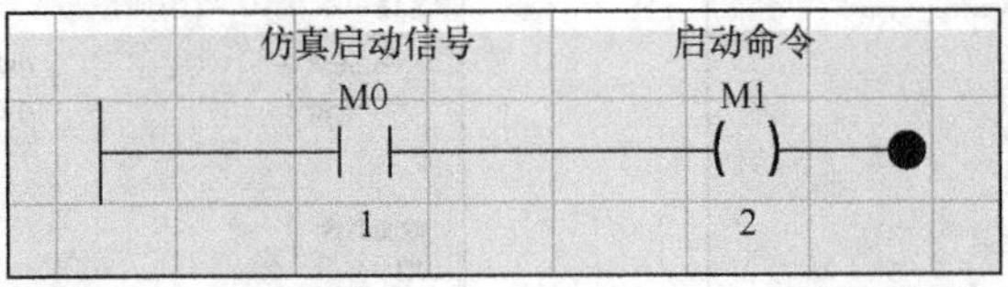

图 4-44　PLC 程序（3）

（6）单击 PLC 程序中的“模拟开始”按钮，回到 Unity 界面，后台启动好 PLC3D 工业仿真软件后，单击“播放”按钮。小车启动前和小车运行中的数据看板分别如图 4-45 和图 4-46 所示。

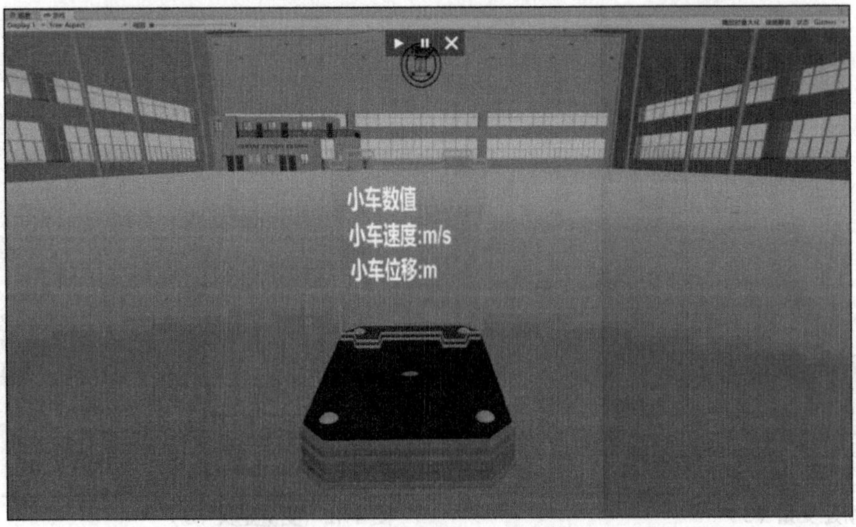

图 4-45　小车启动前的数据看板

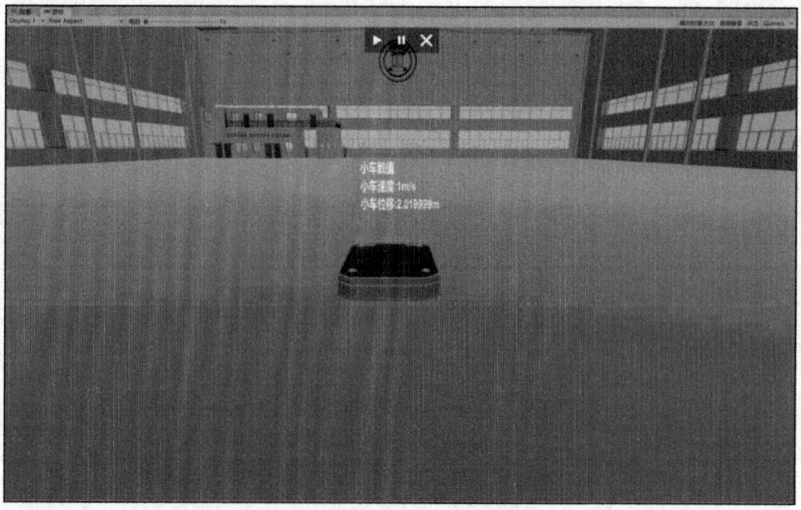

图 4-46　小车运行中的数据看板

任务小结

使用数据看板指令需要注意的是变量定义中的单位要填写，否则运行状态下数据看板显示不够严谨。当需要绑定的变量较多时，可以改变“Text Mesh”组件中的字体。需要展示在数据看板上的变量一般都是绑定指令状态栏下的变量。

习题

（1）简述物料生成指令与物料消除指令的使用方法。
（2）简述生产工艺类数字孪生体制作中触发器的作用。
（3）简述数据看板指令中绑定的变量还需要填写什么定义。

第三部分

工业数字孪生虚拟仿真

项目5

十字路口红绿灯系统虚拟仿真

十字路口红绿灯系统虚拟仿真

案例引入

十字路口交通信号灯控制系统

随着我国经济的发展，城市交通问题越来越引起人们的关注。人、车、路三者关系的协调，已成为交通管理部门需要解决的重要问题之一。十字路口交通信号灯控制系统是用于城市交通信号灯控制与交通疏导的计算机综合管理系统，它是现代城市交通监控指挥系统中最重要的组成部分。如何采用合适的控制方法，保持城市交通的安全便捷、高效畅通和绿色环保，已成为政府政策规划的一个难题。

任务5.1 搭建与调试十字路口红绿灯场景

职业能力目标

（1）根据实际的十字路口交通灯系统，在Unity中搭建出十字路口红绿灯场景。

（2）能根据对象实际作用，使用PLC3D指令对模型进行装载，装载完成还需要对场景进行调试。

任务描述与要求

1. 任务描述

根据十字路口红绿灯系统的总体设计方案，本任务将使用Unity物理引擎平台搭建虚拟场景，并赋予场景中的对象实际的场景效果。在场景搭建过程中需要做到合理布局以及指令的正

确装载，使场景的逻辑、层次、步骤清晰明了。

2. 任务要求

（1）实现对象模型的安放。

（2）实现对象模型间的连接。

（3）实现指令的配置。

（4）调试修改 Unity 场景。

任务分析与实施

1. 任务分析

随着我国城市道路拥挤问题日趋严重，实现道路交通科学化管理迫在眉睫。本任务搭建与调试 Unity 场景作为十字路口交通灯系统虚拟仿真的基础部分，使用模型十字路口、模型交通灯等设备模型，通过 3D 指示灯指令来模拟十字路口交通红绿灯的场景。

2. 任务实施

根据十字路口交通灯实际场景与 Unity 的相关知识，制订任务实施计划。任务实施计划的具体内容见表 5-1。

表 5-1　任务实施计划

项目名称	十字路口红绿灯系统虚拟仿真
任务名称	搭建与调试十字路口红绿灯场景
任务描述	在 Unity 平台上实现场景搭建
任务要求	场景布局合理，指令安装正确，步骤规范
任务实施计划	具体内容
	1. 参照现实十字路口交通灯场景，确认 Unity 场景是否完善
	2. 将 PLC3D 指令装载到模型上，并设置好参数
	3. 设置完毕后，启动播放查看是否存在不合理的情况
	4. 通过小组自查、互查等方式，确保场景设置无误

知识储备

3D 指示灯指令

详见“项目 3　电气类数字孪生体制作”→“任务 3.2　开关与指示灯类数字孪生体制作”→“3D 指示灯指令”。

任务实施

十字路口红绿灯 3D 场景

（1）完成与搭建、调试 Unity 场景相关资料的收集任务，准备好相应的设备和资源，见表 5-2。

表 5-2　任务实施准备

序号	类型	名称	数量	是否到位
1	图纸 1	十字路口红绿灯系统 3D 场景图	1	
2	图表 1	场景变量与脚本设置表	1	
3	主器件	计算机	1	
4	软件	Unity	1	
		PLC3D 工业仿真软件	1	
5	调试工具	加密狗	1	
6	场景模型	十字路口模型	1	
		红绿灯模型	4	
7	场景包	十字路口交通灯系统.meta	1	

十字路口红绿灯系统 3D 场景图如图 5-1 所示。

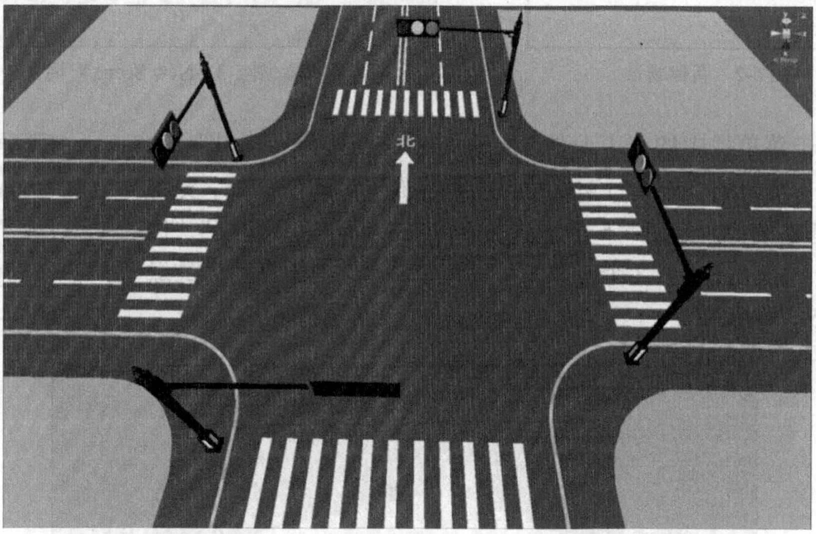

图 5-1　十字路口红绿灯系统 3D 场景图

场景变量与脚本设置见表 5-3。

表 5-3　场景变量与脚本设置表

序号	设备	指令	脚本信号	变量	变量地址
1	FXCPU	控制器指令	仿真启动指令	启动按钮	M0
2	南北路口红灯	3D 指示灯指令	打开命令	南北红灯	Y1
3	南北路口黄灯	3D 指示灯指令	打开命令	南北黄灯	Y2
4	南北路口绿灯	3D 指示灯指令	打开命令	南北绿灯	Y3
5	东西路口红灯	3D 指示灯指令	打开命令	东西红灯	Y4
6	东西路口黄灯	3D 指示灯指令	打开命令	东西黄灯	Y5
7	东西路口绿灯	3D 指示灯指令	打开命令	东西绿灯	Y6

（2）打开 Unity 软件，单击菜单栏中的“文件”→“新建场景”（见图 5-2）或是使用快捷键 Ctrl+N 快速创建场景。在弹出的“New Scene”对话框中选择“Basic（Built-in）”基础 3D 场景，单击“Create”按钮创建新场景，如图 5-3 所示。

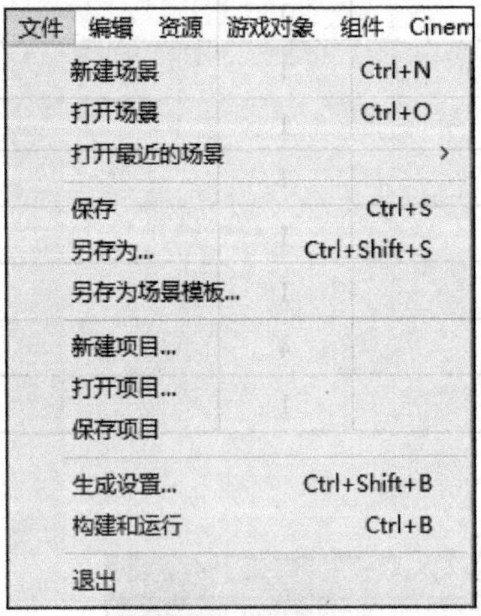

图 5-2　新建场景

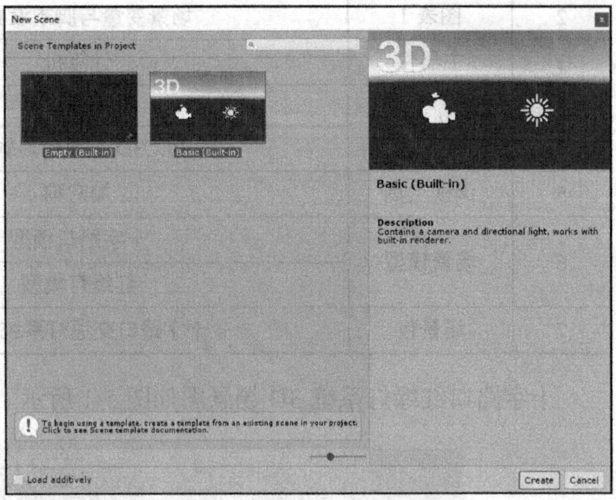

图 5-3　New Scene 对话框

（3）单击菜单栏中的“工业仿真”—“系统初始化”，如图 5-4 所示，对原本空白的场景进行初始化，场景界面中出现一个长、宽均为 20m 的基础平台，如图 5-5 所示。层级窗口出现“工厂建模”“控制系统建模”“物料建模”3 个对象，并将场景命名为“十字路口红绿灯”，如图 5-6 所示。

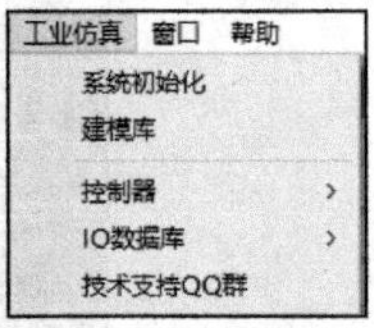

图 5-4　系统初始化

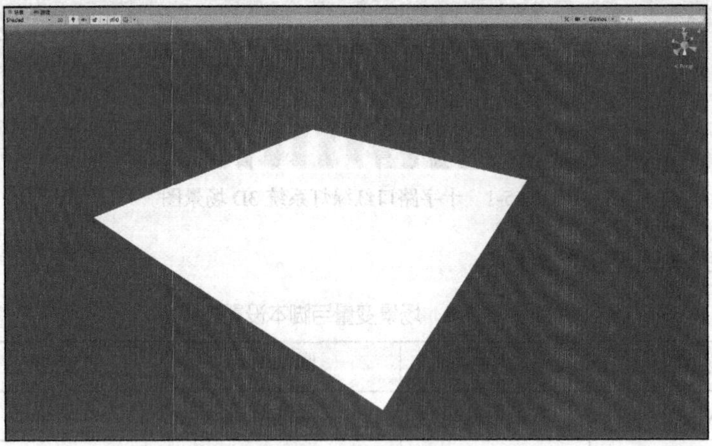

图 5-5　场景初始平台

（4）将预制体“十字路口红绿灯”拖入场景中，并创建对象“控制”，创建场景动画控制的子对象，并将“十字路口红绿灯”和“控制”都拖入工厂建模，如图 5-7 所示。表 5-3 所示是场景中需要用到指令的设备、需要绑定的变量名称和变量地址以及变量绑定到脚本信号中的位置。如南北路口的红灯控制，需要添加“3D 指示灯指令”，3D 指示灯指令的特点是不复杂，只需一个脚本信号控制灯光变化，具体指令设置如图 5-8 所示。

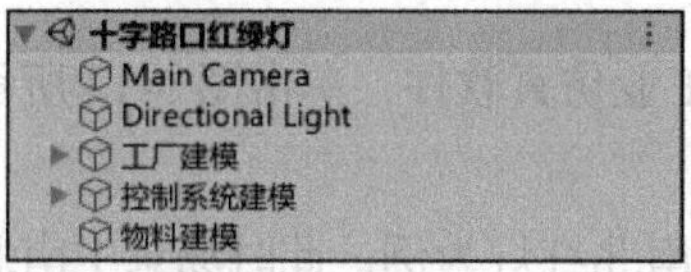

图 5-6　场景命名

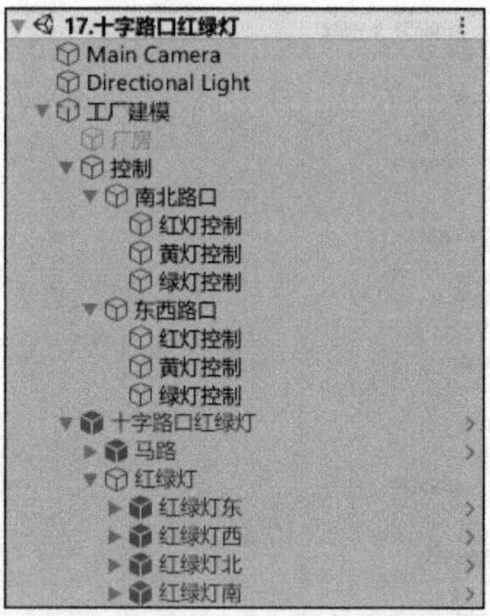

图 5-7　工厂建模设置

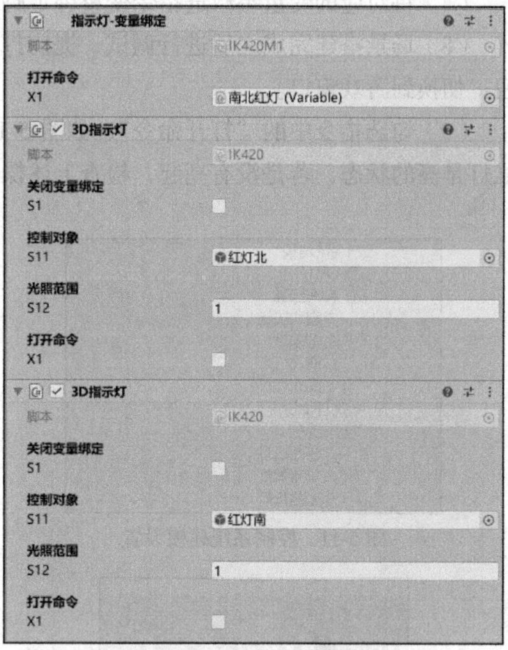

图 5-8　南北红灯 3D 指示灯指令设置

（5）创建变量前，需要设置好层级窗口中的对象“控制系统建模”。右击“控制系统建模”对象，选择相应的 PLC 型号，这里选择三菱系列的“FXCPU”，具体设置如图 5-9 所示。

（6）根据 I/O 分配表设置好变量的值类型、寄存器类型和地址，注意编写变量 ID 时不能重复。以南北路口的红灯控制为例，对应变量地址 Y1，Y1 是输出线圈，值类型选择布尔量“BOOL”，寄存器类型是“Y”，地址是“1”，如图 5-10 所示。控制系统建模设置如图 5-11 所示。

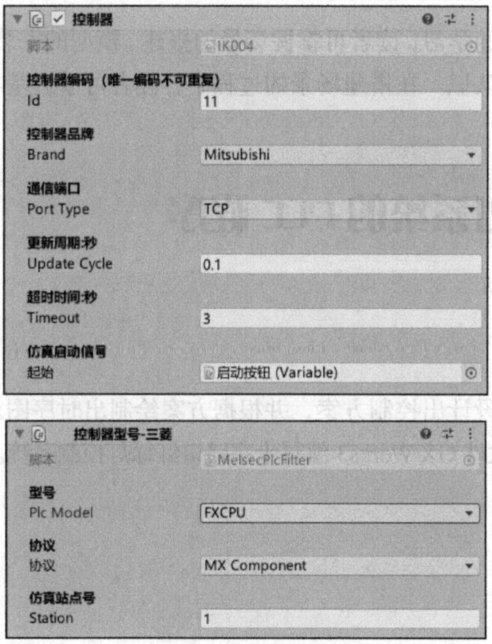

图 5-9　选择 PLC 型号

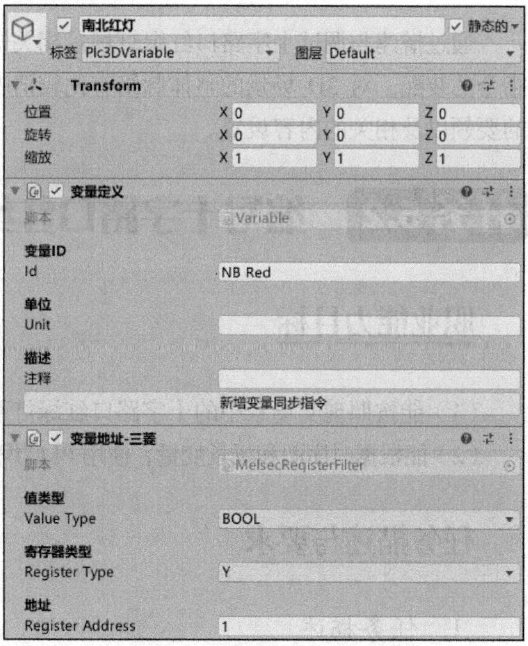

图 5-10　南北红灯变量设置

（7）将对应的变量装载进指令变量绑定脚本栏。

（8）场景搭建完成之后进行调试，提前打开 PLC3D 工业仿真软件，单击图 5-12 所示播放按钮，切换到游戏窗口。

（9）勾选指令中的“打开命令”，如图 5-13 所示。以南北红灯为例，此时场景中南北方向的红灯是亮的状态，若是没有亮起，检查上述操作是否出现问题。

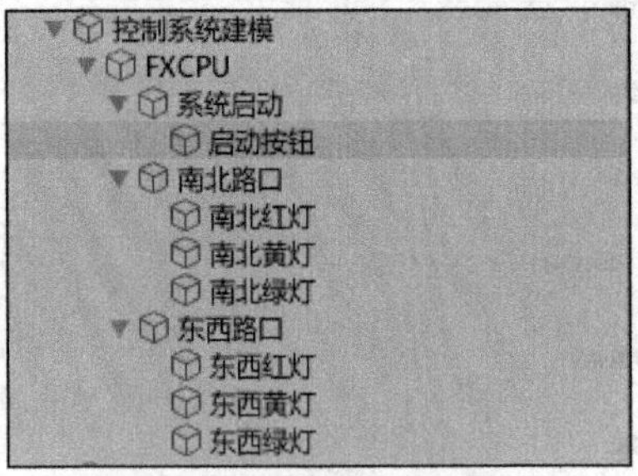

图 5-11　控制系统建模设置

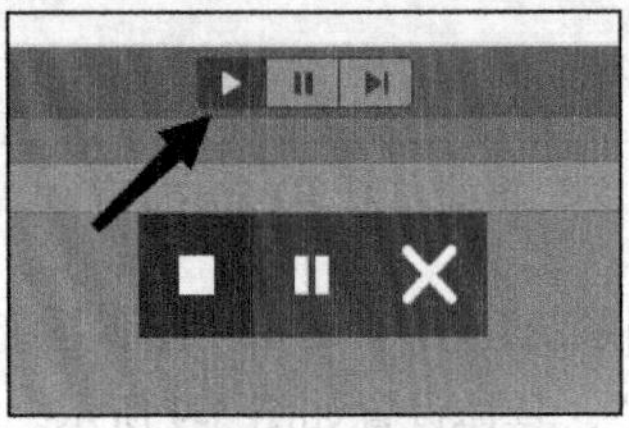
图 5-12　播放按钮

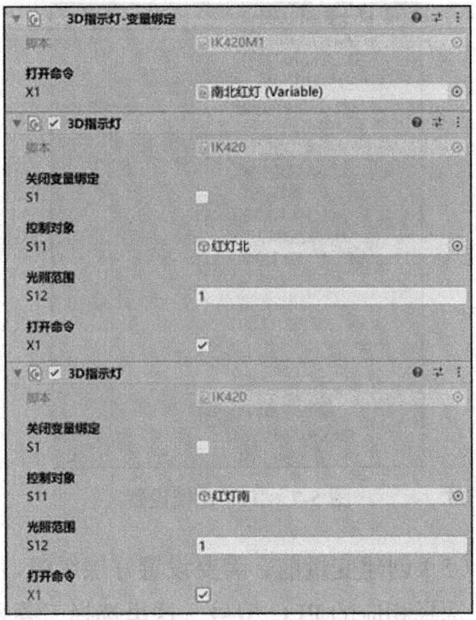

图 5-13　勾选“打开命令”

任务小结

通过搭建与调试十字路口红绿灯场景相关知识的学习，读者可掌握场景的搭建、模型的安装、指令的装配，对 3D 场景的整体脉络有比较清晰的认识。在搭建场景的过程中，读者可掌握基本的要领以及相关的内容设置。

任务 5.2　编写十字路口红绿灯系统的 PLC 程序

职业能力目标

（1）能按照现实场景中的十字路口红绿灯系统设计出控制方案，并根据方案绘制出时序图。

（2）能根据时序图和场景变量，使用 PLC 编程软件 GX Works3 编写十字路口红绿灯控制系统。

任务描述与要求

1. 任务描述

根据十字路口红绿灯系统的总体设计方案，本任务将使用三菱编程软件 GXWorks3 编写运行程序，将场景中的变量编写进程序的通用软元件注释中，使用这些变量完成基于 PLC 的十字路口红绿灯控制系统程序。程序编写过程中需要做到转换无错误，程序的逻辑关系清晰明了。

2. 任务要求

（1）完成具体的控制方案以及绘制时序图。

（2）完成 PLC 控制程序的具体配置。

（3）实现 PLC 控制程序的编译。

任务分析与实施

1. 任务分析

PLC 程序是虚拟仿真能够进行动画运转的核心部分，改变程序就能改变场景的动画流程。

本任务要求读者熟练掌握比较指令的用法，能利用比较指令编写简单的控制程序；理解十字路口红绿灯控制系统的控制思路，列出控制系统 I/O 分配表，并做简要的控制思路分析；熟练掌握基本指令编程方法，掌握 PLC 程序编辑、下载、监控的方法，能调试简单的控制程序。

2. 任务实施

根据十字路口交通灯实际场景与 GXWorks3 的相关知识，制订任务实施计划。任务实施计划的具体内容见表 5-4。

表 5-4　任务实施计划

项目名称	十字路口红绿灯系统虚拟仿真
任务名称	编写十字路口红绿灯系统的 PLC 程序
任务描述	在 GX Works3 软件上编写 PLC 程序
任务要求	程序的逻辑关系清晰明了，编译无误
任务实施计划	具体内容
	1. 参照现实十字路口交通灯场景，设计具体控制方案
	2. 根据时序图和场景变量编写 PLC 程序
	3. 编写完成后，转换程序检查是否存在报错的情况
	4. 通过小组自查、互查等方式，确保程序编译无误

知识储备

1. 定时器功能块指令

本任务选择 TIMER_100_FB_M 的定时器功能块指令，如图 5-14 所示。s1 的执行条件变为 ON 时，开始当前值的计测。从 s3 × 100ms 开始计测，直到 s2 × 100ms 为止到达计测值时 d2 变为 ON。当前计测值被输出到 d1 中。如果 s1 的执行条件变为 OFF，则当前值变为 s3 的值，d2 也变为 OFF。具体电路示例和时序图如图 5-15 所示。

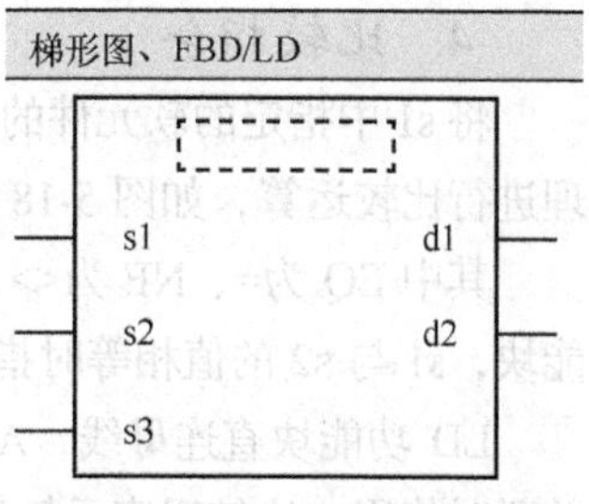

图 5-14　定时器功能块指令

例【电路示例】

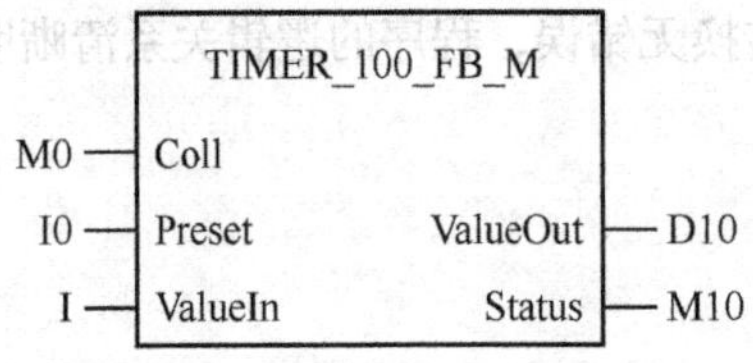

【时序图】

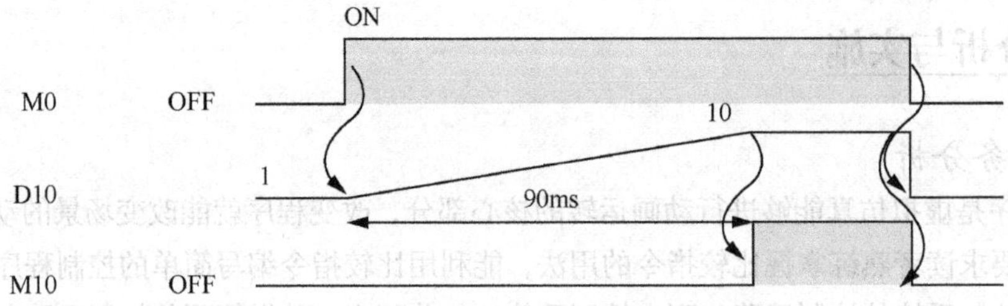

图 5-15　定时器功能块指令电路示例和时序图

2. 上升沿脉冲指令

PLS（上升沿脉冲）指令 OFF→ON 时使指定软元件 1 个扫描 ON，OFF→ON 以外时使其为 OFF。如图 5-16 所示。

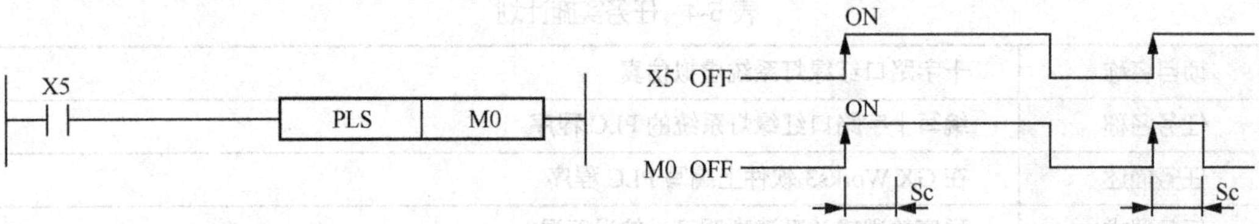

图 5-16　上升沿脉冲指令

3. 位软元件输出取反指令

ALT（位软元件输出取反）指令输入每次由 OFF→ON 变化时，(d)中指定的位软元件 ON↔OFF 取反，如图 5-17 所示。

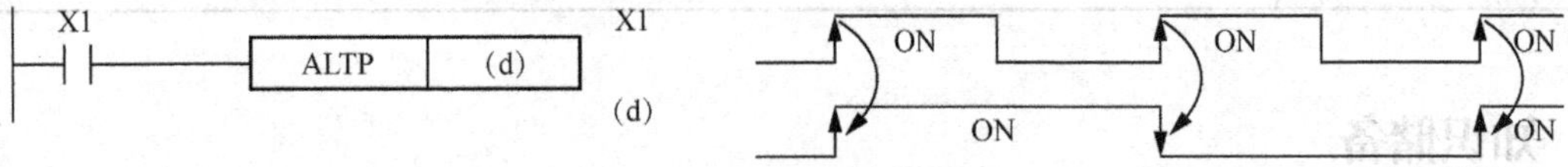

图 5-17　位软元件输出取反指令

4. 比较指令

将 s1 中指定的软元件的 BIN16 位数据与 s2 中指定的软元件的 BIN16 位数据通过常开触点处理进行比较运算，如图 5-18 所示。

其中 EQ 为=、NE 为<>、GT 为>、LE 为≤、LT 为<、GE 为≥。举例：若是使用 LD_EQ 功能块，s1 与 s2 的值相等时指令块导通。

LD 功能块直连母线，AND 功能块在与其他功能块串联时使用，OR 功能块在与其他功能块并联时使用。比较程序示例如图 5-19 所示。

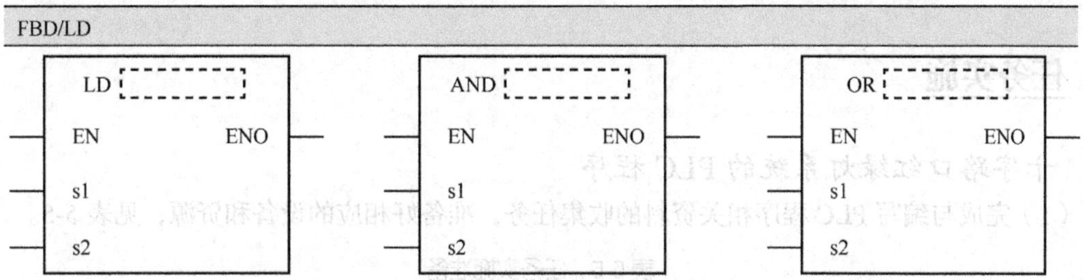

（口中输入_EQ（_U）、NE（_U）、GT（_U）、_LE（_U）、_LT（_U）、_GE（_U）。）*2

图 5-18　比较指令

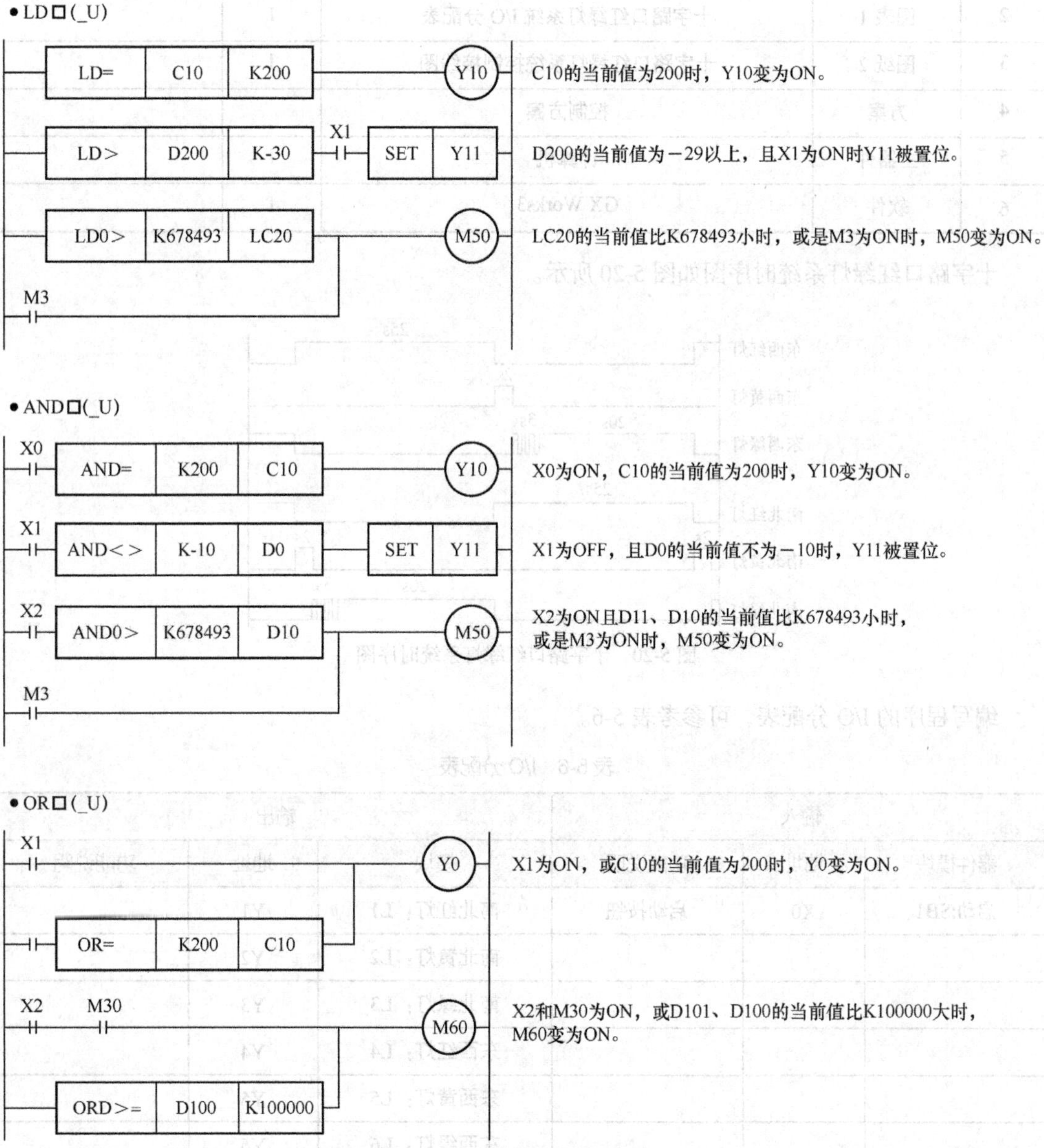

图 5-19　比较程序示例

任务实施

十字路口红绿灯系统的 PLC 程序

（1）完成与编写 PLC 程序相关资料的收集任务，准备好相应的设备和资源，见表 5-5。

表 5-5　任务实施准备

序号	类型	名称	数量	是否到位
1	图纸 1	十字路口红绿灯系统时序图	1	
2	图表 1	十字路口红绿灯系统 I/O 分配表	1	
3	图纸 2	十字路口红绿灯系统控制接线图	1	
4	方案	控制方案		
5	主器件	计算机	1	
6	软件	GX Works3	1	

十字路口红绿灯系统时序图如图 5-20 所示。

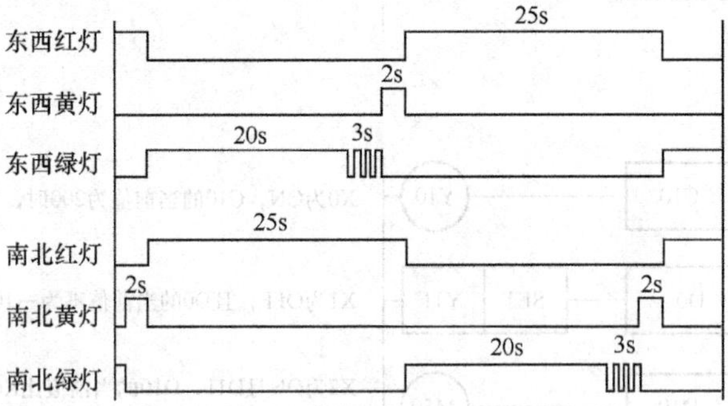

图 5-20　十字路口红绿灯系统时序图

编写程序的 I/O 分配表，可参考表 5-6。

表 5-6　I/O 分配表

输入			输出		
器件模块	地址	功能说明	模块	地址	功能说明
启动:SB1	X0	启动按钮	南北红灯：L1	Y1	
			南北黄灯：L2	Y2	
			南北绿灯：L3	Y3	
			东西红灯：L4	Y4	
			东西黄灯：L5	Y5	
			东西绿灯：L6	Y6	

绘制交通灯模拟控制接线图，可参考图 5-21。

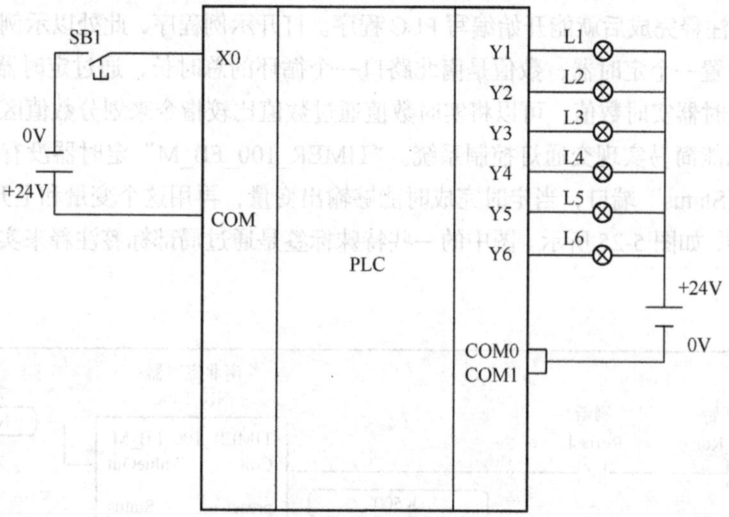

图 5-21　交通灯模拟控制接线图

控制方案：设计十字路口交通灯的控制系统，可按下列方案进行，也可自我构思设计。要求系统启动后，南北红灯亮并维持 25s。在南北红灯亮的同时，东西绿灯也亮，到 20s 时，东西绿灯闪亮，3s 后熄灭，在东西绿灯熄灭后东西黄灯亮。黄灯亮 2s 后灭，东西红灯亮。与此同时，南北红灯灭，南北绿灯亮。南北绿灯亮了 25s 后闪亮，3s 后熄灭，黄灯亮 2s 后熄灭，南北红灯亮，东西绿灯亮。如此循环。

（2）设置好场景后就可以开始编写 PLC 软件程序。打开三菱 GX Works3 软件，新建一个场景，系列选择“FX5CPU”，机型选择“FX5U”，程序语言选择“FBD/LD”功能块图，如图 5-22 所示。选择功能块图编写 PLC 程序有利于程序流的跟踪，方便查错。

（3）在导航窗口中，双击“软元件”→“软元件注释”→“通用软元件注释”，如图 5-23 所示。将表 5-3 中的变量和对应的变量地址填入软元件中，如寄存器 Y 当中的注释，如图 5-24 所示。

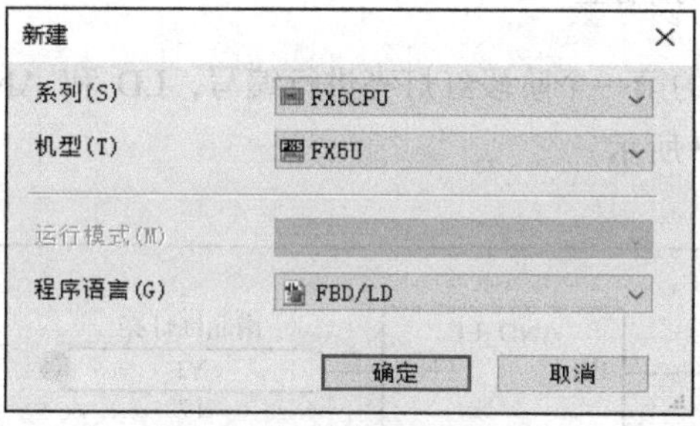

图 5-22　新建场景并设置

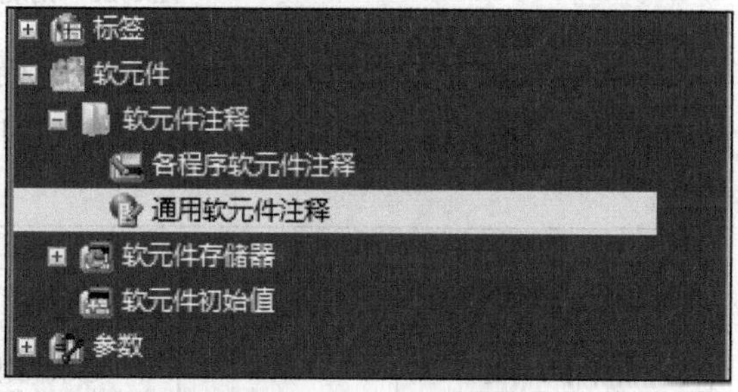

图 5-23　通用软元件注释

软元件名	Chinese Simplified/简体中文(显示对象)
Y0	
Y1	南北红灯亮
Y2	南北黄灯亮
Y3	南北绿灯亮
Y4	东西红灯亮
Y5	东西黄灯亮
Y6	东西绿灯亮

图 5-24　寄存器 Y 软元件注释

（4）软元件注释完成后就能开始编写 PLC 程序。打开示例程序，此处以示例程序的南北路口进行说明。先设置一个定时器，数值是南北路口一个循环的总时长，通过定时器的“ValueOut”端口能够输出定时器实时数值，可以将实时数值通过数值比较指令来划分数值区域，将各个区域的结果输出，就能简易实现交通灯控制系统。“TIMER_100_FB_M”定时器没有自动循环功能，通过定时器的“Status”端口，当定时完成时能够输出变量，再用这个变量和上升沿输出 PLS 指令来刷新定时器，如图 5-25 所示。图中的一些特殊标签是通过局部标签注释来实现的，如图 5-26 所示。

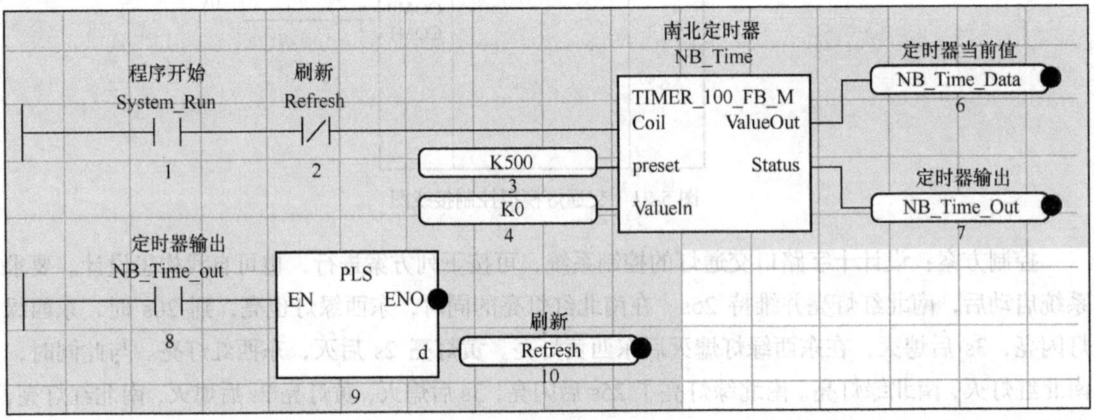

图 5-25　南北定时器设置

<筛选>　简易显示(Y)　显示设置(S)　检查(K)

	标签名	数据类型	类	初始值	常数	Chinese
1	NB_Time	TIMER_100_FB_M	VAR			南北定时器
2	NB_Time_Data	字[有符号]	VAR			定时器当前值
3	NB_Time_out	位	VAR			定时器输出
4	Refresh	位	VAR			刷新

图 5-26　南北方向局部标签

根据图 5-20 的时序图利用比较指令对循环时间的第一个阶段红灯亮进行编写，LD 和 AND 的用法相同，接着输出南北红灯，具体程序如图 5-27 所示。

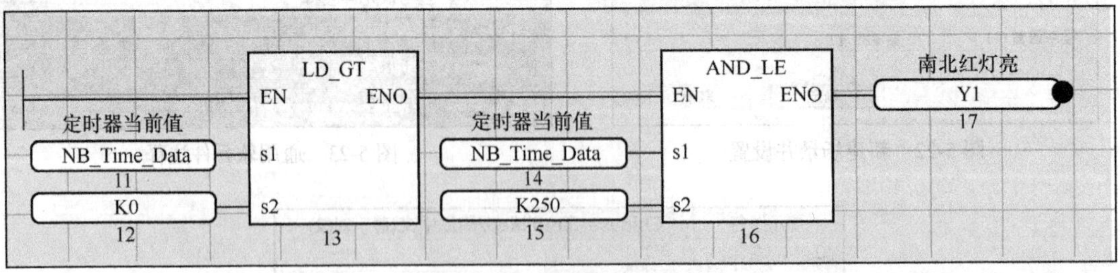

图 5-27　南北红灯输出

第二阶段绿灯最后 3s 需要进行闪烁，则可以使用 1s 时钟脉冲 SM8013，再使用 ALT 取反指令让绿灯有闪烁的效果，具体程序如图 5-28 所示。

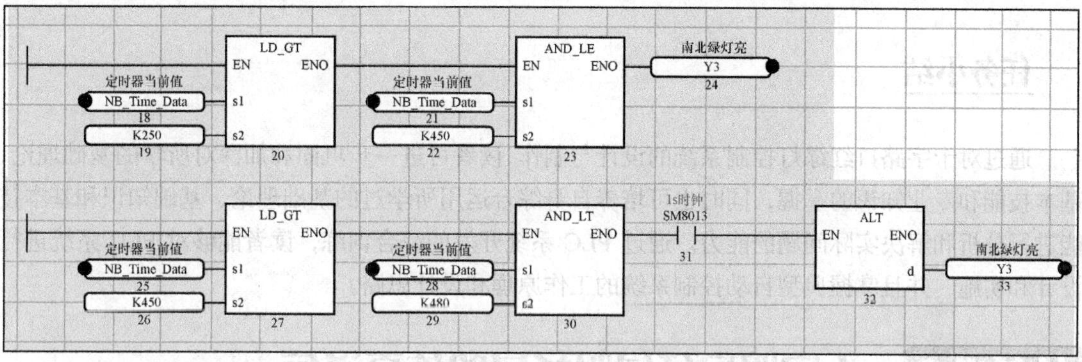

图 5-28　南北绿灯输出

最后是 2s 的黄灯输出，按照同样的方法编写即可，如图 5-29 所示。

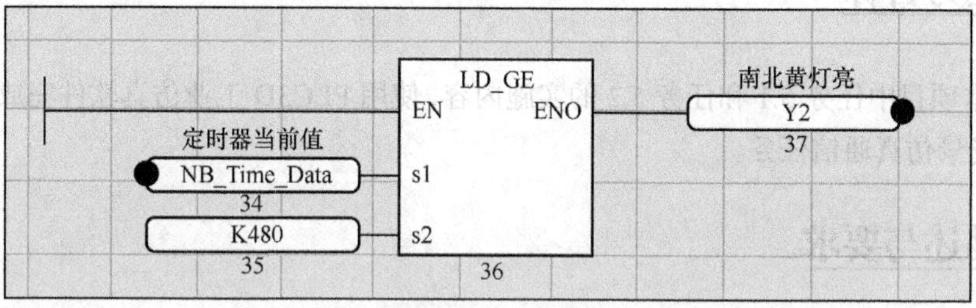

图 5-29　南北黄灯输出

（5）对程序进行转换（快捷键为 F4），如图 5-30 所示。有错误时根据提示修改信息，直至无误，单击菜单栏中的“视图”→“注释显示”→“软元件/标签注释”，如图 5-31 所示，可在编写程序的过程中在软元件上方看到注释。

图 5-30　转换

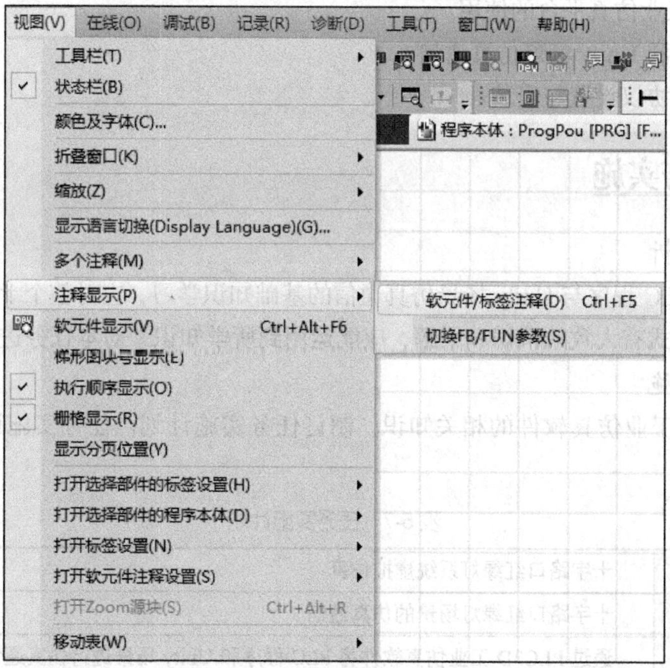

图 5-31　软元件/标签注释

任务小结

通过对十字路口红绿灯控制系统的设计与制作，读者可进一步巩固和加深对所学的基础理论、基本技能和专业知识的掌握，同时也可培养自身综合运用所学过的基础理论、基础知识和基本技能进行分析和解决实际问题的能力。通过 PLC 系统开发的综合训练，读者能够对 PLC 系统进行设计和实施，并且掌握典型自动控制系统的工作原理和设计思路。

任务 5.3　十字路口红绿灯场景的仿真通信

职业能力目标

能根据本项目中任务 5.1 和任务 5.2 的实施内容，使用 PLC3D 工业仿真软件完成本次 PLC 程序与 Unity 场景仿真通信任务。

任务描述与要求

1. 任务描述

根据十字路口红绿灯系统的总体设计方案，本任务将使用 PLC3D 工业仿真软件结合任务 5.1 和任务 5.2 的实施内容来对整个十字路口红绿灯系统进行虚拟仿真。实施过程要求做到步骤无误，正确完成 PLC 程序与 Unity 场景仿真通信操作流程。

2. 任务要求

（1）PLC3D 工业仿真平台的使用。

（2）PLC 程序和 Unity 场景仿真通信。

（3）PLC 通信协议设置与安装。

任务分析与实施

1. 任务分析

读者通过对 PLC 程序与 Unity 场景仿真通信的基础知识学习，应对整个十字路口红绿灯系统虚拟仿真的运行方式有大致的认识和了解，应能运用到所学知识，对本任务进行验收。

2. 任务实施

根据 PLC3D 工业仿真软件的相关知识，制订任务实施计划。任务实施计划的具体内容见表 5-7。

表 5-7　任务实施计划

项目名称	十字路口红绿灯系统虚拟仿真
任务名称	十字路口红绿灯场景的仿真通信
任务描述	通过 PLC3D 工业仿真软件将 PLC 程序和 Unity 场景进行仿真通信

续表

任务要求	仿真通信无误
任务实施计划	具体内容
	1. 完成仿真通信的准备工作
	2. 实施仿真通信的基本流程
	3. 通过小组自查、互查等方式，确保仿真通信无误

任务实施

十字路口红绿灯仿真通信

（1）PLC3D 工业仿真软件与 PLC 程序进行通信需要安装协议，本书选择三菱 PLC 的 GX Works3 作为案例进行设置。

（2）以管理员身份运行计算机开始栏 MELSOFT 中的 Communication Setup Utility，如图 5-32 所示。

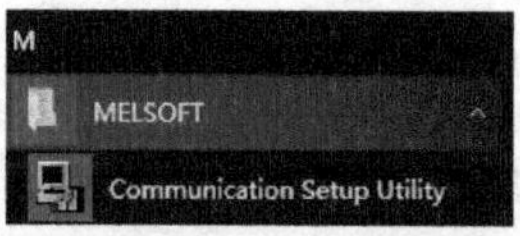

图 5-32　Communication Setup Utility 文件

（3）单击“Wizard”按钮，组建一个连接，在“Logical station number”中填入 1，单击“Next”按钮，如图 5-33 所示。

（4）“PC side I/F”处选择“GX Simulator3”，“CPU type”处选择“FX5U”，再单击“Next”按钮，如图 5-34 所示。

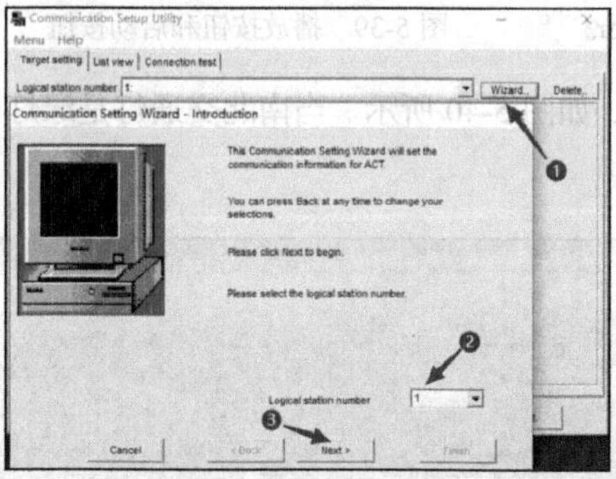

图 5-33　设定仿真站点

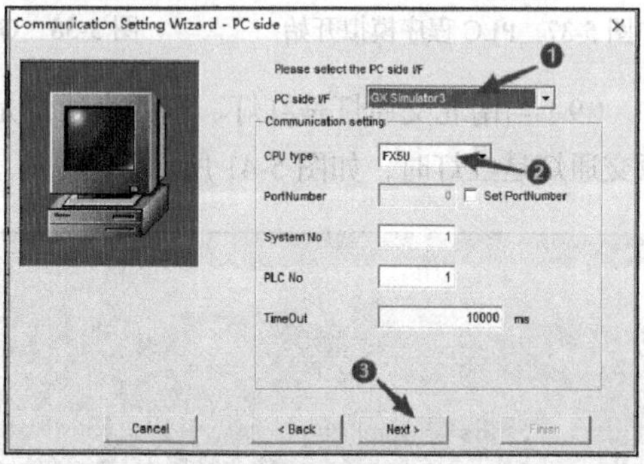

图 5-34　设置仿真站类型

（5）单击“Finish”按钮即可完成安装设置，如图 5-35 所示。

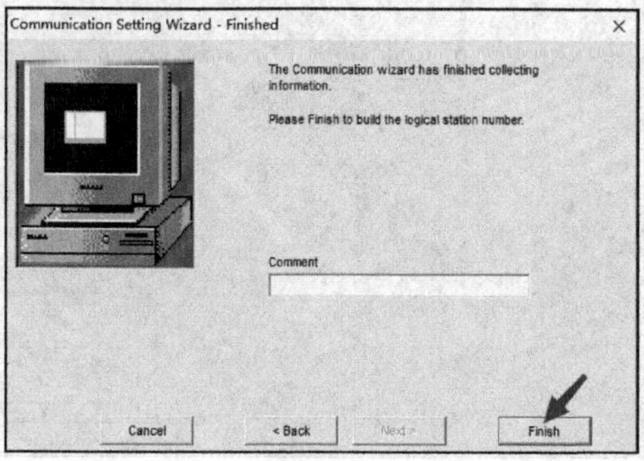

图 5-35　完成安装设置

（6）将加密狗接入计算机，打开PLC3D工业仿真软件，直至显示出“PLC3D服务已启动”，如图5-36所示。

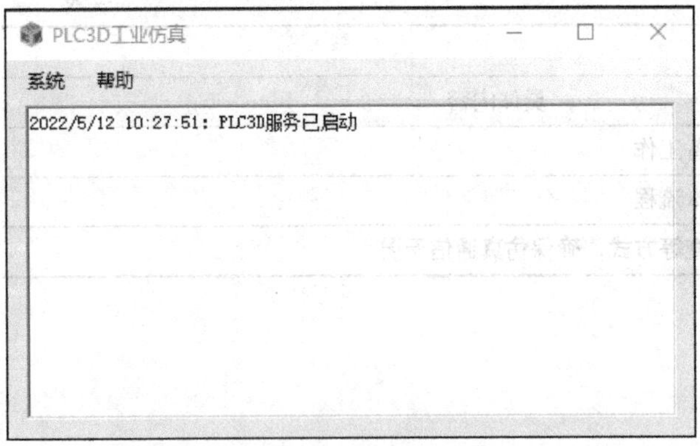

图5-36　PLC3D服务已启动

（7）PLC3D工业仿真软件启动后，单击PLC程序中的“模拟开始”按钮，如图5-37所示。直至出现“GX Simulator3”窗口，当PWR和P.RUN亮绿灯时才算模拟成功，如图5-38所示。

（8）回到Unity界面，单击图5-38所示上方3个按钮中最左侧的播放按钮，进入游戏界面，单击图5-39所示下方3个按钮中最左侧的启动按钮。

图5-37　PLC程序模拟开始

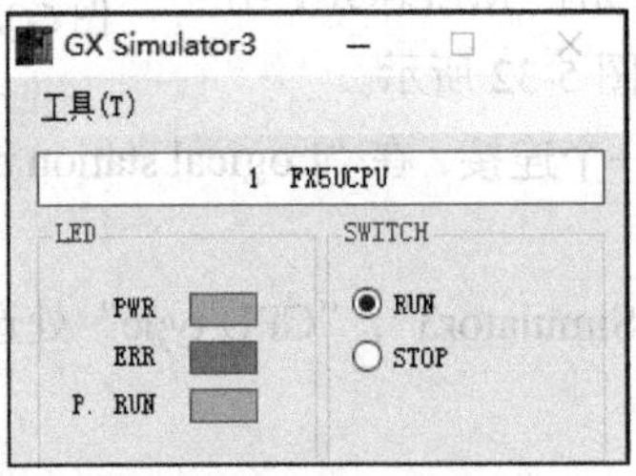

图5-38　GX Simulator3

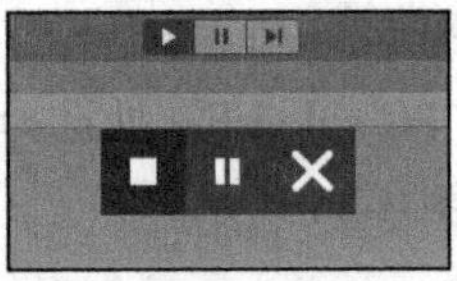

图5-39　播放按钮和启动按钮

（9）当南北交通灯是红灯、东西交通灯是绿灯时，如图5-40所示。当南北交通灯是绿灯、东西交通灯是红灯时，如图5-41所示。

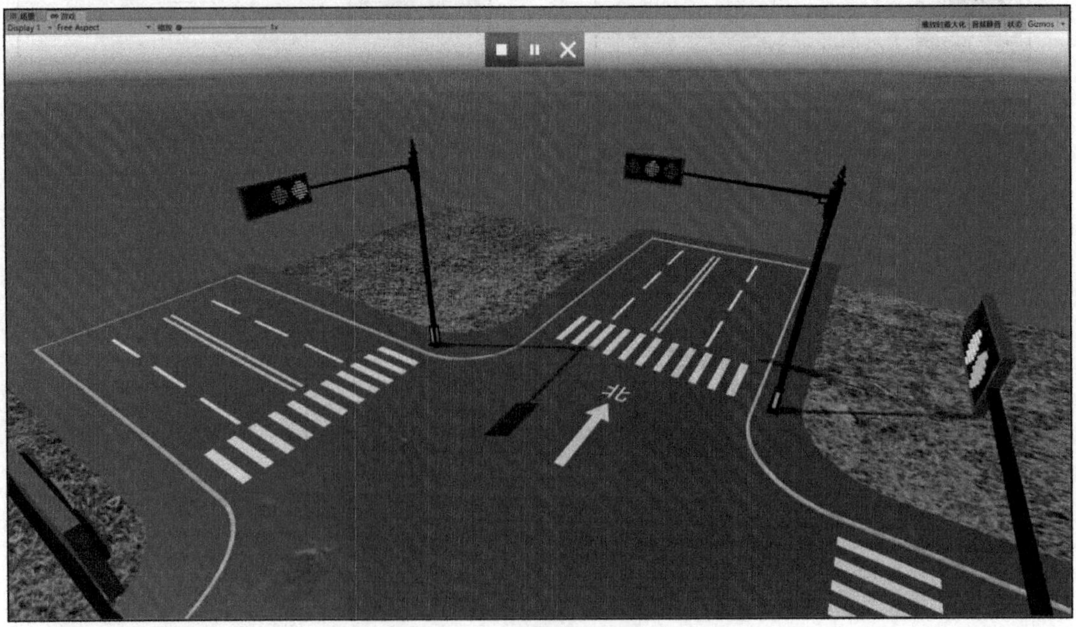

图5-40　南北红灯东西绿灯

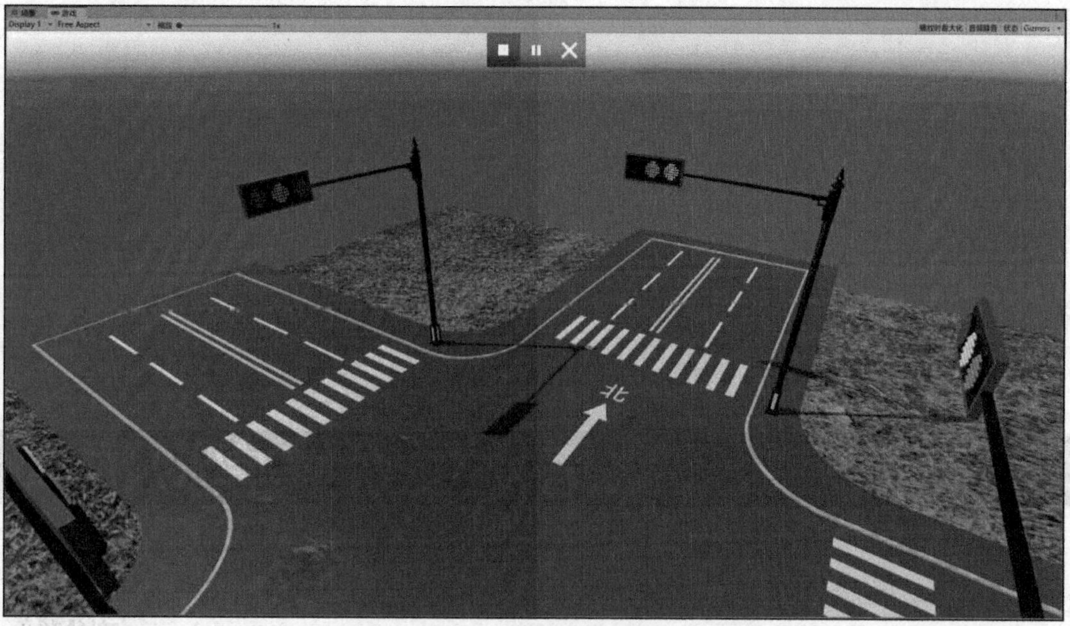

图 5-41　南北绿灯东西红灯

任务小结

通过对本任务的学习，读者可了解如何通过 PLC3D 工业仿真软件将 PLC 程序和 Unity 场景进行仿真通信的整个过程，逐步养成严谨求实、合作创新的科学态度，为继续学习和发展奠定基础。

习题

（1）简述在 Unity 中十字路口红绿灯系统虚拟调试的步骤。

（2）尝试将搭建好的 3D 场景设置成预制体。

（3）尝试使用校园附近十字路口的红绿灯作为项目进行设计。

项目6 水塔水位系统虚拟仿真

水塔水位系统虚拟仿真

案例引入

水塔水位控制器

当今社会，自动化装置无所不在。例如，不需要人工进行操作就可实现水塔水位的监测和控制。水塔水位控制器主要应用在水塔上进行自动水位控制，一般为全自动型，缺水自动补水，水满能自动停止进水。实践证明，自动化操作具有不可替代的应用价值。水塔水位控制器具有适应各种液体液位的检测和控制功能，在设计中分析利弊，考虑了各种液体的阻值大小，是可以投入实际生产的产品。

任务6.1 搭建与调试水塔水位场景

职业能力目标

（1）能根据水塔水位系统3D场景图，在Unity平台中正确地搭建水塔水位场景。

（2）能根据场景中水塔和水位实际作用，使用 PLC3D 指令对模型进行装载，装载完成还需要对场景进行调试。

任务描述与要求

1. 任务描述

根据水塔水位系统的总体设计方案，本任务将使用 Unity 物理引擎平台搭建出虚拟场景，并赋予场景中的对象实际的场景效果。场景搭建过程中需要做到合理布局以及指令的正确装载，使得场景的逻辑、层次、步骤清晰明了。

2. 任务要求

（1）实现对象模型的安放。

（2）实现对象模型间的连接。

（3）实现指令的配置。

（4）调试修改 Unity 场景。

任务分析与实施

1. 任务分析

本任务中采用水塔水位等模型，模拟现实水塔水位的具体场景，学习水塔水位系统虚拟调试。

2. 任务实施

根据水塔水位系统实际场景与 Unity 的相关知识，制订任务实施计划。任务实施计划的具体内容见表 6-1。

表 6-1　任务实施计划

项目名称	水塔水位系统虚拟仿真
任务名称	搭建与调试水塔水位场景
任务描述	在 Unity 平台上实现场景搭建
任务要求	场景布局合理，指令安装正确，步骤规范
任务实施计划	具体内容
	1. 参照现实水塔水位场景，确认 Unity 场景是否完善
	2. 将 PLC3D 指令装载到模型上，并设置好参数
	3. 设置完毕后，启动播放查看是否存在不合理的情况
	4. 通过小组自查、互查等方式，确保场景设置无误

知识储备

1. 伸缩定位指令

详见“项目 2　运动类数字孪生体制作”→“任务 2.3　缩放类数字孪生体制作”→“伸缩定位指令”。

2. 控制台配置指令

详见“项目 3　电气类数字孪生体制作”→“任务 3.3　控制面板类数字孪生体制作”。

任务实施

水塔水位 3D 场景

（1）完成与搭建、调试 Unity 场景相关资料的收集任务，准备好相应的设备和资源，见表 6-2。

表 6-2　任务实施准备

序号	类型	名称	数量	是否到位
1	图纸 1	水塔水位系统 3D 场景图	1	
2	图表 1	场景变量与脚本设置表	1	
3	主器件	计算机	1	
4	软件	Unity	1	
		PLC3D 工业仿真软件	1	
5	调试工具	加密狗	1	
6	场景模型	水塔水位模型	1	
		明装配电箱模型	4	
7	场景包	水塔水位系统.meta	1	

水塔水位系统 3D 场景图如图 6-1 所示。

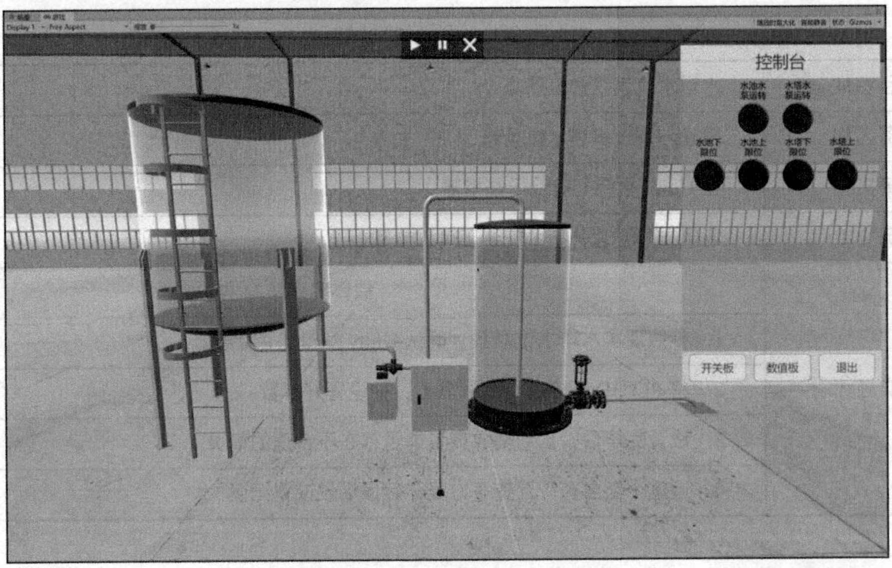

图 6-1　水塔水位系统 3D 场景图

场景变量与脚本设置见表 6-3。

表 6-3　场景变量与脚本设置表

序号	设备	指令	脚本信号	变量	变量地址
1	FXCPU	控制器指令	仿真启动指令	仿真启动	X0
			仿真停止指令	仿真停止	X1
2	水池	伸缩定位指令	启动命令	水池启动	X2
			位置命令	水池位置命令	D1
			运行状态	水池水泵运行	Y0
			定位点到位状态	水池下限位	Y2
				水池上限位	Y3

续表

序号	设备	指令	脚本信号	变量	变量地址
3	水塔	伸缩定位指令	启动命令	水塔启动	X3
			位置命令	水塔位置命令	D2
			运行状态	水塔水泵运行	Y1
			定位点到位状态	水塔下限位	Y4
				水塔上限位	Y5
4	明装配电箱	控制台配置指令	控制台模型	2D 控制台	
		控制台配置-指示灯	指示灯模型	圆形绿灯	
			变量绑定	水池水泵运行	Y0
		控制台配置-指示灯	指示灯模型	圆形绿灯	
			变量绑定	水塔水泵运行	Y1
		控制台配置-指示灯	指示灯模型	圆形红灯	
			变量绑定	水池下限位	Y2
		控制台配置-指示灯	指示灯模型	圆形红灯	
			变量绑定	水池上限位	Y3
		控制台配置-指示灯	指示灯模型	圆形红灯	
			变量绑定	水塔下限位	Y4
		控制台配置-指示灯	指示灯模型	圆形红灯	
			变量绑定	水塔上限位	Y5

（2）打开 Unity 软件，单击菜单栏中的“文件”→“新建场景”（见图 6-2）或是使用快捷键 Ctrl+N 快速创建场景。在弹出的“New Scene”对话框中选择“Basic（Built-in）”基础 3D 场景，单击“Create”按钮创建新场景，如图 6-3 所示。

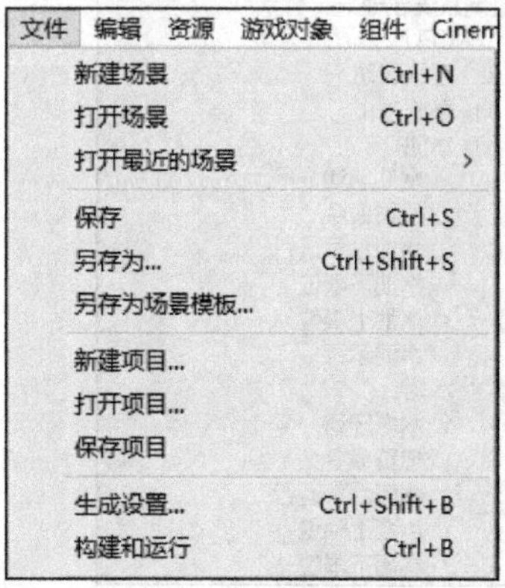

图 6-2　新建场景

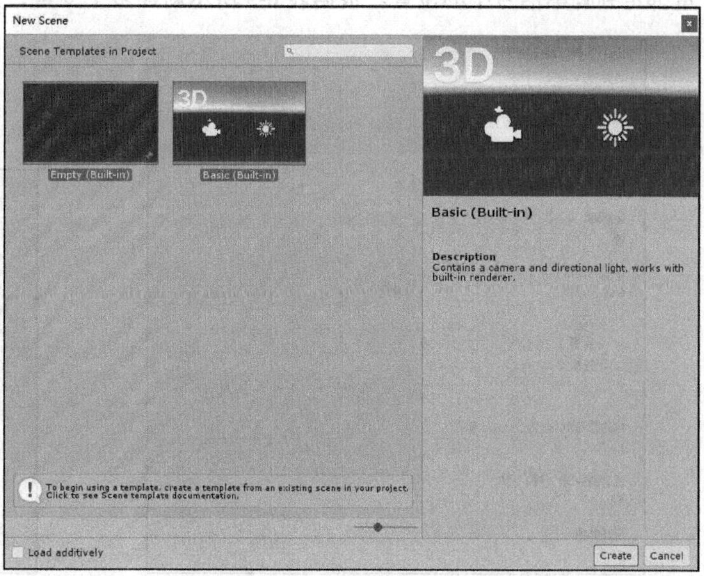

图 6-3　“New Scene”对话框

（3）单击菜单栏的“工业仿真”→“系统初始化”，如图 6-4 所示，对原本空白的场景进行初始化，场景界面中出现长、宽均为 20m 的基础平台，如图 6-5 所示。层级窗口出现“工厂建模”“控制系统建模”“物料建模”3 个对象，并将场景名为“水塔水位”，如图 6-6 所示。

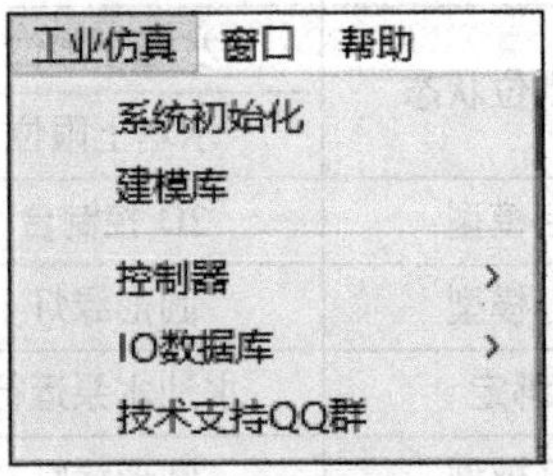

图 6-4　系统初始化

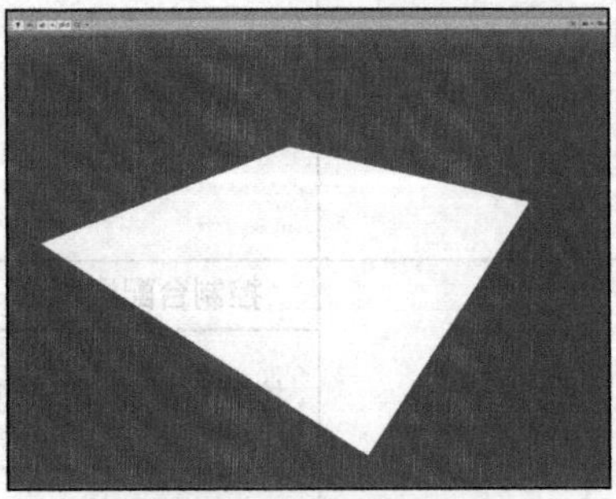

图 6-5　场景初始平台

（4）将预制体“水塔水位”拖入场景，预制体中自带“控制”子对象，水塔水位的子对象如图 6-7 所示。在“控制”子对象中给“水池”和“水塔”装载“伸缩定位指令”。以“水池”为例，通过伸缩定位指令模拟水位的上升和下降，将定位点初始位置“0”设置为水池下限位，最高位置“60”设置为水池上限位，具体指令设置如图 6-8 所示。

图 6-6　场景命名

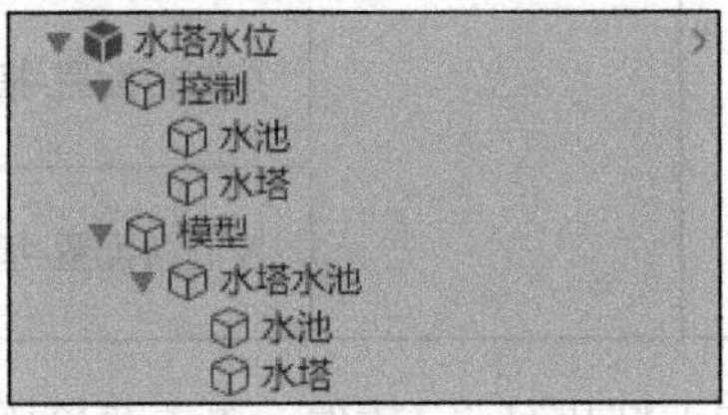

图 6-7　水塔水位子对象

（5）表 6-3 是水塔水位场景中需要用到指令的设备、需要绑定的变量名称和变量地址以及变量绑定到脚本信号中的位置。根据表 6-3 所示新建多个变量，如图 6-9 所示。

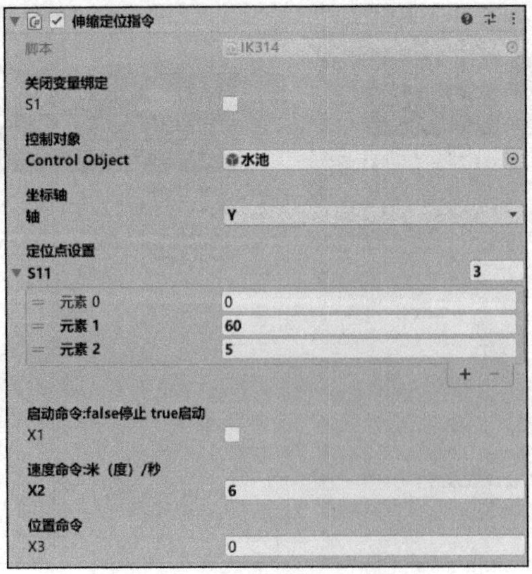

图 6-8　水池伸缩定位指令设置

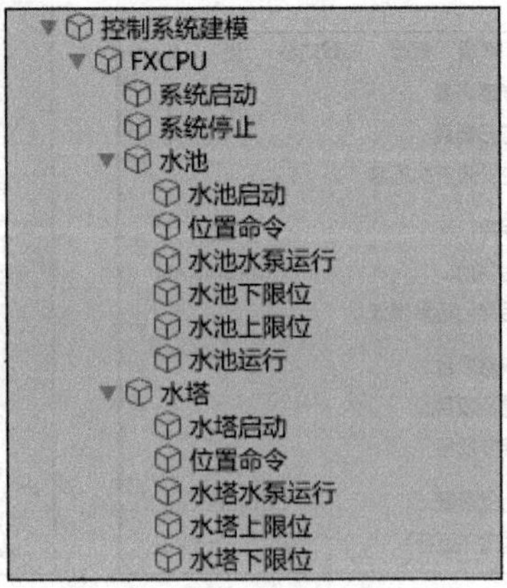

图 6-9　新建变量

（6）接着根据表 6-3 中的变量绑定设置，将图 6-9 中的变量绑定到对应指令的变量绑定栏，例如将“系统启动”变量绑定到“控制器”→“仿真启动信号”，将“水池启动”绑定到水池模型中“伸缩定位指令-变量绑定”→“启动命令”等。具体以“水池”的伸缩定位指令为例，如图 6-10 所示。

（7）明装配电箱中的控制台配置指令需要设置 6 个状态指示灯，分别是水池水泵运转、水塔水泵运转、水池下限位、水池上限位、水塔下限位和水塔上限位，具体的位置设置和变量绑定如图 6-11 所示。

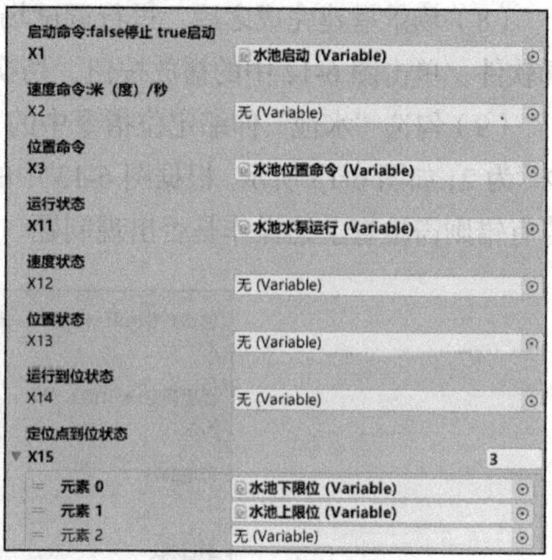

图 6-10　变量绑定

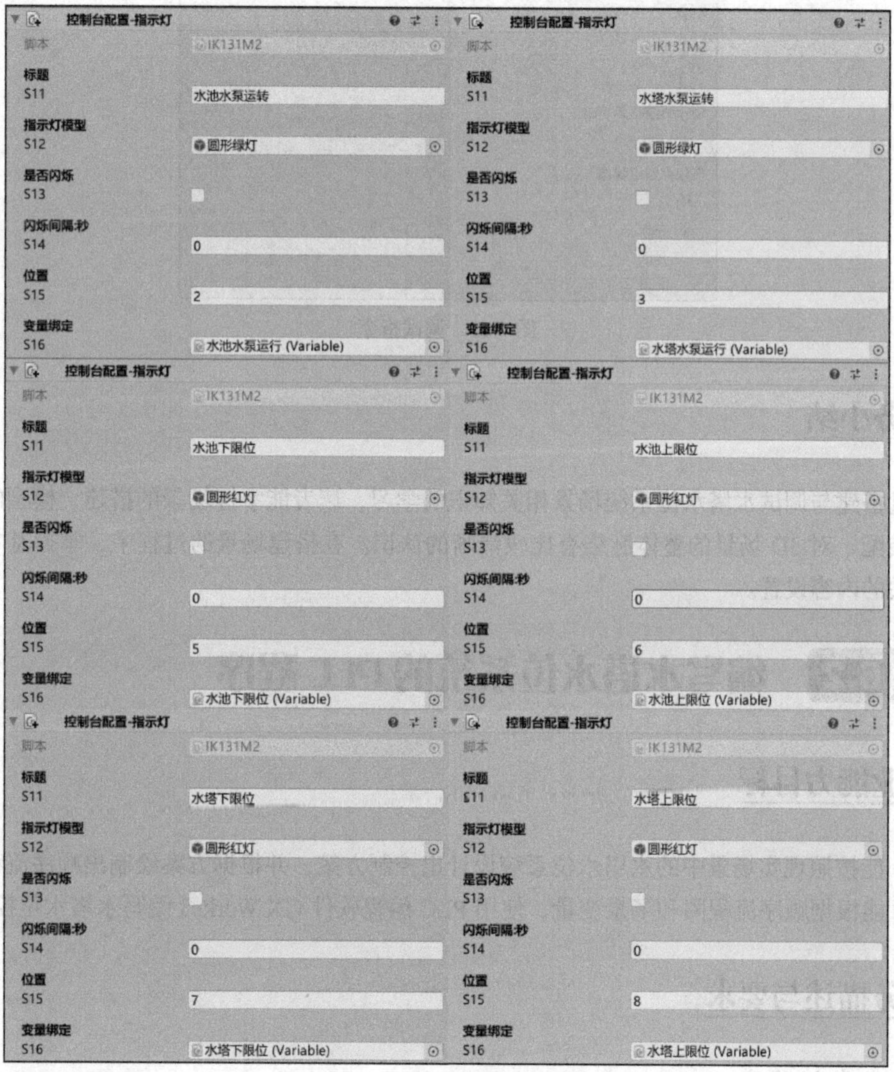

图 6-11　控制台配置-指示灯

（8）场景搭建完成之后，进行调试场景，提前打开 PLC3D 工业仿真软件，单击图 6-12 中的播放按钮，切换到游戏窗口。

图 6-12　播放按钮

（9）勾选“水池”伸缩定位指令中的“启动命令”，并设置“位置命令”为 2，如图 6-13 所示。根据图 6-13 中的状态栏来判断指令是否出错，若有错则需检查上述操作是否出现问题。

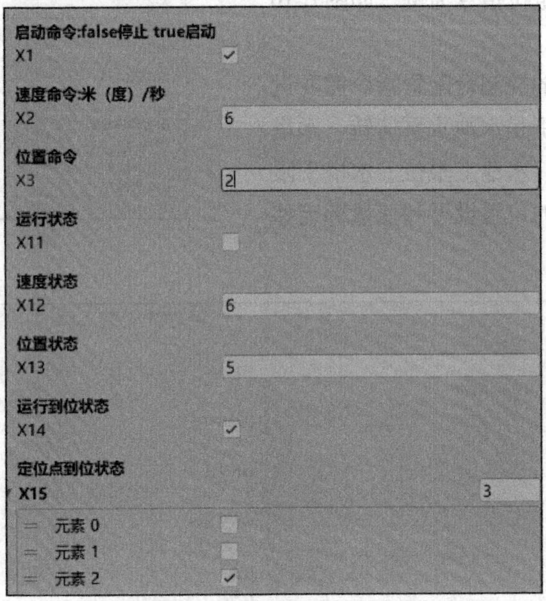

图 6-13　调试指令

任务小结

通过搭建与调试水塔水位系统场景相关知识的学习，读者能掌握场景的搭建、模型的安装、指令的装配，对 3D 场景的整体脉络有比较清晰的认识。在搭建场景的过程中，掌握基本的要领以及相关的内容设置。

任务 6.2　编写水塔水位系统的 PLC 程序

职业能力目标

（1）能按照现实场景中的水塔水位系统设计出控制方案，并根据方案绘制出顺序流程图。

（2）能根据顺序流程图和场景变量，使用 PLC 编程软件 GX Works3 编写水塔水位控制系统。

任务描述与要求

1. 任务描述

根据水塔水位系统的总体设计方案，本任务将使用三菱编程软件 GX Works3 编写运行程序，将场景中的变量编写进程序的通用软元件注释中，使用这些变量完成基于 PLC 的水塔水位控制系统程序。在程序编写过程中需要做到转换无错误，程序的逻辑关系清晰明了。

2. 任务要求

（1）设计出具体的控制方案以及顺序流程图。

（2）完成 PLC 控制程序的具体配置。

（3）实现 PLC 控制程序的编译。

任务分析与实施

1. 任务分析

PLC 程序是虚拟仿真能够进行动画运转的核心部分，改变程序就能改变场景的动画流程。

本任务要求读者熟练掌握比较指令的用法，能利用 ON 延迟定时器、加法运算指令编写简单的控制程序；理解水塔水位系统的控制思路，列出控制系统 I/O 分配表，并做简要的控制思路分析；熟练掌握基本指令编程方法，掌握 PLC 程序编辑、下载、监控的方法，能调试简单的控制程序。

2. 任务实施

根据水塔水位系统的实际场景与 GX Works3 的相关知识，制订任务实施计划。任务实施计划的具体内容见表 6-4。

表 6-4　任务实施计划

项目名称	水塔水位系统虚拟仿真
任务名称	编写水塔水位系统的 PLC 程序
任务描述	在 GX Works3 编程软件上编写 PLC 程序
任务要求	程序的逻辑关系清晰明了，编译无误
任务实施计划	具体内容
	1. 参照现实水塔水位场景，设计具体控制方案
	2. 根据时序图和场景变量编写 PLC 程序
	3. 编写完成后，转换程序检查是否存在报错的情况
	4. 通过小组自查、互查等方式，确保程序编译无误

知识储备

1. ON 延迟定时器

本任务选择 ON 延迟定时器功能块指令，如图 6-14 所示。如果 s 变为 ON，则经过 n 中设置的时间后将 d1 置为 ON。d2 设置 s 变为 ON 后的延迟经过时间。如果 s 变为 OFF 则将 d1 置为 OFF 并复位延迟经过时间。ON 延迟定时器时序图如图 6-15 所示。

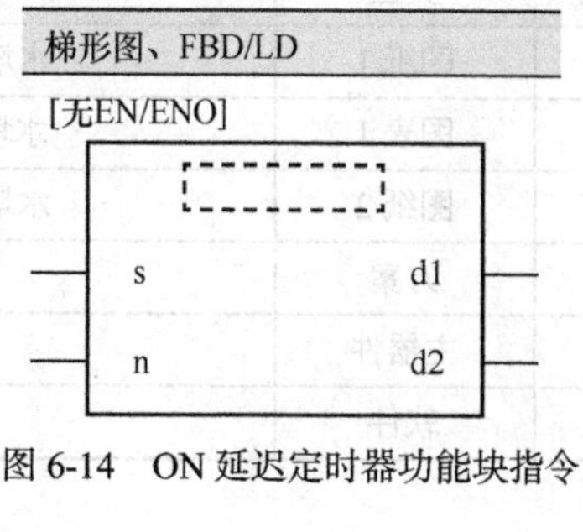

图 6-14　ON 延迟定时器功能块指令

- 时序图

(n) : =T#5s (5秒) 的情况下

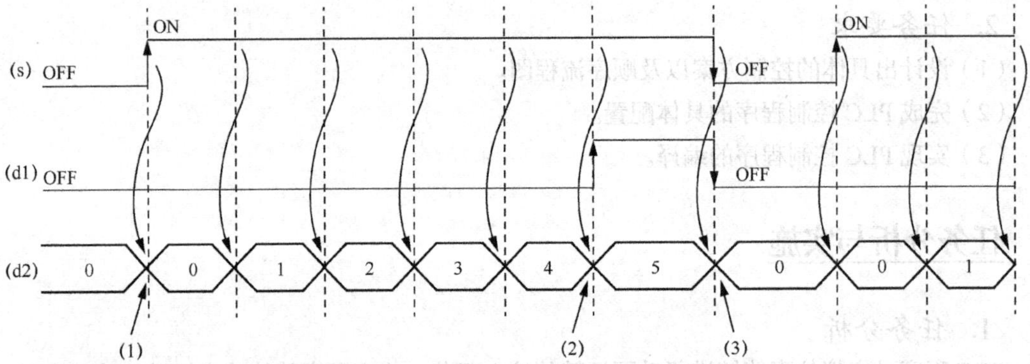

(1) : 通过 (s) =ON开始 (d2) 的时间计测。
(2) : 若 (d2) 到达 (n) 中指定的时间，将 (d1) 置为ON。
(3) : 在 (s) 的下降沿中将 (d2) 复位。

图 6-15　ON 延迟定时器时序图

2. 加法运算指令

ADD_E 指令功能块如图 6-16 所示。其功能为进行 s1 ~ s28 中输入的 INT 型/DINT 型/REAL 型数据的加法运算(s1+s2+…+s28)，将运算结果从 d 以与 s 相同的数据类型进行输出。例如，在数据类型为 INT 型的情况下，如图 6-17 所示，简单来说就是 s1+s2 = d。

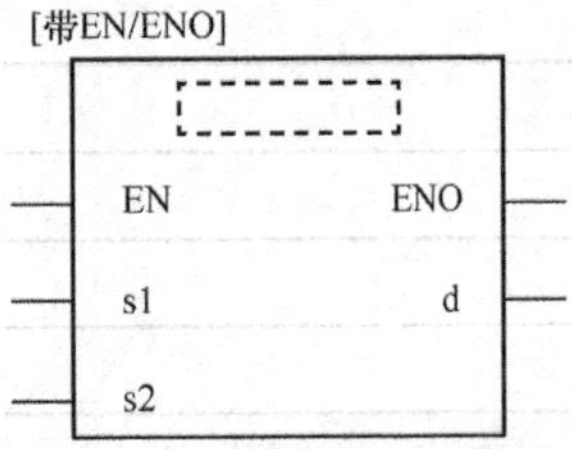

图 6-16　ADD_E 指令功能块

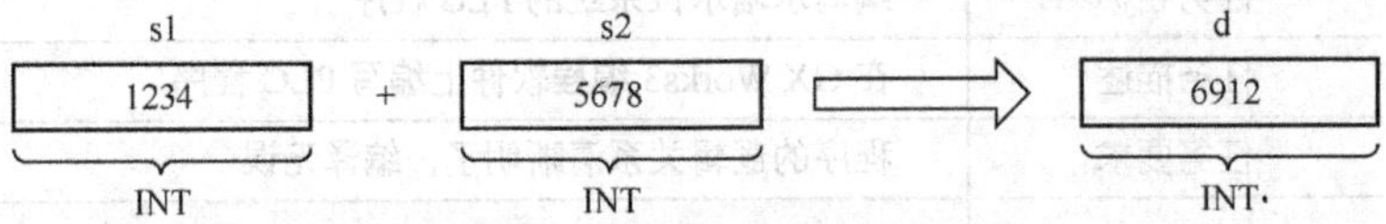

图 6-17　数据类型为 INT 型的情况

任务实施

水塔水位系统的 PLC 程序

（1）完成收集编写 PLC 程序相关资料的任务，准备好相应的设备和资源，见表 6-5。

表 6-5　任务实施准备

序号	类型	名称	数量	是否到位
1	图纸 1	水塔水位系统顺序流程图	1	
2	图表 1	水塔水位系统 I/O 分配表	1	
3	图纸 2	水塔水位系统控制接线图	1	
4	方案	控制方案		
5	主器件	计算机	1	
6	软件	GX Works3	1	

水塔水位系统顺序流程图如图 6-18 所示。

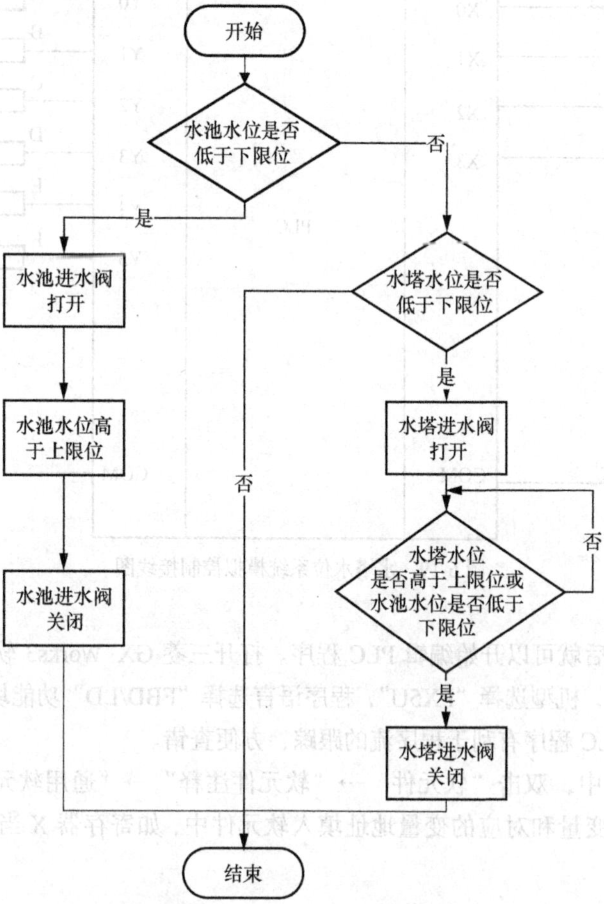

图 6-18　水塔水位系统顺序流程图

编写程序的 I/O 分配表，可参考表 6-6。

表 6-6　I/O 分配表

输入			输出		
器件模块	地址	功能说明	模块	地址	功能说明
仿真启动：SB1	X0	仿真启动按钮	水池水泵运行：A	Y0	
仿真停止：SB2	X1	仿真停止按钮	水塔水泵运行：B	Y1	
水池启动：SB3	X2		水池下限位：C	Y2	
水塔启动，SB4	X3		水池上限位：D	Y3	
水池位置命令：K1	D1		水塔下限位：E	Y4	
水塔位置命令：K2	D2		水塔上限位：F	Y5	

绘制水塔水位系统模拟控制接线图，可参考图 6-19。

控制方案：要求系统启动后单击电气柜可以出现 2D 控制台界面，其中有 6 个指示灯，上面 2 个绿色指示灯分别表示水塔和水池的水泵运转状态，下面 4 个红色指示灯分别表示水池的上、下限位和水塔的上、下限位，当水池蓄满水之后，水塔水泵运转将水池的水抽到水塔之中，共需要对水池抽取 3 次才能蓄满水塔。

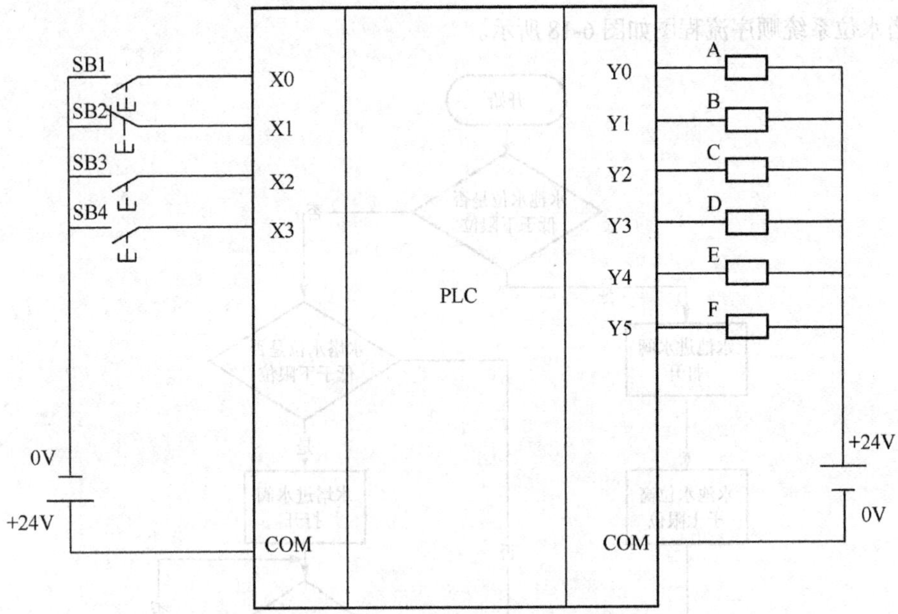

图 6-19　水塔水位系统模拟控制接线图

（2）设置好场景后就可以开始编辑 PLC 程序。打开三菱 GX Works3 软件，新建一个场景，系列选择“FX5CPU”，机型选择“FX5U”，程序语言选择“FBD/LD”功能块图，如图 6-20 所示。选择功能块图编写 PLC 程序有利于程序流的跟踪，方便查错。

（3）在导航窗口中，双击“软元件”→“软元件注释”→“通用软元件注释”，如图 6-21 所示。将表 6-3 中的变量和对应的变量地址填入软元件中，如寄存器 X 当中的注释，如图 6-22 所示。

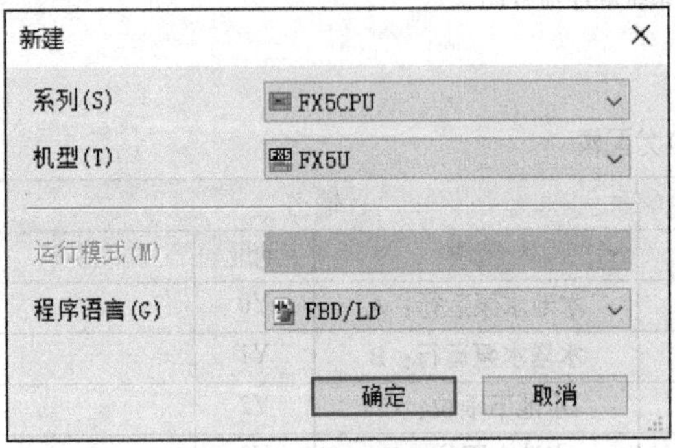

图 6-20　新建程序选择

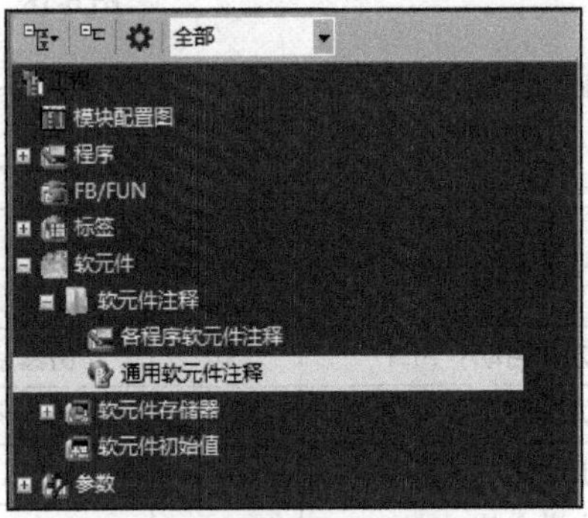

图 6-21　通用软元件注释

软元件名	Chinese Simplified/简体中文(显示对象)
X0	仿真启动
X1	仿真停止
X2	水池启动
X3	水塔启动

图 6-22　寄存器 X 软元件注释

（4）软元件注释完成后就能开始编写 PLC 程序。打开示例程序，此处以水池水塔程序进行说明，如图 6-23 所示。当水池下限位常开触点触发和水塔上限位常闭触点触发后，也就是水池达到下限位、水塔没有到达上限位时，延迟 1s，将改变水池水位。当水池达到上限位时，延迟 1s，水位下降，并给水塔输水，水塔水位上升 1 次。当达到 3 次之后，水塔到达上限位。图中的一些特殊标签是通过局部标签注释来实现的，如图 6-24 所示。

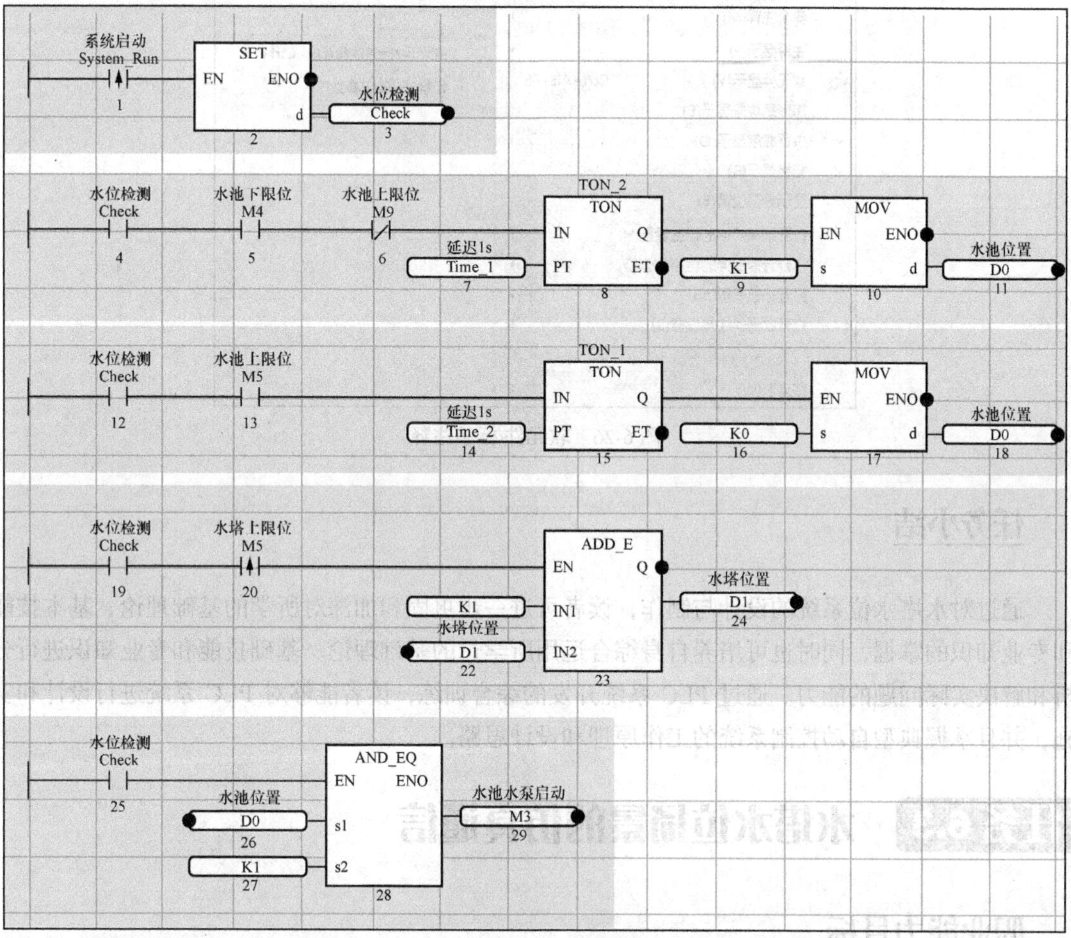

图 6-23　水池水塔程序

	标签名	数据类型	类	初始值	常数	Chinese
1	Check	位	VAR			水位检测
2	TON_1	TON	VAR			
3	Time_1	时间	VAR_CONSTANT		T#1s	延迟1s
4	TON_2	TON	VAR			
5	Time_2	时间	VAR_CONSTANT		T#1s	延迟1s

图 6-24　水池水塔局部标签

（5）对程序进行转换（按快捷键 F4），如图 6-25 所示。有错误时根据提示修改信息，直至无误，单击菜单栏中的“视图”→“注释显示”→“软元件/标签注释”，如图 6-26 所示，可在编写程序的过程中在软元件上方看到注释。

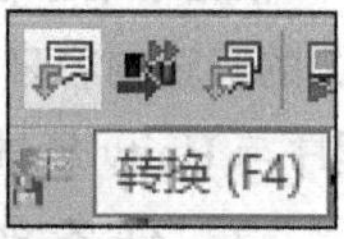

图 6-25　转换

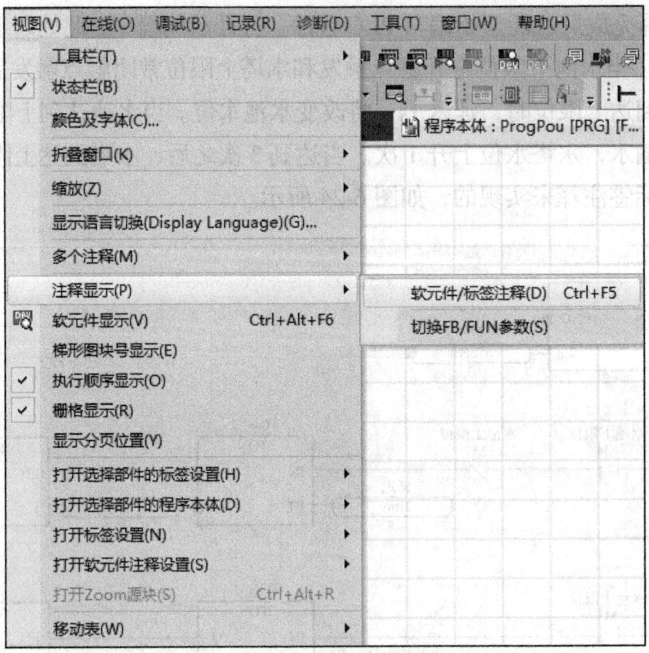

图 6-26　软元件/标签注释

任务小结

通过对水塔水位系统的设计与制作，读者可进一步巩固和加深对所学的基础理论、基本技能和专业知识的掌握，同时也可培养自身综合运用所学过的基础理论、基础技能和专业知识进行分析和解决实际问题的能力。通过 PLC 系统开发的综合训练，读者能够对 PLC 系统进行设计和实施，并且掌握典型自动控制系统的工作原理和设计思路。

任务 6.3　水塔水位场景的仿真通信

职业能力目标

能根据本项目中任务 6.1 和任务 6.2 的实施内容，使用 PLC3D 工业仿真软件完成本次 PLC 程序与水塔水位场景仿真通信任务。

任务描述与要求

1. 任务描述

根据水塔水位系统的总体设计方案，本任务将使用 PLC3D 工业仿真软件结合任务 6.1 和任务 6.2 的实施内容来对整个水塔水位系统进行虚拟仿真。实施过程要求做到步骤无误，正确完成 PLC 程序与 Unity 场景仿真通信操作流程。

2. 任务要求

（1）PLC3D 工业仿真平台的使用。

（2）PLC 程序和 Unity 场景仿真通信。

（3）PLC 通信协议设置与安装。

任务分析与实施

1. 任务分析

通过对 PLC 程序与 Unity 场景仿真通信的基础知识学习，读者应对整个水塔水位系统虚拟仿真的运行方式有大致的认识和了解，能运用所学知识对本任务进行验收。

2. 任务实施

根据 PLC3D 工业仿真软件的相关知识，制订任务实施计划。任务实施计划的具体内容见表 6-7。

表 6-7　任务实施计划

项目名称	水塔水位系统虚拟仿真
任务名称	水塔水位场景的仿真通信
任务描述	通过 PLC3D 工业仿真软件将 PLC 程序和 Unity 场景进行仿真通信
任务要求	仿真通信无误
任务实施计划	具体内容
	1. 完成仿真通信的准备工作
	2. 实施仿真通信的基本流程
	3. 通过小组自查、互查等方式，确保仿真通信无误

任务实施

水塔水位仿真通信

（1）同“项目 5　十字路口红绿灯系统虚拟仿真”→“任务 5.3　十字路口红绿灯场景的仿真通信”→“任务实施”中的软件协议设置与安装。

（2）将加密狗接入计算机，打开 PLC3D 工业仿真软件，直至显示出“PLC3D 服务已启动”，如图 6-27 所示。

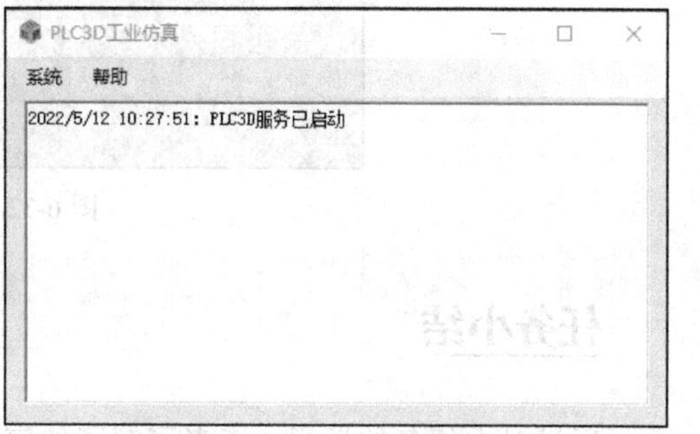

图 6-27　PLC3D 服务已启动

（3）PLC3D 工业仿真软件启动后，单击 PLC 程序中的“模拟开始”按钮，如图 6-28 所示。直至出现“GX Simulator3”窗口，当 PWR 和 P.RUN 亮绿灯时才算模拟成功，如图 6-29 所示。

图 6-28　PLC 程序模拟开始

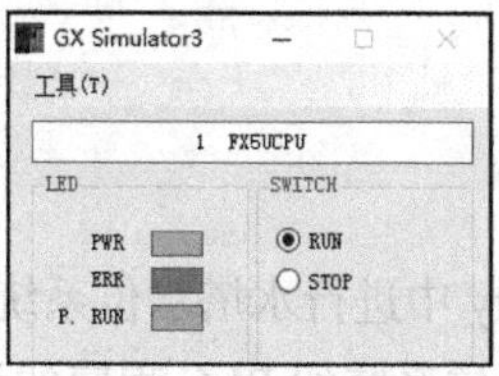

图 6-29　GX Simulator3

（4）回到 Unity 界面，单击图 6-30 上方 3 个按钮中最左侧的播放按钮，进入游戏界面，单击图 6-30 下方 3 个按钮中最左侧的启动按钮。

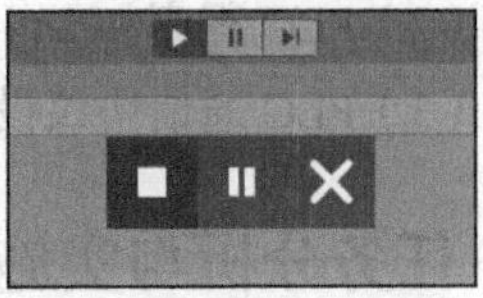

图 6-30　播放按钮和启动按钮

（5）当水池未到达上限位时，水池水泵运转，如图 6-31 所示。当水池到达上限位时，水塔水泵运转，水池水泵即将停止运转，如图 6-32 所示。

图 6-31　水池未到达上限位

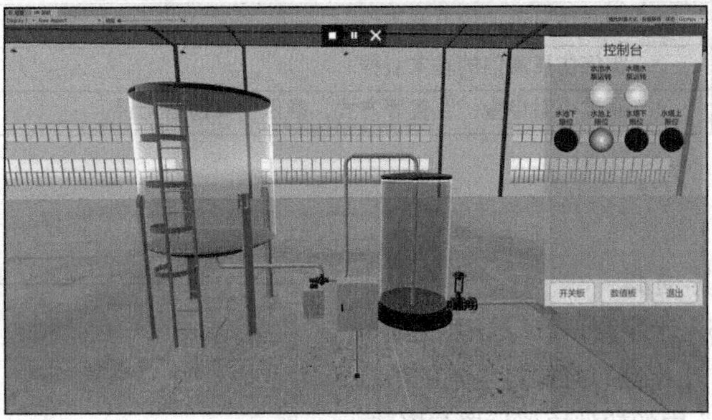

图 6-32　水池到达上限位

任务小结

通过对本任务的学习，读者了解了如何通过 PLC3D 工业仿真软件将 PLC 程序和 Unity 场景进行仿真通信的整个过程，读者可逐步形成严谨求实、合作创新的科学态度，为继续学习和发展奠定基础。

习题

（1）简述在 Unity 中进行水塔水位系统虚拟仿真的步骤。

（2）简述水塔水位系统的 PLC 程序的设计思路。

（3）重新设计水塔水位系统的运行流程，并进行虚拟仿真。